如何最大化
你的学术影响力

Maximizing the Impacts of Academic Research

[英]帕特里克·邓利维　　[英]简·丁克勒　｜　著
Patrick Dunleavy　　　　Jane Tinkler

王昌志　王国平　｜　译

新华出版社

图书在版编目（CIP）数据

如何最大化你的学术影响力 /（英）帕特里克·邓利维,（英）简·丁克勒著；王昌志，王国平译. — 北京：新华出版社，2022.12

书名原文: Maximizing the Impacts of Academic Research

ISBN 978-7-5166-6707-1

Ⅰ.①如… Ⅱ.①帕… ②简… ③王… ④王… Ⅲ.①学术价值－研究 Ⅳ.①G30

中国版本图书馆CIP数据核字（2023）第003666号

如何最大化你的学术影响力

作　　者：［英］帕特里克·邓利维　简·丁克勒　译　者：王昌志　王国平

出 版 人：匡乐成　　　　　　　　　特约策划：巴别塔文化
责任编辑：樊文睿　　　　　　　　　特约编辑：董　桃
责任校对：刘保利　　　　　　　　　封面设计：李默涵

出版发行：新华出版社
地　　址：北京市石景山区京原路8号　　邮　　编：100040
网　　址：http://www.xinhuapub.com
经　　销：新华书店、新华出版社天猫旗舰店、京东旗舰店及各大网店
购书热线：010-63077122　　　　　　中国新闻书店购书热线：010-63072012

照　　排：胡凤翼
印　　刷：天津画中画印刷有限公司

成品尺寸：145mm×210mm　　32开
印　　张：13.75　　　　　　　　　字　　数：320千字
版　　次：2023年4月第一版　　　　印　　次：2023年4月第一次印刷
书　　号：ISBN 978-7-5166-6707-1
定　　价：78.00元

CONTENTS 目 录

前　言 / 01

第一部分
学术影响力

第一章　什么是引用 / 005

引用的作用 / 007

跨学科引用率 / 010

时滞效应与引用情况 / 016

研究员职业生涯中的引用影响因素 / 018

如何进行自引 / 029

小　结 / 033

第二章　追踪了解引用情况 / 035

"传统"引文追踪系统 / 038

期刊影响因子 / 044

GS 追踪系统 / 047

基于网络的引用和全引系统 / 054

替代计量学 / 057

数字指标与学术引用行为 / 063

小　结 / 069

第三章　规划期刊论文 / 071

研究项目的论文撰写 / 073

与合著者和研究团队合作 / 078

选定投稿期刊 / 086

了解同行评议过程 / 096

保持研究与论文的统一 / 104

小　结 / 111

附录：成为置身于全球知识体系中的著作者 / 112

第四章　完善期刊论文 / 117

依据学科和期刊特点设计论文结构 / 119

避免"学术腔" / 127

如何让他人引用你的文章 / 138

论文标题和摘要应富含有效信息 / 143

小　结 / 154

第五章　撰写著作和著作章节 / 155

学术著作及其引用率 / 157

著作的推介 / 169

编　著 / 179

著作的章节 / 184

小　结 / 192

第二部分

学术和外部影响力

第六章　应用研究、"灰色"文献和项目选择 / 197

应用研究 / 199

"灰色文献"等出版物 / 212

选择研究和出版的模式 / 218

小　结 / 224

第七章　数字时代的学术 / 225

丰富的数据 / 227

强大的搜索 / 233

流畅的沟通 / 238

便捷的出版 / 241

快捷的研究 / 256

开放的获取 / 259

小　结 / 263

第八章　提升研究机构和大学影响力 / 265

致力于知识交流 / 267

选择博客平台和数字化战略 / 274

研究机构和大学影响力的整合 / 289

大学领导力和信息流 / 298

小　结 / 303

第三部分

外部影响力

第九章　影响力、中介与学术目的 / 311

什么是外部影响力 / 313

学术界与现代职业 / 324

影响界面 / 328

小　结 / 338

第十章　与其他组织合作 / 341

哪些研究员能与外部机构合作 / 344

大学与企业等组织联系的多样性 / 352

与外部组织合作对学术研究的帮助 / 361

与外部组织合作的成本和可能的风险 / 367

小　结 / 377

第十一章　公众参与和公众影响 / 379

　　直觉解释、研究叙事与"数学恐惧" / 381

　　谁能进行公众参与 / 400

　　公众参与的益处 / 403

　　成本和潜在风险的降低 / 407

　　小　结 / 413

后　记　影响力议程如何促进学术进步和知识民主化 / 415

附　录　术语表和缩略语 / 423

前　言

　　本书为学者、科学家及其他研究员提供了较为新兴专业领域的信息和建议——如何提升学术研究的接受度和影响力。托尔金（John Ronald Reuel Tolkien）的神话故事《魔戒》（*Lord of the Rings*）中有句名言："建议是一份危险的礼物。即使是聪明人给聪明人的建议，在其执行过程中都可能出错。"这句话简洁地总结出了给出建议时出现差错的各种可能。任何建议都有可能是不明智的，甚至可能是错误的（尤其当这些建议没有依据、缺乏认证、过于笼统或过时失效时）。另外，如果给出的建议模棱两可、无法被证实，接受建议的人就容易误解它，可能错误采用，或者盲目滥用。即使是好的建议，也不一定总是有效，因为采用时环境可能改变，无法因时制宜。

　　机场书店里总是堆满了许许多多规劝他人和如何自救之类的书籍。这些书的作者中，似乎很少有人在意托尔金的警告。他们自信地宣称（正如他们的行动那样），为了不断追求更高的效率、达到完美卓越，每个人都应该言必行，行必果。所以，大多数科研人员和学者对他人的意见持怀疑态度就不足为奇了，因为如果取得成功非常容易，那么任何人做事都不会出错了。

面对一群苛刻挑剔的读者，给其提供建议和指导信息是一件有价值的事情，也是一项艰巨的任务。在最大限度发挥大学及其学术研究影响力方面的探索仍处于起步阶段，得出能提升学术影响力且经过科学验证的方法可能还需要等待几十年。因此，单纯地等待这个时代的到来是行不通的。"有用的知识"永远只能建立在科学探究的基础上的这一假设，总会遭到资深评论员的否定。

本书可以说是集体智慧的结晶，它充分涵盖了我们八年多的研究成果。在此期间，我们正式采访了数十位学者及在政府、企业和非政府组织（non-governmental organization，NGO）工作的相关人士，访谈了各种研讨会的数百位与会者，发布了博客（blog）并收到数千位读者的评论。此外，我们还深入研究了许多相关的学术文献。我们不停地从中吸收观点，努力提炼出有理有据的想法和建议。然而，我们自始至终都知道，我们拿出的仅仅是意见，其中有的部分还有待读者自己去尝试体验。

没有人会把餐厅菜单上的每道菜都尝一遍，并期望每道菜都能满足自己的需求，或符合自己的口味。这是因为每个人自身的体质和状况都不一样，比如，有人可能对菜单上食物的某些成分过敏，他就不会点这类菜品——类似情况很可能会出现在本书中。因此，本书跟我们之前出版的书一样，试图对有关问题进行连贯分析，勾勒出解决问题的可能方法，使其"真正有用"。书中的每条建议只是一个提示，读者可以（也可以不）根据自己的经历和情况自行评价、理解和采用。

　　当今时代，科学和学术领域发展变化迅速。本书探讨的问题都是在这一背景下产生的。我们尽力收集整理学术研究重要领域中有价值的建议和指导，呈现给不同学科和身处学术生涯不同阶段的读者，并希望引起他们的共鸣。至少我们希望读者能发现，有条不紊地思索这些问题，对拓展自己的思维是有意义的，尤其是在对不断加入的新生代研究员进行教学或与其交流学术时。

　　毫无疑问，本书中不可避免会出现一些有争议的内容。在信息技术行业开放源代码运动后，流行着这样一种说法："只要给予足够多的关注，所有错误（bugs）都是肤浅的。"只要是探讨新问题的书，都可能出现因我们没有准确理解而出现的错误、问题和争议。真诚希望你提出批评、意见或建议，帮助我们做出改进。请你通过电子邮件给我们留言（帕特里克·邓利维：p.dunleavy@lse.ac.uk，简·丁克勒：jane.tinkler@stir.ac.uk）。如果你觉得本书有帮助，不妨告诉我们，或者推荐给同事。

　　最后要说的是，提升学术研究的影响力不是出于某些"新自由主义"目的来打压和限制学术活动，而是当代科研和学术工作的一个重要方面，这是我们编写这本书的信念。在当前经济、政治和生态背景下，至关重要的是要：

　　（1）不断提高动态知识库的有效性，使现代文明持续巩固发展；

　　（2）使科研和学术工作尽可能为全体公民所接受，并努力保持下去。

当代文明目前可能处在悬崖边上，面临各种危险。一旦衰落，可能很难恢复，从某种程度上说甚至无法恢复。这本书展现了我们的信念：避免学术孤立、发展跨学科知识、接受民主化的知识交流都可以促进社会积极向前发展，并确保其发展不偏离轨道。

第一部分
学术影响力

ACADEMIC IMPACTS

> 献身于知识的生命悄然逝去，其生活状态很少因世事而改变。当众讲话，独自思考，阅读和倾听，提问和回答，这便是一名学者的职责了。他在这个世界上不骄不躁、无所畏惧地游荡，只有像他一样的同类才懂得或者重视他们。
>
> ——塞缪尔·约翰逊（Samuel Johnson）

学者和科学家往往非常谦虚谨慎，正如约翰逊所认为的这样。他们的人格类型可能与自我推销者或自我宣传者的完全相反。这些人聚集到学院和大学里，可能就会发展出一种夸张的"廉价售卖型"文化。在这种文化中，他们对那些过于热衷"自吹自擂"的人不屑一顾。传统的学术理想是一种"毫不费力的优势"：通过一篇措辞谦虚、技术含量高、文笔客观、标题晦涩、语句深奥难懂的期刊论文或专著，展现出某人高深的思想、缜密的方法和优质的数据。学者或科学家应该做的就是在合适的期刊上"发表东西"，然后耐心地等待业内同行和研究员的回应。

当然，有新成果或新想法的人可以在各所大学举办研讨会，在小组会议中娓娓道来，甚至可以举办一次小型的"巡回售书"（如果出版商认为值得的话）。一旦相关圈内人士表示赞赏或开始关注，这些科学或学术"明星"可能会接受记者或博客作者的采访。但即便如此，他们也不会考虑任何带有"廉价广告"或"卖力宣传"意味的想法或成果。在公开场合，大多数的学者选择在对话中漠视引用数，唯恐被认为是"自恋"或过于关注"纯粹"流行的潮流，这颇具讽刺性。若必须要引用，就只能以一种自嘲的方式来进行，"因为它们有价值"。

另一方面，这种立场表明，如果整个行业对业内某个作者的言论只有非常微弱、滞后的反应，甚至根本没有任何反应，也没有多大关系。只要该作者发表的文章文体符合标准，且通过了同行评议，他人是否有所回应并不影响文章的效力，文章没有被引用也无法证明作者有任何失败之处。也许对于某些研究员来说，自己的工作是否得到同行公开的认可的确不太重要。还有一群学者则只是冷漠地认为，既然无法改善这种业内认可的模式，就只好试着忽略那些超出他们控制范围的东西。许多学者也有理由认为，引用数作为衡量研究质量的指标是有缺陷的——事实上所有这类指标在某种程度上都存在着缺陷。许多有价值的工作往往得不到认可，所以对任何特定研究的不认可，即玛丽·道格拉斯（Mary Douglas）所说的"制度化遗忘"，从来都不能代表对该研究质量的决定性的或全面的判断。然而，"不在乎引用数"的态度充其量只是一种自卫机制、一种必要的士气鼓舞，不应被过度推崇，因为一旦融入一个团体或组织的文化中，这种立场便会发生奇怪的转变，成为人们浑浑噩噩或反复表现不佳的借口。

在这种谦虚谨慎的公共文化之下，研究员对绩效和引用指标的态度往往是矛盾的。他们往往会在解释引用数时保护自己对个人工作价值的信念。科学家和学者确实很看重引用数，因为这是学术奖励体系的主要组成部分，有助于在晋升、辩驳同事这类竞争性的活动中获得胜利。同时，他们批评引用计数没有反映出实际的科学或学术贡献。"民间引用理论"比比皆是，这些理论不一定都一致，却可以被研究员当做在争夺声誉过程中的解释工具。一套隐晦的"说辞"可以被灵活地用来处理或解释各类情况，但在这种明显的"临时主义"背后，科学家和学者们其实已经意识到了引用数等绩效指标的复杂性和模糊性。科学家们对引用过程及其结果有着复杂的理解，并能在没有涉及直接的利害关系时阐释这种复杂的理解。

在本书第一部分，我们表达了这样的观点：科学家和学者的一项明确且主要的专业责任就是用最行之有效的方式来构思、设计和阐述研究结果和论点，以最大限度地发挥学术影响力。我们将学术影响力定义为"可计量的或以其他方式记录的影响事件"，典型的例子就是他引。然而，定义学术影响力的方法还有很多，包括替代指标的使用、学术声誉的衡量以及学科和研究领域的定性分析。

首先，我们会谈到引用的重要性和一般运作流程（第一章）；接下来会分析个体研究员如何追踪他们获得的学术影响力（第二章）；之后将阐述期刊写作、文章发表所需的准备工作（第三章），以及如何精心设计期刊论文，最大限度地提高读者的可接受性（第四章）；最后会提到一些关键的方法，以适应其他形式（如著作和著作章节，这类出版形式在许多学科中都很重要）的学术出版（第五章）。

第一章

什么是引用

"一事无成"——这是每个学者最害怕的墓志铭。

——伊莱恩·肖沃特（Elaine Showalter）

　　大多数学术影响力产生的核心过程是发表文章，并让文章被其他研究员和学者看到、引用。只有这样，学者们才能克服肖沃特所说的这种恐惧。但是，仅仅拥有大量已发表的文章，或者令人印象深刻的专业履历或个人简历，已不足以影响当代学术界，如今还得出示一些被大众认可的证据，来证明你的研究成果被广泛地阅读，且好评不断。

　　引用数在所有的学术工作中都很有用，第一节将简要地予以说明。而与此同时，不同学科中的引用率却大不相同，原因将在第二节探讨。第三节讨论了影响引用率的最突出的因素——时间，这反映在作者的年龄、经历和其特定职业轨迹的发展上。在这些强大的决定因素中，许多不同的因素制约着引用的数量，但具体作用大多还有待研究。然而，我们至少可以列出许多可能涉及的最合理的因素，这将在第四节予以讨论。本章最后一节还讨论了一些关于自引的棘手问题。

引用的作用

参考和引用在学术领域的制度化实践并不是一件小事。科学和学术领域之外的读者可能认为页下的脚注、遥远的尾注或括注的书目是没有必要的累赘……但事实上，这些都是激励制度和公平分配的核心所在，能极大地推动知识进步。

——罗伯特·默顿（Robert Merton）

所有的学术研究和论点都有一些本质特征：

● 正式声明。

● 研究工作有助于进行高级和专业的对话。

● 研究是累积的。

● 学术工作可以解决难题。

● 它们是累积性和集体性工作的一部分。

● 研究以证据为基础，且事实或数据的来源总是有据可依的。

● 学术工作在评估经验性"事实"方面也要求严格且标准一致。

这七个特点意味着参考和引用是学术实践的重要组成部分。表 1.1 对照以上七个标准，进一步解释了为什么引用像上面默顿所说的那样重要。科学家和学者是否通过引用来支撑自身论点，事关同事如何看待、评价其工作。每一篇科学研究论文都代表着一系列想法，当它嵌入既有的知识网络中时，就会发生一些或大或小的重组。同行评议过程极大地影响了当代科学界和大学实践中的专业评估和影响效果，我们将在后文详细探讨它们的运作过程。

表 1.1　学术工作的基本属性在参考和引用中的反映

定义学术工作的属性	属性的含义	参考和引用的相关作用
行文正式	前提和假设清晰明确，论点表述精准。	明确假设的来源及其背景的合理性；在既定领域内对论点进行背景分析。
进阶对话的一部分	学术作品使用专业术语或符号以简练地表达大量内容。	以一种高效且高度集中的方式建立一种专业的论述，并展示相关文献如何定义概念、术语或符号。
累积性	论点是一层一层建立起来的。	以表明作者已阅读相关文献并能很好地进行理解。
对难题的解决	学术工作超越了常识性的理解，并且（通常）寻求对复杂、难以理解的现象的理论上的和非显而易见的解释。	引导读者遵循作者延伸的推理链。读者应该能够理解并复盘其中的思维过程。
集体性	专业人士在将研究成果归功于其他作者时非常谨慎。STEMM（science、technology、engineering、mathematics 和 medicine，简称STEMM）学科特别强调那些首先发现或正确理解特定现象的人（首要性）。	准确地将关键创新点、先前的相关发现或观点归功于其他研究员，以便读者也能亲自去查看这部作品。

续　表

定义学术工作的属性	属性的含义	参考和引用的相关作用
基于证据	论据基于证据、被记录的事实或其他可查证的佐证。所有观点的出处都是可查询的。	让读者能够快速找到并准确检查证据来源或其他标记。该评判标准的一个扩展版本是所有发表的作品都应包含一个带有数据和指引的复制档案，使其具有可复制性，如今该标准已在越来越多的STEMM学科和社会科学领域占主导地位。
经验上的一致性	证据和论点与其他观点或发现相关，差异性也有相关解释。在STEMM学科中，人们普遍重视相同主题的所有科学证据，这在"系统综述"中体现得最为明显。其他学科对这一解释的标准往往更为宽松。	表明作者全面调查了与范围、方法和及时性方面相关的著作，并具体指出作者自身的研究和其他研究之间的一致和不一致之处。

在数字时代，上述论点也清楚地表明：无论在哪里，开放获取（open-across，OA）源始终是主要的参考源，并可能让付费版本或付费源降至次要地位。能链接到开放获取文本是符合科学和学术使命的；相反，仅引用付费源显然是有局限的。对于具有"开放科学"或"开放社会科学"特征的文本，一些作者建议应彻底避免使用付费参考文献，因为它们让没有（优秀）大学图书馆访问权限的读者无法进一步获取信息。目前，美国心理协会和现代语言协会等专业机构发布的风格指南似

乎早已过时，因为它们没有建议作者在引用时明确说明引用来源的状态到底是付费的还是开放获取的。也许，他们将来会开始注意到这一问题。

充分理解引用的多重作用，对学科中的作者也有帮助。本章下一节将表明，在人文学科（尤其如此）和许多社会科学领域，长期的引用不足是一种具有出奇诱惑力且难以根除的学术自残行为。

跨学科引用率

作为学者，我们每年都会一起发表数千篇文章，出版上百本书。它们占据了我们一生的大部分时间。在这个过程中，我们牺牲了睡眠、陪伴家人、翻看想看的书报、游览想去的地方的时间。大部分的书和文章很快就会消失得无影无踪。这些东西也许有助于我们获得终身职位，但我们生命中大部分最美好的时光却因此被遗忘了。我们获得的智力成果很少——非常少——一部分能持久存在……持久的学术和不持久的学术到底有什么区别？

——苏曼特拉·戈萨尔（Sumantra Ghosal）

20 世纪中期，英国大学领域领先的专业期刊《泰晤士高等教育》（*the Times Higher Education, THE*）发表了旨在显示大学学术质量的全球大学排行榜，排行的部分根据是它们的引用数。这个推理是正确的，引用数是衡量学术成果持久性的一个好方法，正如上文戈萨尔的内心感受所强调的那样。事实上，它的综合数据主要显示了大型高校的医学和物理学系相对于其他院系的情况。数据显示，设有大型医学院及聘用大量物理科学人员的大学表现很出色；没有这些条件的大学则表现较差。原因很简单——STEMM 学科的引用数比其他学科多得多。然而，将注意力集中在容易或可以立即量化的东西上的吸引力巨大，以至于在许多年后《泰晤士高等教育》期刊的研究员才承认他们的方法有缺陷，并表示已与引用指标分析师分道扬镳，招募了一个新的团队。从依赖"知情同行评议"到使用文献计量学，这一过程的关键部分显示了对不同学科引用率方面知识的重要改进。

基于著名的"传统"引文数据库科学网（Web of Science，WoS）中 2019 年年初的数据，表 1.2 反映了近期不同学科期刊论文引用的差异。这只是一种可能的观点，且 WoS 对 STEMM 学科的偏见是显而易见的——主要体现在 WoS 收录的 STEMM 学科著作仍不多，且剔除了灰色文献的数据。但是，这些统计数据基于大量的数据点，并（通过使用略显老旧的数据）引导我们把重点放在期刊论文上，因此在这些成果上享有特权的一些观察者可能会认为这些文章很有价值。

表 1.2　WoS 中项目平均总引用率
（即总被引数除以项目数）的差异（2019 年 1 月）

学科群	包括的项目（百万）	总被引数（百万）	每项平均引用数
STEMM 中的生命科学	3.05	43.82	14.4
STEMM 中的医学领域	3.92	55.02	14.0

学科群	包括的项目 （百万）	总被引数 （百万）	每项平均 引用数
STEMM中的物理/技术科学	4.76	59.42	12.6
精神病学、心理学	0.41	5.02	12.3
工程和计算机科学	1.63	12.26	7.5
社会科学	1.20	9.04	7.4

　　在医学和与其密切相关的生命科学领域，研究员引用其他学者的研究成果的比率为 2∶1，远远高于社会科学领域。医学的引用率甚至超过了法律和人文学科，这种既定的模式在这里没有显示出来，但在 2007 年科学和技术研究的数据中很明显。WoS 数据库中的物理科学论文的引用数也是社会科学论文的 1.7 倍。然而，社会科学的引用率同工程和计算机科学等更偏"应用型"的 STEMM 学科相当。这里，学科群之间的差距肯定被夸大了，因为 WoS 包含的内容存在偏见（见第二章），其他数据（包括灰色文献和著作）也可以在一定程度上缩小这种差距。STEMM 学科的平均引用率在更具包容性的资料来源中仍然名列前茅，但并非远高于工程学和社会科学的引用率；人文学科仍落于榜尾，表现欠佳。最近的分析还显示，各学科的子学科和领先期刊之间存在许多细微的差异。

　　这些模式的存在和持续有多种原因。在技术层面，医学上发表的论文都要求内容浓缩，以 3000 字为限；而社会科学和人文科学的论文篇幅一般在 8000 字左右。与其他学科相比，医学学科每个课题发表的论文更多（但还未多到 2 ～ 3 倍），部分使用了精练且深奥的术语来简明扼要地涵盖许多技术领域。

医学科学更深远的影响是已经形成了强大而严谨的"系统综述"文化，这种文化要求研究员首先调查所有相关的同行评议研究，将其作为科研论文的一部分。世界上发展最好的文献数据库皆来自健康科学领域，研究员每周可能要花大量时间跟进业内大量涌现的新文献。系统综述的方法要求研究员一旦确定了大量材料，就要明确定义相关标准，以选择日后将要重点关注的少量研究材料，因为随机对照试验要求方法可靠（如使用的样本大小、什么样的"盲法"会阻碍实验对象和研究员理解正在测试的治疗方法、什么是安慰剂，以及研究员在不同时间段后回到研究课题的研究程度）。另外，系统综述研究会比较不同高质量研究中发现的精确的效果预测，以便明确地判断证据的平衡性。

这种复杂的方法现在仍是健康科学领域的标准方法，并正在（以可能不那么严格的方式）扩展到其他 STEM 学科中。虽然处于一个有着更多固有因果关系的环境中，随机对照试验相对较少，但综合参考至少一个初始研究库的想法也正在传播到社会学、社会政策和公共政策分析的一些领域。然而，在大多数社会科学学科中，系统综述的概念还远未建立起来。在人文学科中，这一概念直到今天仍鲜为人知。

相反，许多社会科学和人文科学领域的引用行为则非常多变。例如，一些经济学家热衷于尽量减少引用，尤其是不引用其他学科的文章，即便主题相同——隐含的说法是它们没有按照这些经济学家所谓的更严格的标准进行。在许多大的学科（如哲学和大多数文学研究）中，作者仅引用那些"直接塑造"自己观点的作品，或在人文学科的"文化战争"中持相同观点的作品，这样的做法仍被认为是可以接受的。这种"只引用你喜欢的"引用规则遵循了中世纪的学术逻辑："兴趣是最好的老师"。

并非所有人文学科都是如此。在历史学领域，人们非常重视全面审查现有的证据来源，阐释并调和不一致的"事实"。但是，现代社会的实践仍然是高度解释性的，并且已经远离了19世纪德国历史学家冯·兰克（von Ranke）的经验主义思想，致力于描述"事情实际上是怎样的"。在美国和英国，法律作为一门横跨了社会科学和人文科学的学科，其普通法制度也侧重于全面的文献搜索，以寻找突出的相关先例，但这种做法并没有扩展到理论来源或论证文献的学术引用中。法律学术期刊的引用率是所有学科中最低的。

然而，在许多已发表的学科论文最终却未被任何人引用的事实方面，差异就没有这么明显了。文献计量学学者安妮-威尔·哈金（Anne-Wil Harzing）指出，所有人文科学和社会科学论文平均每年只能吸引到一小部分的引用。J. K. 加尔布雷斯（J. K. Galbraith）在完成他的经济学史研究时，注意到工作量增加带来的影响令人沮丧：

> 人们走进当代社会，只会感到心灰意冷：一年内，甚至可能一个月内，在本应严肃的作品中，如今的经济评论比中世纪经过一千多年留存下来的所有耳熟能详的经济评论还要多……声称熟悉全部这些观点的评论者都是供认了自身罪行的骗子。

据估计，每25分钟就会有一篇新的经济学论文被发表，而在引用数最多的学科中，速度甚至更快。

在 STEM 学科中，物理学家西德尼·雷德纳（Sidney Redner）1998年研究了 1981 年发表在物理学期刊上的 783340 篇论文。这种时间上的滞后足以使每篇论文中任何突出或有趣的内容都得到引用。他发现，有 368110 篇论文从未被任何人（在专有数据库中）引用，占总样本的47%。只有少数极具影响力的物理学论文被引用了数千次。在某种程度上，随着论文数量的增加，平均引用水平会降低，排在中间的论文被引量呈下降趋势的会更明显。大部分论文仅被引用过一两次，近一半的论文则从未被引用过。

这种"幂次定律"的分布在自然界中经常出现：情况发生的频率随某个变量的数学幂呈系统性变化［在这种情况下，一篇论文的引文数与被引量成反比（负相关）］。最新研究表明，这种模式在许多学科中反复出现。这样的分布也通常被称为二八法则——引用率最高的 1/5 论文吸引了总被引量的 80%（或更多），而剩下的 4/5 只吸引了 20% 引用量（许多论文几乎没有吸引到其他任何论文的引用）。正如亚伯拉罕·派斯（Abraham Pais）所说的那样，学科分支的细分加上大量物理学成果的涌现使得这一结果变得坚不可摧：

地球上没有任何人能完整地阅读如洪水般泛滥的物理学刊物。结果就是，物理学已经无可挽回地从一个有凝聚力的学科变成了一个支离破碎的学科。这是可悲的，但却是事实。

不久以前，人们还在抱怨这两种文化的问题。而今天，能回到以前那种情况就已经很不错了。

时滞效应与引用情况

收集引用情况非常耗时。

——安妮-威尔·哈金

正如安妮-威尔·哈金所指出的，引用的第二个最明显的特征是它们的完成需要一个过程。一篇期刊论文在获得广泛关注之前，最初的引用数很少（在物理和数学等有着很强预出版机制的领域，这个过程可能会更短）。几个月后，将出现一段密度较高的引用期，在此期间，刚得到学术界认可的论文的时效性和相关性达到峰值，理想地推进了相关领域的学术辩论。被引用者注意到，也会为当前其他作者引用这篇文章产生一种较小的"乘数"效应。但不久之后，该论文可能会被更新或更佳的研究所取代。因此，大多数期刊论文的被引量都会逐渐减少。此后，只有当它成为特定学者的常规引用"目录"的一部分，或者通过分支学科中新的综合性研究文献搜索程序被发现时，才会出现新的引用（见第二章）。

图 1.1 显示了不同类型出版物的一些（假定）轨迹。在 STEMM 学科中，期刊论文的保质期往往相当短，WoS 仅过两年就会统计引用情况。在 STEMM 学科的许多领域，只有正式通过同行评议的文章才会被引用，且出版过程更快，得到学术界认可的时间也更快（6 ~ 12 个月），

而且最初的被引量一般很大，因为话题性研究成果推动了科学的"快速发现"模式。但出于同样的原因，在（比如）三年后，引用数可能会迅速下降。在人文科学和社会科学的某些领域（如政治学或历史学），即使在数字时代，学者们仍倾向于等待结果的正式（印刷）出版。在这里，引用的"热度期"始于发表后两年左右。随着政治或社会条件的变化和话题性的下降，热度在第五年年底时逐渐衰退。在其他学科（如经济学）中，期刊出版耗时过长（通常超过三年），因此存在着"双跳动"模式。热门的"灰色文献"（包括预印本、工作文件或会议论文）很快就能产生影响，但通常在两三年后，完整修订版的期刊论文一经出版，就会取而代之。

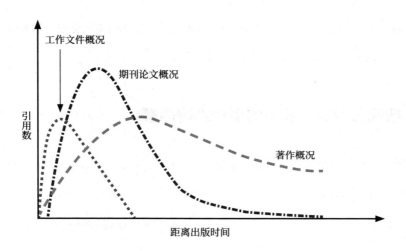

图 1.1　三种主要出版物随时间推移的假定引用概况

纵观各种形式的出版物，某些研究文章可能会打破"正常"的盛衰模式，转而获得更高水平的持续引用，比如以下情况：

- 一项持久的研究，随着时间的推移其引用率仍将下降，但其被引曲线下降幅度比正常情况更为平缓，且远远超过五年。
- 若一篇文章成为分支学科或细分学科子领域的标准参考文献，会有一个初始峰值，随后的很长一段时间（可能 10～12 年）被引曲线的"尾部"（在高度较低的情况下）趋于稳定。优秀的文章、其他具有强大"乘数"效应的文章（例如方法类论文），或者文章质量很高但处于学科中发展较慢或不太受欢迎的部分，常常会出现这类情况。
- 经典文章之所以与众不同，是因为它们的年度引用数会在一段较长的时间里提高，可能是 10～12 年或更长。

研究员职业生涯中的引用影响因素

> 在才华横溢的学者群体中，学术成就似乎并不能决定大学职业生涯的成败。
>
> ——芭芭拉·范·巴伦（Barbara van Balen）等人

学术界认为生产力是成功的关键。然而，经验模式可能是复杂的。荷兰的一项研究表明，引用数和留在高校工作或在其他地方工作没有一

致的联系。另有研究表明，影响学者和研究员被引累计次数的三个关键
因素是他们从事学科 / 分支学科的类别、发表的论文数量以及从事学术
研究的时长。与这些影响因素相比，其他的因素都只是推测性的。在对
社会科学家的统计分析中我们发现，学科基础、出版物数量和从业时间
等指数确实显著影响着学者的引用数，且这些影响以可预见的方式发挥
着作用。

但与此同时，这三个因素只占学者个人引用率统计差异的一小部
分。因此，仅知道这一点还远远无法精细地解释研究员的引用数成因。
为了做得更好，需要寻找不同学科之间的引用模式，并考虑更多可能
影响引用记录的解释性变量。图 1.2 显示了序时性变化模式三种可能的
时间分布，它们至少符合我们知道的定性信息和一些"常识性"的观察
结果。

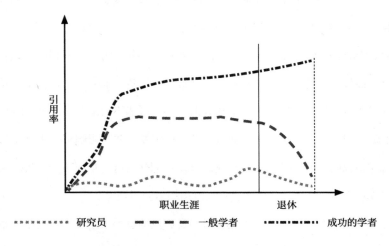

图 1.2 三种类型的个体研究员随时间推移的假定引用概况

非全职类研究员引发的学术共鸣可能只达到了中等水平。这些研究员的成果产出可能是偶发性的，或是为了应对研究周期，或是为了减少持续出版的压力。因此在图表中，我们会发现他们学术成果的引用数非常少。

资深学者如果能以合理的速度持续发表文章，往往会从出版物中获益更多。他们之前的职业轨迹有助于推动后面引用数的稳步上升。随着学者行业地位的日益稳固，数值趋于平稳（通常可能是在 30 ～ 40 岁的后半段和 40 多岁）。持续出版的压力（在英国、澳大利亚等实行研究审查的国家，这种压力更大）意味着他们应在退休前大体上保持这一水平（也许有一些起伏）。对于资深学者来说，积极的信息和声誉效应发挥了乘数作用，他们的成果因此更广为人知，更有可能被业界人士记起。而一篇拥有许多引用数的文章，反过来又成为其他作者更理所当然、更具吸引力的引用源。

最成功的学者定期出版的新成果不仅能被反复引用，还能增加那些经久不衰的标准参考文献或经典参考文献的连续引用数（见上文）。在STEMM 学科和更偏数学性的社会科学领域，有影响力的期刊论文组合能在很长一段时间内增加某位学者文章的引用数，助其晋升。在这一精英群体中，累计引用数在单个学者退休初期可能不会减少。此外，著作出版对于一些人文科学和社会科学而言很重要，并且影响可能更为持久（见第五章）；期刊论文的地位则较低。但即使在这种情况下，发表一两篇核心论文也能让一些作者在被高度引用时获得声誉。

在所有学科领域，学者在获得终身职位的过程中还要忙不迭地发布文章，这种情况通常不会无限期地持续下去。教学、管理事务和家庭责任都可能让资深学者的工作步伐放缓。在期刊论文和同行评议成果并不是唯一评判标准的学科中，资深人士也许不太愿意忍受期刊发表过程中种种残酷的变数。他们可能更倾向于为朋友编辑的书撰写某些章节，或应邀编撰文章，这些文章能通过同行评议，而不太可能完全被拒绝。

在 STEMM 学科中，资深学者在期刊论文署名中的作者排名也常常发生变化，因为他们在更耗时、有更多技术要求或更机械性的研究上花费的时间更少。他们通过担任研究团队或实验室的负责人来出版更多文章，但也许承担的编写工作更少，在实验室"工作现场"的时间也更少。由于作者身份认定和归类方式的不同，其出版量可能因此减少。在对社会科学家的研究中我们发现，在控制了从业时间（与更大的总被引量呈正相关）之后，年龄这一变量的增加仍会对出版物产生显著的负面影响，这反映了出版节奏的放缓，以及某些出版物的类型可能随着学者的从业经历变化而改变的现象。这种效应在"一般科学"和拥有更多定性操作模式的学科中非常明显。

理解引用模式的成因对任何一个独立的学者或研究员来说都很困难，但却是可行的。然而，从直观的解释扩展到一个更大的阐释模式并不容易。我们需要考虑研究背景和当前文献中经过合理论证的广泛潜在影响因素，表 1.3 中概括了这些问题。除了作者的学科、成果产出量和从业时间（我们知道这对形成引用记录至关重要），目前尚不清楚如何准确或科学地衡量此文列出的诸多其他因素。尽管如此，现阶段提出所有可能的因素还是很有启发性的。

表1.3 学者和研究员总被引量的潜在影响因素类型

影响因素［产生效果的指示性证据编码］	对总被引量的预期影响	对引用数效果影响的基本原理（其他条件相同）
学术工作质量［VS］	积极	创新的成果、高质量的科学和学术研究、优秀的文章能吸引更多的引用。
学 科		
学术研究的学科引用率：（其中STEMM学科=高，人文学科=低）［VS］	非常积极	学者和研究员一般在所在的学科或分支学科会吸引到中等水平的引用。
学科规模［P］	积极	潜在引用更多地出现在更大的学科中。
学科子领域规模［P］	积极	潜在引用更多地出现在更大的学科子领域中。
学科的国际化程度［U］	积极	潜在引用更多地出现在国际化的学科中。
出版物/学科子领域的数学性内容［P］	消极	数学知识（通常是特定于某个领域的）会筛选出潜在的读者。
出版物/学科子领域研究重点的专业性或深奥度［P］	既有消极，也有积极	深奥的主题只会吸引一小部分潜在读者，但是可能被该群体大量引用。

指示性证据的编码：［VS］非常相关；［S］相关；［P］可能相关；［U］尚未证实

影响因素 [产生效果的指示性证据编码]	对总被引量的预期影响	对引用数效果影响的基本原理（其他条件相同）
作者的人群结构特征		
研究员年龄/在研究领域的时间 [S]	既有消极，也有积极	出版物的数量随着研究员年龄的增长而增长，每种出版物的被引量随着时间推移而累积；由于管理责任，研究员在中年后期到退休这段时间发表文章的速度通常会放缓，出版物也可能从高被引期刊转向耗时较少且引用数较少的出版类型。
性别 [P]	消极	女性学者成果的引用数较少，这在某些工作领域及某些国家体现得尤为明显。一些短期停工打断了女性学者的职业发展，使她们发表论文的数量可能比男性同行少。已婚/有伴侣的女性学者仍主要倾向于追随伴侣的工作，这可能不利于她们的职业发展和文章发表。不对称、繁重的育儿责任和家务负担（在许多文化中由女性承担）挤压了她们的研究时间。
学者或研究员是移民 [P]	积极	移民附加的困难和筛选程序意味着成功转入另一个国家的高等教育机构系统的人往往比他们国内的同行具有更高的才智/技能。引用数在该学者出生国和接收国的大学体系中可能都会增长。

指示性证据的编码：[VS] 非常相关；[S] 相关；[P] 可能相关；[U] 尚未证实

影响因素［产生效果的指示性证据编码］	对总被引量的预期影响	对引用数效果影响的基本原理（其他条件相同）
母亲等关怀性角色［P］	消极	在许多国家，女性主要承担着照顾孩子的角色。这方面大量的需求会大大消耗女性学者从事学术工作的时间和精力。
学者是双语（或多语）使用者［P］	积极	被翻译成多种语言或出现在多种语言环境中的学术作品能吸引更多的读者和引用。
属于国内少数族裔，易于被鲜明的描述性特征识别［U］	消极	在任何国家，少数族裔的"社会资本"往往都比多数族裔更少。
作者的个性与选择		
外向型相对于内向型［S］	积极	外向的人更善于通过人际交往和宣传活动来促进他们的工作，他们更有可能成为广大学术从业者群体的一部分。
与他人合著［S］	积极	合著的作品更容易被引用。原因可能有很多（下文将详细讨论），但效果似乎显而易见。
开放获取模式下的出版［S］	积极	付费门槛很大程度上限制了读者数量。开放获取增加了读者数，因此往往有利于增加引用数。
团队（或大型团队）工作［P］	积极	当下的学术研究越来越需要学科前沿的团队成果。研究方法复杂性的增加意味着单个作者越来越难以掌握所需的多种技能。

指示性证据的编码：［VS］非常相关；［S］相关；［P］可能相关；［U］尚未证实

影响因素[产生效果的指示性证据编码]	对总被引量的预期影响	对引用数效果影响的基本原理（其他条件相同）
"独立学者"的工作模式[P]	消极	人文科学和社会科学的某些领域高度依赖单独的工作模式，这往往会减缓成果产出速度，且研究可能更具异质性。
学者积极宣传他们的工作[P]	积极	在既定的工作质量水平上，学术传播者吸引的引用要比"学术隐士"更多。
学者使用博客和社交媒体[P]	积极	博客、脸书（Facebook）、推特等社交媒体可以有效地宣传完整的期刊论文，并能提高文章阅读量，增加日后的引用数。
院系和大学		
院系的学科排名[P]	积极	在排名靠前的院系中，紧密的协同合作（利用深厚的传统、良好的设备、丰富的研究经验和优质的支持性服务）提高了成果产出的质量和速度。读者（和期刊审稿人，"双盲"同行评议情况除外）可能会获得荣誉带来的积极福利。若院系排名领先，优秀人才更有可能接受工作邀请。
院系深厚的研究传统[P]	积极	隐性知识（tacit knowledge）是发表高质量研究的关键因素，它会影响到研究新人或博士生研究视野的拓展。

指示性证据的编码：[VS] 非常相关；[S] 相关；[P] 可能相关；[U] 尚未证实

影响因素［产生效果的指示性证据编码］	对总被引量的预期影响	对引用数效果影响的基本原理（其他条件相同）
大学在国内外大学排行榜上的排名和该大学长期的声誉［P］	积极	有才华的员工更有可能接受工作邀请。排名靠前的大学能调动更多的资源，采取强有力的激励措施，通过聘用新人带动滞后院系的发展（或者放弃某些学科）。
保证或增加优秀学者的科研时间［P］	积极	前沿研究需要很多不被教学或行政管理干扰的时间。
院系出席学科主要会议/研讨会［U］	积极	出席会议有利于加强各个院系之间的联系，帮助院系员工发现新趋势/方法/主题和宣传文章。
院系资金资源［U］	积极	良好的设备/后勤人员、"好奇心驱动型"研究的种子基金以及会议资金可能有利于成果产出。
对研究员的行政支持［U］	积极	科学的项目/拨款管理为研究员节约了更多时间，并提高了拨款申请的比率和效率。
宣传或学术交流的预算和活动［U］	积极	更好、更广泛地宣传研究，对象包括非学术受众或资助者。
语言和国家		
研究员用英语工作和出版［S］	积极	英语（仍然）为学术读者和合作者/对话者提供了最大限度的可访问性。大多数引文数据库系统仍很大程度上侧重于英语文献。
研究员用其他世界性通用语言进行研究［P］	积极	对于既定学术成果，大型语言库的潜在读者数更多。

指示性证据的编码：［VS］非常相关；［S］相关；［P］可能相关；［U］尚未证实

续 表

影响因素［产生效果的指示性证据编码］	对总被引量的预期影响	对引用数效果影响的基本原理（其他条件相同）
研究的学科是全球化的，并为国际学术辩论做出了贡献。这一学科在国内被评为优秀。［P］	积极	学科的全球化鼓励研究员参与最前沿的辩论和话题，其研究也更有可能被认定为达到国际优秀标准。
研究员在大国工作［P］	积极	对于既定研究而言，大国的潜在读者数更多。更大的大学系统也更有能力促进研究工作的集体传播。
研究员在语言特色鲜明的小国家工作［P］	消极	在语言特色鲜明的小国家任职的学者可能会受到国内政府、企业、专业人士或媒体的推动，将国际学术新进展"翻译"到国内。用具有本土特色但小众的语言出版文章可能颇具吸引力，但往往会使该国学者与全球学科动态脱节。
研究员在全球性的"霸权"国家（如G8）工作［U］	积极	"霸权"国家可以从不那么富裕或发达的国家引进人才，为国内研究员和大学创造积极的协同效应。

指示性证据的编码：［VS］非常相关；［S］相关；［P］可能相关；［U］尚未证实

按照重要性递减的大致顺序，其他影响因素包括：

● 一个学科或跨学科领域中现实受众的最大规模，主要由每个学科或子学科领域的学者数量决定，特别是在作者的出生国；

- 学者或研究员在哪个国家工作、这个国家有多大、它在既定领域学术网络和排名中的地位如何；

- 其学科和分支学科的成果产出、读者群体和引用率，以及其他细分或特定领域的特征；

- 他们选择了（或最终进入）哪个大学职业轨道，以及在需要许多不同类型角色的学科、院系和实验室中担任了哪种专业学术角色；

- 在职业生涯"里程碑"的关键时期他们选择的学科领域扩大或缩小的程度，以及在学术生涯和社会职业结合点上的相对预期收益；

- 作者使用哪种语言进行发表；

- 他们的年龄（或者更确切地说，他们博士毕业多久了）；

- 许多其他人群结构特征，如性别、种族以及是否获得皮埃尔·布迪厄（Pierre Bourdieu）所说的"社会资本"；

- 作者自身个性和学术工作方法的多重特征。

在接下来的三章中，我们将讨论其中的许多因素，包括学者和研究机构如何提高其学术影响力。

到目前为止，理解引用的最好方法就是认识到学术影响力的辐射情况在各个领域和学科群中都是不同的。由于认可时间的滞后，年长的研究员或那些能持续发表论文的研究员通常能积累更多的引用数。因此，要想全方位比较不同研究员的原始引用水平是不可能的，必须始终按年龄加权，并与每个分支学科的引用水平和模式相对应（见下一章）。此外，由于时间的滞后性，在评估大多数身处学术生涯早期的研究员的学术潜力时，引用数也起不到什么作用。

如何进行自引

对自引的不信任是大错特错的。

——安妮-威尔·哈金

学术工作本质上是累积性的。作者或研究团队在追溯理念、方法或证据的演变时可适当引用自己以前的研究成果。对于应用型研究（在同样的案例尚未得到广泛研究时）来说，当一个既定课题属于某科研团队的"主要研究领域"，抑或在工作中使用了尚未被广泛运用的特殊方法时尤为如此。但是，一些官方或官僚机构认为自引是有问题的，或者说是不合规定的，应该被完全排除在引用计数之外，或者应该少于正常的引用计数。在他们看来，自引就是"自吹自擂"。

一些文献计量学的学者对此表示赞同，认为个体、机构和大学在研究绩效的比较分析中应排除这种自引。有些文献索引指标的发布者也开始公布自引比例来显示他引的数量。他们认为，在界定学者在某个领域内的权威程度时，他引比自引更重要。

然而，我们也有充分的理由承认，个人和研究团队的自引在学术界不同领域的学科实践中完全合理且高度相关。图 1.3 显示了学科群之间巨大的系统性差异。自引率在工程科学领域为 2/5，在医学和生命科学中则低至 1/5。在大多数 STEMM 学科中，自引率通常在 1/3 左右。社会科学和人文学科的自引率普遍较低，为 1/5 ～ 1/4。政治学和经济学的数值最低，心理学和教育则更高一些。人文学科的自引率约为 1/5，但语言学与传播学的自引频率相对更高。

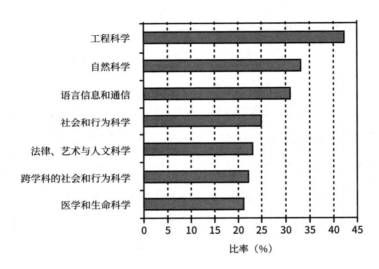

图 1.3　各学科群的自引率

这些规律是否仅仅反映了不同学科的自吹自擂倾向？答案是否定的。这种差异似乎是由学科中应用型工作所占的比例和该工作的持续发展属性所塑造的。许多工程部门专注于研究特定的子领域，并在这些领域内进行非常深入的研究，向外拓展知识前沿，同时国际对手或竞争者可能相对较少。他们可能还会发布很多客户报告和"灰色文献"。如果他们要适当地引用自身的研究，以供他人探究方法并以可复制的方式追踪数据，作者必须增加自引量，其比重实际上可达其他学科的两倍。同样，相当多的科学工作取决于同一实验室或同一作者所取得的进展。在这些领域，排除自引往往会对学术发展造成严重的副作用。在文献计量学中，这样做也具有极大的误导性。此外，人文科学和社会科学中自引率较低，可能只是反映了作者在学术期刊上发表应用成果或开展系列应用研究的倾向较弱。

然而，医学领域（可以说是应用性最强的领域）自引的比例较低则需要另一种解释。这可能反映了医学研究结果在不同研究团队和不同国家间进行验证的重要性（如药物批准的关键因素）。这也可能是篇幅极短的医学文章（都限制在 3000 字以内）衍生成果广泛积累的结果，或是该专业坚持充分引用文献、每篇医学（短）文章的引用数都比其他任何学科要多（见第二章）的结果。

自引在研究员之间还存在较大的性别差异：男性引用自己出版物的频率高于女性。目前的知识水平还不能完全控制男女学者之间的学科差异，而且平均而言，在某些领域男性比女性更资深。尽管如此，女性似乎低估了她们当前研究与早期研究之间的联系，这也许是因为缺乏正当的自信，又或者是男性的确更喜欢夸夸其谈或自引？

自引的数量也会随着年龄增长而增长。年长的研究员可能会进行更多的自引，不是因为更自大，而是因为更有经验，能比年轻研究员更理所当然地沿用自己先前的工作成果。在某些学科中，年长的学者可能会比年轻的博士或博士后做更多的应用型工作——工程学领域偏向自引的原因也是如此——也就是说他们的研究会借鉴许多报告、外部客户的工作文件或详细的案例分析，而这些数据不太可能在期刊上发表。

那么，你应该如何在自己的研究中发挥自引的作用呢？很明显，自引只能用在真正有用的地方，并且与所包含的文章完全相关。相反，"不自然"地抑制自己引用自己的出版作品同样不好。在乘数效应下，引用自己早期的作品往往会增加他人的引用。学者福勒（James H. Fowler）和阿克斯内斯（Dag W. Aksnes）发现，在控制各种影响因素后，每增加一次自引，一年后他引约增加一次，五年后他引约增加三次。

还有一些学者发现，适度的自引能提高作者 A 的作品知名度。这里可能有这样一条逻辑：在做文献综述的读者 B 发现了作者 A 最著名的研究作品 Z，并看到其中一些引用了作者 A 的一些不那么知名的研究。如果读者 B 在学术上认真勤勉，可能会继续跟进，引用 Z 的同时还会引用作者 A 不那么知名的作品（但引用不太知名的作品往往不能帮助作者 A 提升 h 分值，详见第二章"GS 追踪系统"小节）。

一般来说我们建议，对于资深的研究员，谨慎的做法是保持自引率略低于该学科的自引率平均值。适度引用自己的应用型研究成果（例如研究论文、客户报告、新闻文章和博客文章）的确说得过去，因为标准学术数据库和资源库中经常会遗漏此类数据。但是，过度引用自己的研究成果似乎会显得很自恋。对于年轻的研究员，由于没有那么多的出版物作为参考，需要更加谨慎地对待自引。因此，他们可以合理地利用自引来为尚未发表的支持性作品（如工作文件、研究报告或待审论文）或数据集争取知名度。

小 结

━━━━━━━━━━━━━━━━ ■ ▪ ▶ ━━━━━━━━━━━━━━━━

只要一开始能正确地理解引用系统运行的关键方式，科学家和学者通过获取引用来获得认可的做法将有效提高研究效率、推动研究的创新。每个学科（和分支学科）都是一个独特的引用生态系统，在考虑具体作者的研究经历之前，首先需要理解这一系统。不同领域之间，所有基于原始数据的比较都是无效的。引用数提供的信息（以及下文中的替代计量指标）总是需要小心谨慎地予以解释，并对照所在学科以及特定分支学科/专业领域同行的平均引用水平。自引也应遵守学科规范。在此基础上，我们就可以在下一章开始更为复杂的任务——理解研究员个人如何最好地认识其出版作品的优势和局限性。

第二章 ▽

追踪了解引用情况

以质量为导向的工作，着眼于取得良好的具体成果，却不一定能协调或保护组织团体的利益。

　　　　　　　　　　　　　——理查德·森内特（Richard Sennett）

　　提高自我意识在生活的任何领域都不容易。世界对我们的评价和我们对自身的评价完全不同。了解别人眼中的我们往往是痛苦的——就像我们总会猝不及防地在镜子里瞥见糟糕的一幕。在我们的职业生涯中，厌恶情绪会加剧，这完全可以理解，因为学术写作以一种具体的形式展现了数月或数年的研究成果，文章出版的背后是充足的准备和精心的编辑。因此，我们无法轻易否定它们在别人面前的表现。许多学者往往想要提前屏蔽负面信息，而不是试图从中汲取教训，这和他们面对学生的教学反馈时的做法一样。正如森内特上面所说，适用于我们个人的这一道理也适用于组织机构。

　　对于业内研究新人来说，引用数增长的长期滞后性让他们在最需要鼓励的时候幻想彻底破灭。之后的职业生涯中，他们会清醒地认识到，自身的工作对整个学科的影响是如此之小。最后，在评估学术影响力时，不同的引用和替代计量指标体系的差异很大，因此人们更关注那些对他们的工作最有利的指标，并指责那些看起来最悲观的指标；又或是对整个"指标"体系不屑一顾，认为它们是混乱、不合理或令人反感的。当然，这些利己的动机与对肤浅的"学术自恋"的蔑视，以及对自我监督的更实质性、原则性的反对交织在一起，会让人认为自我监督是在潜在地歪曲事实。对学术影响力的思考也可能与对大学中"新自由主义"趋势的担忧有关，学者因此受到越来越多的外部监督，但实际上，这些联系大部分仅仅浮于表面（见后记）。

然而，如果不收集学术进展中的高质量的、前沿的信息，并尽量客观地看待它，任何行业都很难得到提高。了解我们现有的研究成果中哪些起作用、哪些不起作用，是采取行动计划的第一步。大多数研究员只需简单读几篇文章，就能理解为什么不同的体系在评价作品的学术影响力时见解各不相同。

首先，我们会了解一些在衡量学术影响力方面经验丰富，但尚不完备的专有系统。这些系统在一些 STEMM 学科领域表现得很好，在其他领域却不尽如人意。基于网络的引用系统，特别是将在第二节介绍的谷歌学术搜索（Google Scholar，GS）这一实力雄厚的学术搜索引擎，采取了一种更完备、更具包容性的方法。接下来，我们将探讨能替代 GS 的一系列现代引文追踪系统。本章第四节介绍了替代计量指标，重点是计量引用数以外的内容，比如阅读情况或文本的下载量。最后，我们会研究所有极大地扩展引用范围和种类的新型数字研究工具对学术引用行为产生的广泛影响。

"传统"引文追踪系统

> 专有数据库的最大优势是能快速收录核心期刊的新文献，这是 STEMM 学科一个特别重要的特点。然而，它们"传统"的设计往往早于数字时代，用起来"笨手笨脚"，麻烦复杂且互不相通……这些系统往往强调了一种观念，即文献综述是研究的一个孤立阶段。
>
> ——帕特里克·邓利维

追踪引文的系统性方法是利用文献计量系统（有时也被称为网络计量学、赛博计量学或信息计量学），它们构成了科学计量学广大领域的一部分。世界上第一个被启用，同时也是当前最著名的引文追踪系统，最初由尤金·加菲尔德（Eugene Garfield）的科学信息研究所（Institute for Scientific Information，ISI）管理，后来被大型跨国公司汤森路透（Thomson Reuters）收购，随后被抛售给了一家对冲基金管理公司。虽然现在仍有一些年长的学者用这一系统早期的名字 ISI、知识网（Web of Knowledge，WoK）等，但现在它的名字改为了 WoS。该系统的文献汇编仍然基于人工输入和较专业化的学科数据库反馈。一般来说，WoS 只关注期刊论文，收录期刊时也非常保守（以美国或英国为中心）。但近年来，WoS 扩大了期刊的覆盖面。2012 年起，它还记录了一些著作的引用数（但不太清楚使用标准在经验上是否具有显著性）。与 WoS 类似的"传统"引文追踪系统大多是 Scopus 数据库（2004 年推出）的更新版，但也都大同小异。Scopus 引文数据库由爱思唯尔（Elsevier）拥有和运行。爱思唯尔本身是一家大型全球期刊出版商，因此这里存在着潜在的利益冲突。但是，Scopus 坚称其引用政策是独立的，不给爱思唯尔旗下的期刊任何优先权。

自这些付费系统上线以来，访问这些系统变得更加容易，但整体而言仍旧非常笨拙，操作异常麻烦，明显与现代社交媒体脱节，只有许多博士生、博士后和学者等还可以通过大学图书馆从任一设备访问某一个系统（几乎没有图书馆会同时购买 WoS 和 Scopus，因为服务费十分昂贵）。

大型数据库公司表示，系统能提供准确的引用计数（没有重复或虚假引用），因为它们是由人工编辑的——这是制作成本高昂的原因之一，也是导致它们服务成本高昂的原因之一。最重要的是，公司的生产商强调 WoS 和 Scopus 门户网站的态度颇为小心谨慎，只会收录经过学术验证的期刊，剔除那些不相关、不正式或不标准的引文来源。同时，两家公司都可以提供索引的期刊和数据的所有来源。这两个数据库公司为保护其造价高昂的专有运作模式，会以限制性的方式运行其系统，这其中也存在着巨额的既得利益。

大学领导层和政府研究委员会可能钟爱这些稳固可靠的 IBM 时代的技术，认为费用高代表着品质高。此外，一个由文献计量学学者和顾问组成的小型社区已经发展起来，以研究如何科学地引用文献，特别是在物理和 STEMM 学科领域。从 WoS 和 Scopus 中提取出有意义的数据需要时间和大量专业知识，因此他们在学习如何使用大型专有系统方面投入了大量"沉没"智识资本。而大部分大学和图书馆管理者已经习惯关注"最佳"期刊，这在多年来阻碍了基于互联网的新兴引文追踪系统发展和被认可。

在核心的 STEMM 学科之外，剔除著作（WoS 在 2012 年之前一直如此，Scopus 只是部分地避免了这一点）是专有系统面临的一个关键问题。它系统性地低估了引用数在某些学科的重要性，而对于这些学科，著作仍然是交流研究成果的核心方式——主要是在人文学科和大约一半的社会科学（如社会学和社会政策学）中。在英国 2008 年的科研水平评估（Research Assessment Exercise，RAE）中，人文社科学者提交的所有报告中，约有 31% 是著作（专著、编著和著作章节），而 STEMM 学科的学者提交的著作仅占 1%。到 2014 年［部分原因是卓越科研评估框架（Research Excellence Framework，REF）的"分级"实施］，著作占比远低于之前：社会科学为 17%，人文学科为 22%。

此外，一些系统（特别是 WoS）最初是在美国发展起来的，并持续关注来自美国的和英文类出版物。美国是一个庞大而富裕的社会，国内大部分 STEMM 学科和社会科学领域的学者比欧洲国家或世界其他地区的要多得多，传统系统提供的排名和统计数据往往在很大程度上偏重于在美国"市场"的成功。英国学者从中得到的好处也较少。Scopus 偏向收录欧洲国家的引文数据，对其他非发达工业经济体的覆盖则更不全面。一般来说，用英文发表文章的作者会有最全面的引文信息；同时以英语等语言发表文章的作者，非英语版本文章的被引量可能会明显减少；而完全用非英语发表文章的作者是最不具代表性的。

为了专注于严肃的学术工作，防止亚洲等地目前数百种几近虚假的期刊中的引文抬高引用计数，严格挑选系统的覆盖范围是合情合理的。因此，WoS 和 Scopus 主要关注历史悠久的期刊，即那些在数据库中已经被许多其他期刊引用的期刊。一家新创立的期刊要经营多年才能开始被索引，所以它们更青睐核心学科领域，收录新兴、前沿的研究领域成果则需要更长的时间。传统文献计量系统目前仍将工作文件或会议论文排除在索引列之外。这一情况对某些学科的影响很大。例如，在计算机科学领域内，超过 40% 的高被引出版物（主要是期刊论文）的引用来自会议论文。因此总的来说，这些系统并没有很好地反映出学术研究的最新进展，而是反映了学科三四年前的成果。基于以上这些因素，WoS 和 Scopus 在全球学术期刊总量中的覆盖比例仍然很小（在学术出版物总量中更小）。

传统系统最根本的问题是，它们在许多学科中收录的积极引用数（即学者引用的有效文献）太少。回顾 WoS 和 Scopus 扩大覆盖范围之前的时期，表 2.1 分析了 2006 年 WoK（当时这么称）系统的"内部覆盖"结构——对于每个学科，系统中涵盖了多大比例的被引用文献。在分子生物学和生物化学领域，WoK 收录了 90% 的被引文献。在大多数 STEMM 学科中（最左边的一列），4/5 以上的参考文献都被收录在了 WoK 内（当时的情况是这样）。还有资料显示，Scopus 数据库中类似学科的内部覆盖率为 80%。然而，表 2.1 显示，即使在应用性更强的 STEMM 学科中，这一比例也降至 2/3 或 3/5，在数学和工程学中处于 2/5 ～ 3/5，在信息技术和计算机科学中则为 38%。

表 2.1　2006 年 ISI 的引文索引
（即现在的 WoS）数据库中包含相关学科群参考文献的情况

ISI数据库中的被引文献占比			
高 （80%～100%）	中等 （60%～80%）	低 （40%～60%）	非常低 （40%以下）
分子生物学和 生物化学 （90%）	应用物理与化学	数学 （64%）	语言和交际学 （32%～40%）
生物学——人类 （82%～99%）	生物学——动物和 植物 （约75%）	工程学 （45%～69%）	所有其他社会科学 （24%～36%）
化学 （88%）	心理学和精神病学 （约75%）	计算机科学 （43%）	人文学科和艺术 （11%～27%）
临床医学 （85%）	地球科学 （62%～64%）	经济学 （43%）	
物理学和天文学 （84%～86%）	医学中的社会科学 （62%）		

　　人文和创造性艺术领域的情况则不同。如表 2.1 所示，WoK 只收录了 1/10 ～ 1/4 的被引文献，所以 3/4 ～ 9/10 的引文都不包括在数据库内。这里的部分原因可能是作者引用了非学术成果，如文学研究中的"伟大作品"、历史研究中的档案材料、法律法规或文化分析研究中的电视节目 / 电影。但是，传统数据库收录的人文学科类成果，如著作、著作中的章节、未编入索引的期刊论文和灰色文献，仍少之又少。

　　社会科学则处于自然科学和人文科学这两极之间。如表 2.1 所示，该学科在 WoK 内部覆盖率普遍低于 50%——如经济学的内部覆盖率为 43%，所有其他社会科学的这一比例在 24% ～ 36%（不包括接近医学领域的社会科学，其被引量一般较高）。在这一学科领域，许多学术成果显然也没有包括在内。

大多数文献计量学专家承认，如果文献计量系统所包含的引文来源少于一个学科中使用和参考引文来源的 2/3 ～ 3/4，那么该系统的有效性就会急剧下降。他们通常认为，内部覆盖率达到 80%，即表 2.1 中的"高"水平，才能有效地评价学术表现。水平越低，问题就越严重。鉴于此，2006 年人文社科数据库中所有这些引文计数都不可靠。

还有一个衡量数据库包容性的指标，那就是基于国家政府对学术研究的官方审查情况，看看提交给他们的研究"成果"在多大程度上同时被纳入了传统数据库。2001 年英国政府的 RAE 数据库涵盖了 1996 ～ 2000 年的出版物。WoS（早期的版本）收录了 STEM 科学中提交项目 5/6 的文献，但只收录了 1/4 的社会科学项目（见图 2.1）（很遗憾，我们不知道人文学科的数据，但肯定更低）。因此，尽管传统数据库从 1996 年到 2006 年扩大了非 STEM 学科期刊的内部覆盖范围，但其中社会科学和人文学科引用数据的质量仍然非常低。我们尚不知它们在收录著作方面做出了多大的成就，但无论如何，积累引用仍需要时间。

同时，学者和研究员应始终小心谨慎地处理来自 WoS 和 Scopus 的引用信息。这些信息展示物理学某些学科时兼收并蓄，描述其他 STEMM 学科时中规中矩，刻画工程和社会科学时不太全面，探讨人文学科时则毫无用处。它们在评估以高声望期刊论文（尤其是美国期刊）为主要学术成果的学科的学术影响时，表现得更好。鉴于美国（部分原因是其庞大的规模）在几乎所有科学、技术和社会科学学科中仍是佼佼者，所以探讨这一点仍然意义重大。

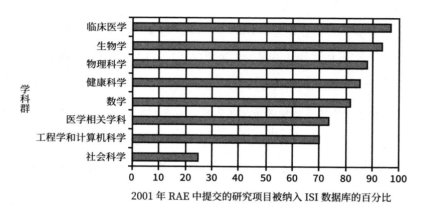

图 2.1　2001 年提交给英国 RAE 的项目
在 WoK（当时被称为 ISI）中的比例

期刊影响因子

如果科学工作者没有意识到期刊影响因子本质上是不科学的，
那么应该扪心自问自己选择的职业方向是否正确。

——比约恩·布雷姆斯（Bjorn Brembs）

如果你在广告或电子邮件中大肆宣扬自己期刊论文的影响因
子，那么在统计学意义上你就是一个"文盲"。如果你还将此影响
系数保留到小数点后三位，那你就彻底完了。

——斯蒂芬·柯里（Stephen Curry）

专有数据库时代最具破坏性的遗留问题之一是一个被称为期刊影响因子（the Journal Impact Factor，JIF）的指标，正如上文布雷姆斯和柯里所说的那样，该指标近年来饱受诟病。这个分数代表期刊 J 某年之前两年在该期刊上发表的文章被引用的次数，除以之前两年在该期刊上发表文章的总数。例如，JIF 为 22.3，表明在记录期内（t 减 1 年和 t 减 2 年），期刊 J 中在 t 年的论文平均被 WoS 中的其他 22.3 篇论文引用。因此，JIF 是一个特定的平均数，即算术平均数，表示 t 年 J 期刊上所有文章的引用情况。

JIF 是一个糟糕的指标，因为无论何时，大部分期刊都会收录一些在记录期吸引了诸多引用的"大热门"论文，同时期刊还收录了许多被引量非常少的论文——一些社会科学和人文学科中的文章可能根本没有被引量。所以，一方面 JIF 分数完全可行，但另一方面，J 期刊上很可能没有一篇文章的引用数和它的 JIF 分数一样。对几乎所有的文章而言，该指标都具有误导性。它完全低估了最成功的论文获得的被引量，而夸大了一大堆失败论文的被引量。两年的记录期也只适用于快速发展的STEMM 学科，社会科学和人文学科的记录期则需要放宽至五年。

尽管 JIF 分值的缺点不少，但从 20 世纪 70 年代起到现在，它仍是唯一可用的指标，并被视为衡量期刊质量的决定性指标。"顶级"期刊的出版商和编辑用自己的 JIF 分值打广告，吸引新的作者，并利用这些分数（连同他们的拒稿率）声称自己拥有最优秀的学术成果。这种用法还是有那么一点儿合理性的，毕竟 JIF 平均分是衡量期刊综合成就的指标（尽管不可靠）。但奇怪的是，复杂的排名和排行榜是建立在这种不稳定且具有误导性的衡量标准之上的，STEMM 学科的研究员曾在一段时间内还特别重视这些标准。

但真正灾难性的发展趋势是，人们将整份期刊的 JIF 分数解读为在某种程度上代表着该期刊上所有文章的质量。这种盲目崇拜（官僚主义的压力使人们认为无用的数字比没有数字更好）始于美国的 STEMM 学科，因此到了 20 世纪 80 年代，在美国和欧洲，在"高影响力"期刊上发表文章对获得终身任职变得至关重要。对 JIF 分数的崇拜随后蔓延到其他大学和学科。21 世纪初，英国和澳大利亚政府对学术成果进行审核时，将 JIF 影响下的"顶级"期刊纳入准官方指标，用以衡量学术作品的假定质量。负责研究评估考核（Research Assessment Exercise，RAE）项目的英国机构［当时被称为英国高等教育资助委员会（the Higher Education Funding Council for England，HEFCE）〕一直声称，每一部作品都是基于自身特点由至少一位来自众多专家小组之一的读者进行阅读和评估的，但每次审核时要考虑 20 多万个"成果产出"似乎不太可能。在 2010 年的"澳大利亚卓越研究"（Excellence in Research in Australia，ERA）考核中，这种做法糟糕到了极点：基于 JIF 分数的期刊被公开用于判定单篇文章和具体作者的"质量"分数。

从 2011 年开始，JIF 明显的缺陷引来学术界如潮般的批评之声，ERA 和 REF 审查都开始禁止通过明确使用 JIF 分值或期刊的"质量"排名来评估文章价值。然而，人们仍然怀疑由于这些审核过程涉及的范围非常之广，审核员不得不在短时间内（且不一定是在其专业领域）"盯着"大量项目，私下可能仍会使用期刊的 JIF 作为短期指标。时至今日，许多顶尖大学的晋升选拔委员会仍经常根据文章是否曾在受 JIF 影响的"顶级"期刊上发表来判断文章的质量。

制定一个能全面衡量期刊论文被引情况的指标仍具有潜在的价值，这也是决定向哪里提交学术成果时必须要考虑的一件事。2016 年，爱思唯尔推出了 JIF 的"竞争对手"，名为"引用评分"（CiteScore），也是基于 Scopus 数据库的平均分。但在现代数据条件下，JIF 分值的显著缺陷和引用评分的一些小问题（见下一节）可以通过谷歌学术指标（Google Scholar Metrics，GSM）轻松避免。谷歌学术（GS）使用的不是复杂多变且毫无意义的方法，而是更为强大的期刊 h 分值和引用中位数。要使期刊的排名更稳健可靠，我们需要在这三个指标间进行比较，取其平均值。

GS 追踪系统

教育中有用的技术……又快又便宜，而且不受控制……

快速——易于学习且能快速上手的技术……

便宜——工具通常是免费的或至少有免费模式——不需要从预算负责人那里获得使用授权……

不受控制——这些技术在正式的制度性控制结构之外……

（这些特征）往往会鼓励实验和创新。

——布利恩·兰姆（Brian Lamb），

由马丁·韦勒（Martin Weller）总结

谷歌一直以来是开发免费文章查找、图书搜索和引文追踪系统的主要力量，雄心勃勃地宣称自己的使命是"组织全世界的信息"。成立不到 10 年，谷歌就开发了两大学术搜索工具：搜索期刊论文、著作和灰色文献的 GS（于 2004 年推出），以及持有图书文本的"谷歌图书"（Google Book）网站。现在这两大平台在大学的研究中占据主导地位，上文兰姆和韦勒所说的很好地总结了其中的原因。

学术机构已经向谷歌开放了自己的网站和数据库，谷歌无须通过研究员或大学，便能自动收集和索引大多数新发表的学术著作和工作文件。这里使用的精确算法仍属于商业机密，但 GS 的自动搜索系统似乎贪婪地记录了所有被引用的学术成果。其中包括：

- 通过某种形式的同行评议得到认证、经过精心编辑，并已经正式发表的传统研究成果，如期刊和学术著作。
- "灰色文献"——如预印本、工作文件、会议文件、研讨会记录或政策简报——发布的方式可能不太正式，但发布方是大学、专业性学术团体或某种学术出版机构。当然，其中许多文献（也许大多数）随后将正式出版，但现阶段可能没有（完全）通过同行评议。
- GS 中一部分与教学有关的项目。

因此，和传统系统相比，GS 展现的学术辩论状况更具时代特征。在信息技术或计算机科学等领域尤其如此，这些领域变化迅速，大多数出版物都是数字出版。如果文章的内容是开放获取的，不在已出版图书或期刊的付费专栏，GS 还会向用户提供全文链接。根据哈布萨（Madian Khabsa）和贾尔斯（C. Lee Giles）的估计，就范围而言，GS 索引了约一亿份文档，占网络上所有英语学术文档的近 87%。英国的一项综合研究证实，GS 检索出的引文比传统数据库要多得多——在七个以书籍为基础出版形式的学科中，它是 Scopus 的三倍。其规模庞大，是追踪 WoS 或其他传统系统的学术影响力的一个重要替代方案。

　　GS 作为传统文献计量数据库的直接竞争对手，也受到了一些批评。早期的质疑者指出，该学术搜索引擎在搜索个别项目时出现了小故障和异常状况。一些文献计量学学者对 GS 可能导致的学术造假表达出担忧。长期以来，许多图书管理员以这些早期的小故障为由忽略 GS，继续购买传统数据库。但谷歌已着手解决这些问题，并扩大了覆盖和分析范围。哈金认为，GS 现在极不可能出现系统性错误，尽管在自动解析知识时会出现一定数量的随机错误，但任何搜索系统都会犯这种错误。

　　批评人士还认为 GS 有两大问题，尽管谷歌对此已经做出了强有力的回应。首先，与 WoS 和 Scopus 不同，谷歌没有完整列出它使用的数据源，也没有详细解释其算法的选择过程，只是概括性地描述了其来源和方法。一些政府审核机构、专业机构和大学管理层将此视为一个主要问题，声称谷歌的做法必须是可信的，其目前的做法在科学上是无法被接受的，因为其仅仅考虑了其商业利益。谷歌回应说，互联网上垃圾信息的问题非常突出且日益严重，因此他们本质上无法公布用于搜索和分类的算法的详细信息（如删除重复条目并计算引用数）。只有对算法保密，才能有效和持续地应对垃圾信息发送者。

其次，批评人士认为，任何像 GS 这样的自动化系统都会汇集大量不同的（未经评估的）学术资源，其中有些知名度很高，如大型和小型期刊的文章、已出版的学术著作以及基于重要专业会议或主要大学知识库的论文，但除此之外的其他资源的学术地位和出处就很有可能存疑。与 WoS 或 Scopus 人为监管下的"围墙中的花园"相比，GS 使用未经审核的收录标准使得引文的定义变得非常模糊。此外，GS 不容易识别重复的信息，比如期刊网站上有一篇论文，同时该作者的大学网页上还有一个开放获取的版本，这对成果和引用量计算的准确性会产生影响。重复计算对作者的影响也存在分歧：增加了作者的成果产出数量，但减少了每个项目的平均引用数。在系统层面，这些所谓的问题是否会带来不利影响尚不清楚。随着时间的推移，GS 技术也在不断地改进，并采取措施鼓励工程师提高软件的精确性。GS 对作者、文章和期刊的排名（见下文）与传统数据库的排名密切相关。

谷歌还以第二波创新来回应批评。谷歌学术引用简介（Google Scholar Citation，GSC）（有时也被称为 GS 简介）会邀请学术人员管理自己的 GS 出版作品列表，进而建立一个完全开放的、与传统专有数据库对应的数据库。研究员登录谷歌账户，用学术领域内的电子邮件地址（如 .edu、.ac.uk 或 .edu.au）注册作者身份。然后 GSC 就会创建一个个人主页，并从数据库中提取出定义明确的出版物"文章组"列表，研究员只需勾选自己的文章。GSC 在每一次信息输出时都会提供完整的引用数据，可追溯至作者最早发表的作品（在 1997 年之后效果最好，那时在线存档才真正开始）。点击任何出版物的"引文"编号，将显示所有引用来源的完整列表。作者可能需要"消除"某些选项的歧义，但一旦做好了，就可以创建和维护一个近乎完整的出版物列表，自主选择是否公开。此后，GSC 会随着作者的每一次新引用自动更新。

该程序还能生成一些关键的综合统计数据：

- 作者个人的 h 分值，表示"至少有 h 篇论文的被引次数不少于 h 次"。因此，如果一个人的 h 分值是 14，那就意味着他发表的 14 篇文章、著作或论文，每一篇都被单独引用了 14 次。该指数展示了作者在过去 5 年中整体的出版情况。

- i10 分值，表示一位作者被引用 10 次及以上的出版物的数量，也展示了过去 5 年的出版情况。

- 列出出版物总数以及过去 5 年的出版物数量。

研究员还可以列出他们的合著者以展现其学术协作网络。他们可以通过使用自动提醒功能，看到他人最新发布的文章，进而了解该领域的主要同事、竞争对手或其他人的学术动态。有了一个公开的 GSC 档案，世界各地的任何用户都能可靠地追踪你的最新出版物，查看你的引用数和学术影响。

GSC 还允许研究员编辑和更正拼写错误或不准确的条目和引用，删去错误引用，合并重复条目，并确保日期准确（当期刊刚开始数字化原始档案时，往往容易混淆这几点）。作者和 GSC 用户可按标题的字母顺序或按年份的时间顺序列出引用条目，并选择要显示的条目数。一旦新作品出版，作者可手动将其插入 GSC 中。他们还可以搜索任何丢失的文章或著作，以便将其囊括其中。然而从本质上看，GSC 是一种"做完就忘"的工作。学术界只需关注新条目，同时或许每隔几个月或几年就会清理可能累积的错误——例如，当其他作者错误地引用你的作品时。

　　GSC 中"我的更新"推荐功能可以提醒研究员注意引用他们作品的其他作者（可能研究兴趣相同）。它还能分析你的出版物，以便定期"推送" GS 算法计算出的相似或相关的新作品。一个研究员发表的研究成果越多，算法可以利用的信息就越多；而学者的研究领域越受限或越一成不变，他们对分支学科就越没有进行"广泛涉猎"的兴趣，因而这种方法就越有效。GSC 不主张学科壁垒，因此对于跨学科研究员来说，特别有价值的一点就是，它可以推荐来自一系列学科来源的成果，而这些信息在一般情况下可能不易被发现。随着越来越多（或现在大多数）学者加入 GSC，GS 的数据库可能会变得更加精确，这些功能将进一步完善。GSC 已经成了描述整个学科特征的最佳社交媒体工具。谷歌最终可能会得到一个完善书目信息的开放系统，由作者自己手动检查。毕竟，还有谁能比他们自己更清楚发表了什么或没有发表什么呢？

　　GSM 是 GS 的另一个延伸，通过衡量以下两个有用（且易于理解）的指标来提高学术期刊的排名：

● h5 指数，表示过去整个 5 年中每种刊物的 h 分值，也就是说，"过去 5 年期刊发表的 h 篇文章至少获得了 h 次引用"。因此，如果某期刊的分值是 55，这就表示它在过去 5 年中发表的 55 篇文章被单独引用了 55 次或更多；

● h5 中值，表示上述 h5 指数中所包含文章的引用中位数（即将上述 h5 分值内表现较好的论文按引用数大小顺序排列后所取的引用数中间值）。基于均值的平均值非常不稳定，与其相比，这一指标是稳定可靠的。

　　点击每种刊物的 h5 分值，GSM 就会给出一整套链接，列出所有高被引文章。GS 还能分别显示每篇文章的引用次数：单击此链接，就会显示所有引用来源的链接。然后，我们就能"一字不漏"地快速获取所有引文的信息。

　　还有一些程序增强了 GS 的实用性，尤其是免费下载程序"不发表就出局"（Publish or Perish，PoP），设计者是文献计量学家安妮-威尔·哈金。它涵盖了所有的研究员（不仅仅是那些 GSC 中的研究员）。在 PoP 上输入任何一位作者的专有称呼，就能得到其学术成果的简介。它还计算了一整套引用统计数据，包括重要的"年龄加权引用分数"。这些因素控制了 h 分值在其他方面——奉承老牌研究员，低估研究新人——不可避免的偏差。对于模棱两可的名字，我们也能快速手动编辑 PoP 的列表，以消除"引起混乱"的条目。

　　最后，在谷歌家族中，还有谷歌图书程序。它试图持有所有已出版书籍的文本（并重新销售其电子版），而不仅仅是学术期刊，但通常只给出书中全文的"片段显示"（或更少）。然而，谷歌图书作为一种搜索、发现和确认工具，对研究员来说仍有很大的价值（见第五章）。

基于网络的引用和全引系统

参考文献应尽可能提供全文。

—— "研究型写作"（Writing for Research）博客

学术界一般不喜欢垄断，尤其是寡头垄断。谷歌在大学领域的主导地位受到了即将推出的替代方案的极大挑战，在这些替代方案中，研究员可编辑自己的出版物资料，并在线发布作品的全文，全球读者可以轻松访问。这种系统的显著优势在于读者只需轻点鼠标，就可以立即下载作者作品的开放获取版本，而不仅仅是谷歌提供的搜索功能。

在发达工业国家的重点大学中，在线研究知识库（集合了文章、书籍和其他可在线访问文本的索引存储档案）的发展极大地推动了这种趋势的发展，同时也夯实了自动文献计量系统的主导地位，加速了传统数据库和自愿性的文章聚合网站的淘汰。大学知识库现在存有学校教授、讲师和学生的开放获取作品，在以前，访问这些作品很困难（可能要通过访问每个作者的个人网站来获取），或者这些作品完全隐藏在期刊付费门槛后面。知识库还存有会议和工作文件的永久 URL 副本，而在以前，这些文件只能从有使用时间限制的会议网站或大学的分支机构获得，而且它们可能会更改名称或停止运作。

大学知识库的一个缺点是运作方式非常多变，且往往"笨手笨脚"。在很长一段时间里，只有谷歌等搜索引擎才会整合这些知识库（当然，GS 会在任何可能的地方"找到"开放获取版本的资源）。用户还必须分别学习每个知识库的工作方式。最近，像 Unpaywall 这样的新型应用软件能更快找到合法的开放获取副本，这些副本主要来自知识库，因此它一定程度上减少了学习每个独立知识库操作原理的麻烦。

还有一些重要的多机构来源以预印本（期刊提交前）的形式储存了主要研究，供免费下载。最大的开拓者是 arXiv.org（物理学），这是一个庞大的数据库，研究员在早期阶段发布研究成果，收集评论并互相讨论，以帮助修改论文，供期刊发表。在生物学和生命科学中，类似的 bioRxiv.org 也实现了快速发展。至于社会科学领域，类似的数据源发展水平较低，Socarxiv 项目在 2016 年才启动。大型研究论文库还包括美国国家经济研究局（National Bureau for Economic Research，NBER）和多领域社会科学研究网络（Social Science Research Network，SSRN）。前者收录了很多在期刊发表之前的工作文件；后者则是开放式数据库，但其笨拙的界面和糟糕的内部搜索功能限制了它的使用率。2016 年初，爱思唯尔接管了 SSRN，使其性能得以改进，但该网站也因此成为主要出版商版图的一部分。

GS 有三个市场竞争对手，其发展也具有关键意义。ResearchGate（RG）类似于一个面向学者的脸书风格的社交网络，总部位于柏林。作者可以从 GSC 中导出 BibTeX 格式文件，从而轻松地在线发布、整理免费或开放获取作品（作者也可以发布非开放获取的版本，但出版商一直在监控这一做法，并要求 RG 删除被禁止的项目）。RG 还会设法为其数据库找到尽可能多的非付费副本，尽管内容的选择有些随意。作者需要删除 RG 试图收录到他们的个人资料中的任何非法副本，但也可以手动添加 RG 没有找到的合法副本。该程序允许作者定义"项目",将出版物分门别类。它们可以存储许多不同的输出信息（例如数据库、视频及进行中的信息变体或灰色文献）。RG 还能记录谁在引用或阅读你的作品,让你知道、追踪其他作者,并及时发送可能相关的作品的新版本（如果作者在 RG 上发表新文章,则比 GSC 更快）。到 2019 年,RG 用户已达到 1500 万,尤其受到欧洲 STEMM 学科和社会科学工作者以及美国东西海岸更开放的大学的青睐。

与之类似的是纯商业化的公司 Academia.edu（该名称具有误导性,实际上它不是教育类网站）。到 2019 年,该网站声称拥有 7800 万用户,已储存了 2200 万个项目。同样,如果从你的 GSC 资料中载入 BibTeX 格式文本列表到 Academia.edu,它就会找到这些文本的开放获取版本,以及一些你应该删除的非法副本。你也可以在上面上传简历,并链接到社交媒体（如推特和脸书）上。但是,该程序需要你做更多的管理工作（你需要手动更新每一本新出版物）。如果你的出版物很多,而且网络、社交媒体和提醒功能都很差,那么它的运行也会变得笨拙。Academia 在美国中西部和亚洲的应用最为广泛,但最近推出的新功能加速了其传播。2017 年 6 月起,Academia.edu 规定需要订阅才可以搜索其数据库,以此来减少用户数量。

第三个竞争者是 Mendeley,它是与 EndNote 相匹敌的参考文献管理器。该网站最初是独立运营的,主张公有制观念,截至 2013 年已积累了 250 万用户,但随后被爱思唯尔接管。2018 年,根据 Mendeley 的声明,他们已拥有 800 万用户。此外,它还是一个免费的参考系统和

PDF 管理器，致力于让用户在线上、云端能够访问在工作中使用的所有文件或材料，并为他们提供格式化的引用数据。它结合了用户对其他来源的引用和对全文的共享访问。用户只需在计算机上选中 PDF 文档中的一整套文件，并将其拉到 Mendeley 主屏幕的中间，即可将所有 PDF 文件上传到该服务器。然后，系统会自动从你上传的所有文件中提取出版物的详细信息，并在全文的副本旁边生成引用数（它可以根据你指定的不同格式生成关于引用的详细信息）。如果有作者错误地索引了你上传的资料，那你可能需要编辑一些条目。鉴于许多资料是由多人使用或拥有的，Mendeley 可以通过剔除重复的资源，并让每个引用这些资源的作者使用同一个合法的开放获取版本或付费数据源，以节省云服务器空间。该程序还有一个"我的出版物"标签，你可以轻松在自己的 GSC 资料页上传作品的 BibTeX 格式文件，并向其他用户提供全文。作为一家初创企业，Mendeley 的用户量增长迅速，且支持更多（合法的）开放获取资源。但它的缺点是网速太慢（特别是对于拥有大型 PDF 格式文件库的作者），操作十分笨拙，所以仅对刚起步的研究员非常有用。爱思唯尔的收购大大降低了该应用在学术界的"大众"信誉度，但也可能会（通过与 Scopus 等应用的整合）提高其技术性能，完善使用功能。

替代计量学

　　（数字化变革）反映并传递了学术影响。书架上那篇被翻得皱巴巴的（但未被引用过的）文章，如今存放在互联网中（网络书目中）——我们可以进行查阅和统计。研究讨论的阵地已经转移到博客和社交网络上——现在，我们可以予以关注。当地的基因组数据集已经发展成在线知识库——现在，我们可以予以追踪。这些活动形式多样，形成了一种综合的影响力追踪，比以往任何可用的影响力追踪都要丰富得多。我们称这种追踪的元素为替代计量指标（altmetrics）。

——《替代计量学宣言》（*The Altmetrics Manifesto*）

引用数作为一种衡量标准有相当大的缺陷，它们需要很长时间才能生成。只有一小部分（甚至极小部分）的读者在发现一篇有用的研究文章后，会就类似的主题发表文章，进而引用这篇文章。"文章水平指标"（"替代计量指标"）的倡导者认为，引用数是非常滞后、片面和不稳定的指标，不能反映出哪些学术成果是有用的。而《替代计量学宣言》（上文引用）主张使用替代性指标（也容易被替代标签所覆盖），这些指标针对每篇论文或书籍的具体情况（与 JIF 不同），以更快、更具包容性的方式捕捉其不同类型的用途。替代计量指标还必须具备扩展性，能使用自动搜索方法扫描大量材料。

符合这些苛刻标准的测量指标有很多，包括：

● 任何研究项目（文章、著作、工作文件、幻灯片、博客、演示文稿或数据集）的浏览量显示了关注（或可能读过）它的总人数。但"总关注量"并不等于积极使用量，更不用说认可度了。许多读者也可能只看摘要，因为他们并未付费。

● 研究成果的下载量体现了它更大的用途。获取整个文本的 PDF 或 HTML 格式副本需要时间，并表明会在阅读时保存源文件。一般来说，下载文章代表读者不仅是简单地在线浏览然后退出，而是有可能看到了其中的长远价值。当然，人们的做法各异。许多学者可能会将文本储存在硬盘上，以供将来阅读、使用或引用，但后来却忘了。即使各个领域下载文章的人比后来引用文章的人多得多，但下载量至少能表明其学术影响力。

● Mendeley 可以更直接地检测新获得的研究材料的保存和存储，你能搜索系统内的所有文章，并查看还有多少用户也下载了这篇文章。该功能在阅读文献时非常有用。

● 人们经常在网上推荐信息或表达对信息的认可，如在脸书上对研究点赞，在推特上发布或转发研究相关的链接，以及完成反馈调查。*PLOS One*（公共科学图书馆的主要期刊）采用"五星"系统对论文的深度、可靠性、风格和整体性进行评级。读者对作品给予好评很重要，只留下评论也很重要——因为大多数研究员不会评论乏味的作品。

　　替代计量指标的技术变化很快，并且还在不断变化之中，所以这里我们只提供两个不同使用模式和指数的例子。表 2.2 的示例 1 显示了莫兰迪（Morandi）等人在 *PLOS One* 期刊中所著文章（关于新生儿肥胖风险的评估）的替代计量指标。这产生了立竿见影的效果，在发布后的 15 天内，该文章的浏览量已经超过了 18500 次，PDF 文件被下载超过了 1500 次，通过谷歌博客（Google Blogger）软件搜索到的相关引用或讨论有 331 次。截至 2017 年初，该文章的下载量已超过 3.6 万次，但在 WoS 期刊上只被引用了 32 次，在 GS 上只被引用了 60 次。

表 2.2 示例 1：*PLOS One* 医学文章的使用

文章：Morandi A, Meyre D, Lobbens S, Kleinman K, Kaakinen M, et al. (2012), "Estimation of Newborn Risk for Child or Adolescent Obesity", *PLOS One*, 7 (11): e49919. doi:10.1371/journal.pone.0049919. 2012年11月28日				
时间段：出版日至2016年7月13日				
	HTML格式浏览量	PDF格式下载量	XML格式下载量	总计
公共科学图书馆（PLOS）	30666	3196	65	33927
个人移动通信（PMC）	1671	760	N/A	2431
总计	32337	3956	65	36358
PDF格式下载量是文章浏览量的12.2%				
截至2017年3月：GS的引用数=60；WoS的引用数=30				

图 2.2 的示例 2 显示了 2006 年以来最著名论文之一的使用数据。到 2017 年初，付费专区文本的下载量已超过 19000 次，但是（可免费下载的）摘要下载量要多得多。该论文完整的标题"新的公共管理已死——数字时代的公共管理万岁"，阐明了文章的核心论点。这也使得论文更易被引用，这可能就是为什么到 2017 年初这篇文章在 GS 和 WoS 上分

别被引 1400 余次和 300 余次。

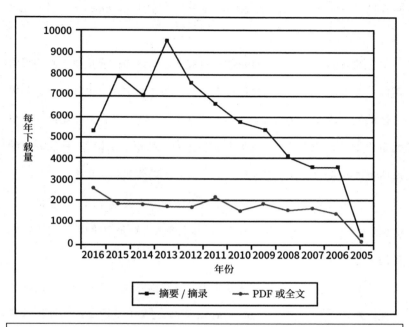

全部下载量（至 2016 年中）=19030
摘要或摘录的下载量 =64650
截至 2017 年 3 月：GS 分值 =1452，WoS 分值 =304

注：2016 年的数据是以前 6 个月按年计算的。

图 2.2　示例 2：2006 年社会科学领域优秀文章的
替代计量指标水平随时间的变化

以上例子也与替代计量指标的支持者和批评者之间的激烈辩论有关，即如果一篇学术成果吸引了大量用户浏览、下载、使用参数、赞同和评论，那么它是否也极有可能及时吸引大量学术引用。研究发现，一些替代计量指标确实在单篇文章层面与文献计量指标呈显著正相关。研究结果为替代计量指标是一种能彰显学术能力的前瞻性指标这样一种观点提供了一些支持。有证据表明，在一个学科中，Mendeley 的书签在该文章被引用前一年就已出现。

而批评者认为，替代计量指标可能无法衡量研究质量或未来的可引用性。该指标可以显示哪些材料用于教学和专业实践（也许只有更简单易懂的期刊论文、评论文章或教科书）。一些研究可能会在短期内吸引大量非学术性读者（如表 2.2 中莫兰迪等人的论文那样）。其他方面的增值也许是为时事政策辩论提供信息，或促进公共和文化生活的学术成果，这些是人文和社会科学领域主要书籍的一个关键作用，传统的引文数据库完全忽视了这一点，但 GS 及其主要线上竞争对手如今（部分地）抓住了这一点。

在前数字时代，人们认为学术书评具有前瞻性，能判断可能的使用情况。对比《书评索引》（*Book Review Index*）中某篇文章的评论数量和拥有此书的图书馆数量，可以发现两者之间的联系呈正相关。但是（美国）大学图书馆员似乎也收集了很多"不中用的东西"。人们发现，大学图书馆里有许多书籍和研究成果从未被借阅过。如今，可以通过亚马逊上的销量或评论数来衡量某书在学术和非学术读者群体中的关注度。有正面评论的社会学专著比有负面评论的著作吸引（来自社会科学资料库）的引用数更多。另一项研究发现，2008 年出版的 2700 多部学术专著中，亚马逊评论的数量与引用指标之间存在显著（但较低）的相关性。

替代计量指标也可以涵盖非传统学术成果，例如学者制作学术音频和视频播客或将其作为补充成果来使用。截至 2011 年 12 月，约 1800

篇来自 Scopus 的出版物引用了至少一个 YouTube 视频，视频引用数从 2006 年的 3 个增至 2011 年的 719 个。这只是初期，在不久的将来，此类多功能媒体、博客和数据集的被引量可能会迅速增加。

总体而言，替代计量指标领域在快速发展。越来越多的计量方法强调了学术出版物所涉及范围的不同方面，或表明了它们的用处。但悲观主义者认为，计量指标根本无法表现学术研究的整体性和多维性。他们担心，频繁使用替代计量指标（或任何形式的指标）将催生更多"大众喜闻乐见"的研究，标题肤浅直白或"具有引诱性"，与研究结果没有什么深入联系。相比之下，乐观主义者将该指标的信息视为学术研究如何在学术界内外产生影响的另一个宝贵而丰富的证据来源。

数字指标与学术引用行为

> 在非精英期刊上搜索并阅读相关文章（数字版）就像在精英期刊上搜索并阅读文章一样简单，因此研究员越来越多地积累和引用各地发表的作品。
>
> ——阿努拉格·阿查里亚（Anurag Acharya）及其同事

GS 的制作团队（如上所述）认为，更好的数字搜索、网络引文追踪和替代指标工具正在改变学者引用的方式。基于最近的网络发展趋势，许多人担心互联网的使用权力更多地集中在互联网巨头公司（如谷歌、微软和苹果）的手中。但至少在学术界，有明确证据表明，搜索能力的发展通过大幅拓宽学术工作中的资源范围，产生了相反的分散效应，在一项"大数据"分析中，阿查里亚等人最终证明，过去十年来，学术引用模式发生了巨大变化（见图2.3）。

到20世纪90年代中期，几乎所有学术领域都在战后得到了发展，期刊数量大幅增加。而1995年，在互联网发展之前和GS发展的早期，学术界的引用行为仍然非常保守，往往只选择每个领域内极少数的顶级期刊。此时，GS中只有略高于1/4的被引量来自各个领域的非精英期刊——即学科前十名以外的期刊。到2013年，这一比例已升至近一半。如图2.3所示，物理和数学的比例在这一时期的两端都是非常低的离群值，但即便如此，近期引用非前十名期刊的比例也提高了很多。非前十名期刊被引量的增长在计算机科学、医学和健康科学领域尤其迅速。图2.3中的趋势线是一条对数曲线，曲线的方程显示，在1995年数字初始值较低的学科，增长量在一定程度上较大（纯数学效应）。在引用模式更加分散的领域，如社会科学，比例也有所增长，但幅度较小。

近几十年来，除了数字出版和开放获取出版之外，推出的新期刊越来越少。与此同时，在不到20年的时间里，互联网和基于网络的搜索引擎的出现改变了全球学术界的引用行为。研究员现在比以往任何时候都能更容易地从范围更广泛的期刊、书籍等学术来源中找到材料。传统的文献综述在以前需耗时数月，如今完成只需数周，更新只需几个小时。现在，拥有网络技术能力的研究员可借助数据库、搜索提醒、电子预印本、社交媒体和学术内容整合器，不断监测更多的来源。

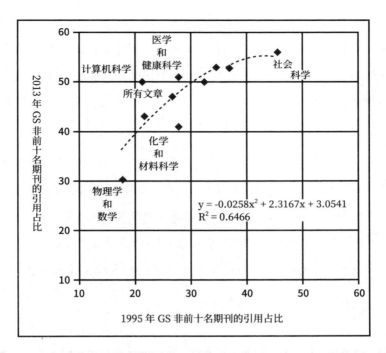

学科群	各领域非前十名期刊的引用占比		1995～2013年的百分比变化
	2013	1995	
社会科学	56	46	+10
商学、经济学、管理学	53	35	+18
人文学科、文学和艺术	53	37	+16
医学和健康科学	51	28	+33
计算机科学	50	21	+29
工程学	50	33	+17
所有文章	47	27	+20
生命科学和地球科学	43	22	+21
化学与材料科学	41	28	+13
物理学和数学	30	18	+12

图2.3 1995～2013年GS引用在各学科群非前十名期刊的占比变化

访问范围扩大，优秀研究成果能被更多人看见，这带来了诸多影响。在英国 2014 年的 REF 审查中，一些政治学小组遵循了必要的"同行评议"程序，将发送给他们的 37% 的书籍以及 19% 的期刊论文评为"世界领先水平"。他们还表示：

> 在质量方面被评为"世界领先水平"的 570 篇期刊论文发表在了 180 多种不同的期刊上。在这些期刊中有 5 个及以上的退回项目，但没有一家期刊退回所有项目，也没有一家被评为"世界领先"。因此，尽管（由期刊发起的）严格的同行评议对出版作品的质量无疑有着重大贡献，但在哪家期刊上发表文章既不能保证也不能代表研究的质量。

结合图 2.3，这些观察结果表明，在搜索技术进步的推动下，学术行为发生了惊人的变化。乐观主义者认为，无论优秀的内容在哪里出版，（优秀的）研究员都能找得到，这是前所未有的。

还有一些人的态度则更为谨慎。2012 年底，《自然》（*Nature*）期刊基于三种标准为读者展示了年度十大最具影响力的论文。在 WoS 记录的被引率最高的论文中，有 64 ~ 140 条引用来自常规学术期刊（如有关寻找希格斯玻色子粒子的 2 篇）。接下来，《自然》期刊问 Mendeley 用户他们最常上传什么类型的 STEM 学科论文到文件存储器中时，330 ~ 730 位读者表示，大部分仍是正统的学术论文——其中 3 篇为相似的遗传学项目（编码数据），项目在年中吸引了大量报道（相比之下，

《自然》期刊上传量最多的论文是 3 年前的一篇短文，近 6000 人将其放入了他们的 Mendeley 知识库）。最后，基于在推特上发布论文、在脸书上点赞论文的人数，以及在 Google+ 圈子里添加论文或在博客上发布论文的人数（900 ～ 2200 条推特文章和 10 ～ 131 个脸书点赞），Altmetrics 公司发布了十强榜单。几乎所有这些论文的叙事标题都生动活泼，而且大多聚焦于更 "贴近日常" 的事件，这些事件也吸引了国内外媒体的报道。但是，没有一篇论文可以同时满足三个标准。《自然新闻博客》（*Nature News Blog*）曾评论道：

坦白地说，这有点混乱。这 30 篇论文都不简单。在不同的指标下，它们都达到了普及度或引用强度的顶峰——但是，此次行动确实揭示了替代计量指标和引用数是如何引起不同方面的关注的。

但是，如表 2.3 所示，如果我们仅比较核心的引用指标本身，情况就会好很多，还能更好地理解不同的操作模式。在 STEMM 学科等以期刊为中心的学科中，论文不同的引用数量之间存在很高的相关性。例如，在该领域中，Mendeley 通常包括传统数据库和 GS 中 95％ 的被引用最多的条目。但是，在引用水平较低且著作的地位很重要的学科中，WoS 在评估被引内容时的基础仍然非常薄弱。以目前的形势，WoS 还需要很多年才能给著作（和著作章节）带来在 GS 中已有的突出地位。如表 2.3 所示，Scopus 介于这两者之间。

表 2.3　主要引用系统运行的一般预期

标准	WoS	Scopus引文数据库	GS*	对比Mendeley的用户存档信息
期刊论文的引用计数通常是	引用计数最严格	一般严格，但更接近WoS的水平	给出最大的引用计数	与三种引用指标的关联度为0.5
期刊论文未被引用的比例	最高	中等	最低	
著作和著作章节的引文收录情况	目前收录的还不多，但WoS承诺今后会将著作纳入出版物评级	收录了一些著作和著作章节，但尚不知它们在数据库的实际覆盖情况	覆盖面最广（参见谷歌图书）。收录的引文范围非常广泛	Mendeley主要适用于PDF格式的文件，但该格式在著作和著作章节中的应用并不广泛
最适用该体系的学科	STEMM学科，这些学科只注重学术论文，WoS收录了大量此类学科的信息	STEMM学科	人文学科和社会科学（著作和著作章节的地位十分重要）；对STEMM学科更具包容性	Mendeley在生命科学领域应用得最多。在大部分STEMM学科和社会科学（包括商学）也得到了大规模应用
最不适用该体系的学科	仍非常注重著作（和著作章节）的人文学科和社会科学	人文学科	只关注通过同行评议、已出版，且缺少其他重要信息来源的学科	Mendeley在人文学科的覆盖面更加零散，覆盖水平也更低，但仍拥有大量用户

注：*GSC 的资料简介功能进一步提高了 GS 的可靠性，作者可检查和编辑自己的条目。但在撰写文章时，只有部分作者拥有公开的 GSC 档案。一些研究员还未加入 GSC，还有的会将个人资料简介保密。

小　结

查看影响指标本身并不意味着要做什么。当然，这绝不意味着你只应关注（到目前为止）研究生涯里最成功的作品。与大多数人相比，研究员更倾向于投资他们所相信的东西，即使它不会马上受到专业受众的欢迎。毕竟，一些伟大的科研创新经过漫长的时间滞后以后才得到认可，这是一段悠久而光荣的历史（见表11.2第二条）。进行投资、播下进行后续研究的种子，往往比"随大流"，使用肤浅直白，或短期内取悦受众的策略要好得多。

然而，如果你拒绝衡量的标准或者拒绝汲取教训，同样面临着自欺欺人和徒劳无功的危险。不管你做什么类型的研究，不管你的研究在什么学科领域，一旦你了解了研究情况，参考指标便会帮助你在未来做出更好的选择。而且，为确保研究成果得到更广泛的认可，你只需进行小规模的调整（策略性的转变），而这些调整并不麻烦。这一点我们将在下一章讨论。关注引用数等指标只是一种让你更好地向广泛的专业受众传达研究成果的重要基础，而不是预示着要牺牲哪怕一丁点儿的科研诚信。数字化时代之前，每个学科都有少数几家权威期刊，而如今这种模式正在逐渐消失。因此，作者在作品出版方式上所做的努力变得更加重要。这将在接下来的两章有所涉及。

第三章 ▽

规划期刊论文

史蒂芬·马拉美（Stéphane Mallarmé）说："世界存在的意义就是被载入史册。"对当代学者来说，存在的意义似乎就是发表一篇期刊论文。但更准确的说法是，他们研究的对象是专门为了发表这篇文章而构建的。这是生产知识的标准单元。

——托马斯·巴斯波尔（Thomas Bassböll）

正如巴斯波尔所强调的那样，攻坚克难获得博士学位之后，大多数学科学术进步的道路是由期刊论文铺就的。无论目的好坏，这种学术技巧的产物，除了人文学科，已经成为大多数研究领域交流和认证的绝对主导工具。但目前来看，这种主导地位面临着诸多压力——更好的数字出版形式出现、期刊出版的延迟时间过长、出版成本高昂以及同行评议面临的重大问题，但距离分崩离析还很遥远。

从历史角度看，期刊的优势地位的形成有三个主要来源。17～18世纪"文学共和国"的通信网络孕育了建立专家论坛的想法，汇集了五湖四海的思想和成果，从而逐步阐释了科学知识的前沿动态。接着，19世纪晚期，德国的研究型大学在强大的学科堡垒中推动此类评估方法走向正规和专业化，并增加同行评议这一重要环节，将真理与站不住脚或错误的结论区别开来。最后，1945 年后的科学研究热潮在"冷战"期间简化并普及了同行评议过程。科学技术进步的影响力使该模式进一步定型，并从 STEMM 学科扩散到所有社会科学学科和大多数人文学科。

撰写和发表期刊论文涉及两个核心任务——关注如何将研究转化成期刊论文（本章介绍），以及如何撰写一篇能产生学术影响的期刊论文（第四章介绍）。本章第一节将探讨如何为一个大的研究项目撰文。第二节将研究合著问题，这事关 STEMM 学科领域的许多工作，也事关大部分学科中提高被引量的问题。第三节探讨了如何选择发表论文的期刊，这非常重要，因为选择失误会导致重大延误。第四节将考察同行评议本身。联系期刊时，我们会收到审稿人的评论和编辑的意见，因此关注同行评议的某些优缺点是很有帮助的。最后一节将探讨如何维护论文的"生产线"，并创建一个数量不断增长的出版物集合。本章的附录阐述了在日益全球化的学术界中一些关于构建和保持作者独立身份的重要问题。

研究项目的论文撰写

撰写文章集合了所有令人沮丧的因素：成功的概率很低；被批评和拒绝的概率很高；至于结果，即便成功了，也不总是有回报……（学术界）到处都是夭折的文章……我知道许多研究员手上都有自感羞愧的积压数据；甚至还有（20 年前）未发表的数据，他们"希望终有一天发表"。他们肯定会的。

——保罗·J. 西尔维亚（Paul J. Silvia）

从攻读博士学位开始，学者们就知道每个正式研究项目的开始和结束都是通过撰写论文来完成的。攻读博士学位时，开题报告必须经过确定、完善和提交的环节才能被采纳；此外，每年必须按照时间表制作中期报告和文本并对其进行评估；最后，必须撰写总结报告（或文本集）并审核其质量。一旦被授予了博士学位，时间、收入、工作变动和积极性方面的限制也可能阻碍文章的发表。在这种情况下，作者永远不会再额外费神，把文章转换成一个可发表的形式，并克服投稿、审查和出版的重重困难，顺利完成任务（除了少数精英机构，很少有大部头论文被转化为出版书籍）。创作论文需付出极大的成本，还得经过印刷和认证。作品出版后，原本是安安稳稳地进入高校图书馆——在之后20年里，"现实世界"对作品的影响仅仅是放置它的书架会变得稍稍弯曲——但如今，也可以在网上下载数字论文，只要能找得到。

在正式的研究项目中，许多博士面临的考验会变得更加严峻。正如西尔维亚上面所说的，在研究项目的诸多阶段性成果中，只有部分（甚至可能没有）能够以期刊要求的准确形式发表。拨款申请者向资助者做出承诺，并提供细节，以说服评审员对项目进行 α 评级。中期报告不仅详细说明了开支和人员雇用情况，还记载做了哪些实验／收集了哪些数据、采用了哪些方法，以及执行情况如何。项目进行过程中，可能要收集和分析浩如烟海的数据，并且一个项目可能会产生多个"灰色文献"

文本（例如提供给赞助商或资助者的报告、进度报告、宣传文件或面向媒体的报告）。结题报告也会再次阐述所有这些内容，此外还要概述有了什么发现、得出了什么结果，以及是如何解释的。在许多时候，研究员还必须解释那些最终不起作用的方法、方法上的必要调整、没有证据支持的假设和无法找到／只能找到零碎证据的理论预期。出版计划或阶段性的成果也包括在内，但要完善和制作成功的"产品"，往往仍有大量工作要做。然而，这些文本中能变成真正的期刊论文的可能一个都没有。

企业或政府机构如果委托研究团队进行应用研究，可能会要求其提交一份长的完成报告，详细描述所做的工作和取得的成果；也可能出于公关目的，需要一份制作精良、光鲜得体的"灰色文献"出版物，以获得媒体的关注，或者作为"交付品"促进销售或赠予客户。这里有一个简单粗暴的规则：印刷版或数字版的文章看起来越光鲜，撰写过程就越费时费力。

同时，新的拨款申请已经提交，其他项目已经成熟，相关工作也已落实，核心研究员也许还得转到其他项目。此时，期刊论文可能仍处在匆忙撰写和提交过程中。如果这个项目反馈的评审意见要求作者进行大幅度重新思考，或对研究方法的核心要素提出质疑，那么他们可能就不会取得进展了。因此，作者在从事其他项目之前，不会发表过多此项目的成果——只留下没分析完的数据，或者把一些想法和可能的真知灼见束之高阁，就不足为奇了。

在作者独自工作或与几个志同道合的同事工作的领域里，资助不是一个必要条件，研究项目的内容定义可能是非正式且松散的。当一两个研究员有了想法后，就可以在某种程度上采取行动，无须事先获得他人批准。他们随后投入更多的时间和精力，而无须汇报工作成果——除了在年度评估访谈中口头报告或几年后对大学、政府研究审查机关提出的要求做出回应。各种类型的中期成果——工作文件、数据集、微型档案或专家报告都可能会出现。但是，只有当学术成果在研讨会或正式会议上展示时，相关材料才有必要以研究论文的形式进行汇总。

因此，展望可能发表的期刊论文，并进行充分探讨，从研究项目中得出学术成果，这绝不是一个自然而然而是充满挑战的过程。我们需要提前规划，制订相关出版计划，尽早确定和定义潜在的论文，并在特定项目仍在进行中的情况下找到撰写文章的空间。还要保障写论文的时间不受其他各种需求——包括为完成报告或客户的要求制作"灰色文献"的时间压力的影响。

以下介绍了一些可能对此有所帮助的主要步骤：

● 尝试一开始就为每个项目规划一系列可以形成期刊论文的论文，范围涵盖整个项目。这些工作最好在项目中期之前开始。

● 记住，期刊论文通常只会解决一件事，而不是多件事。文章通常是一种高度凝练的交流活动，篇幅有不可违反的限制（例如，大多数的学科文章为 8000 字，医学仅为 3000 字）。因此，要围绕一个合乎逻辑的问题将可能的信息输出和结果分割成有意义的部分；还要仔细分配写入论文的内容，以满足这些约束条件。随着研究结果的出现，这些潜在论文可能会比其他论文更具创新性和重要性。

- 在认真给文章分段时，不应与曾经在研究员当中流行的"切香肠式"策略相混淆。在这种策略中，研究结果被尽可能多地分散在各篇论文中，每篇论文的附加值都是最低的，不同文章的研究结果（有时甚至是段落）有许多重复之处。从长远来看，这种做法并不好。

- 边研究边记录，包括结果、详细的报告，以及所有论文的初稿。写作往往是思考的一部分，也就是说，它提出了作者以前没有想过的问题。所以，不要落入打算在产生研究结果后再"写出来"的陷阱。"边做边写"的方法尤其适合更为重要的定性、理论部分和文献综述（不同类型的综述，见第七章"强大的搜索"小节）。

- 论文也是一种专业的沟通工具，限制文章字数意味着写作是一项费力的活动。要在一定空间内表达许多内容，最简单有效的方法就是认真思考论文的起始水平。对于某类期刊的读者来说，哪些知识是理所当然的？什么是基本的常识？如何用最简洁的方式提供最丰富的信息，而不拘泥于晦涩的"学术腔"（见第四章"避免'学术腔'"小节）？为解决这些问题，我们需要进行深入的思考，创作大量的论文初稿。撰写论文的同时，进行中的研究和报告（更具限制性或技术性的报告）是很有启发性的。

- 弄清楚每篇文章要探讨的问题是什么，以及你的"答案"是什么。你需要不断地思考论点是否恰当，行文风格、研究和证据标记是否规范，以及文章的详细程度是否符合目标期刊的规定（见第四章"依据学科和期刊特点设计论文结构"小节）。

与合著者和研究团队合作

> 单打独斗式……（学者或）科学家的时代已经结束了。将你的技能和知识汇集起来才是王道。
>
> ——基思·道丁（Keith Dowding）

> 应用型研究和基础研究结合起来产生的学术影响力比单独研究产生的影响力更大。
>
> ——本·施奈德曼（Ben Shneiderman）

在 STEMM 学科和一些社会科学中，学术工作很难完全独立地进行，道丁和施奈德曼上述所言也从不同的角度认可了这一点。如今，做研究需要广泛的技能和专业知识——涉及测试方法，还可能涉及设备研发、软件编写、专业数据统计／数学运算、编码、分析能力以及其他形式的数字化专业知识。一个人很难独立掌握以上所有领域的知识，因此大部分研究转向了团队合作模式，特别是在基础研究和应用研究相联系的领域。STEMM 学科研究团队规模的不断扩大，也适应了现代研究领域各机构和各国联系日益紧密的特点。例如，某药品或疗法如果要得到更广泛的监管许可（一旦在一些主要国家获得批准），通常需要在许多国家同时进行研究。同样，在粒子物理学中，一些论文可能会列出几十或数百名作者。2015 年一篇关于大型强子对撞机的物理学论文的作者超过 5000 名，创下了纪录。

如表 3.1 显示，在美国所有 STEMM 学科和社会科学领域，期刊论文合著者的平均数在 10 年内增加了一半，从 1998 年的略高于 3 人增长到 2008 年的略低于 5 人。天文学、医学、生物学和物理学领域的合著者则尤其多，平均每篇文章都有 5 名以上的合著者。相比之下，在美国的社会科学中，期刊论文的合著者数增长缓慢，仅增加了 1/3，增长率在所有领域倒数第二，与数学的情况非常相似。

表 3.1　1988～2008 年美国主要学科每篇期刊论文作者人数的增长情况

学科	每篇科研论文的平均作者人数			
	1988	1998	2008	1988～2008年的增长情况
天文学	2.5	3.6	5.9	2.4
医学	3.6	4.5	5.6	2
生物学	3.3	4.2	5.3	2
物理	3.3	4.2	5.3	2
STEM学科和社会科学领域的平均数	3.1	3.8	4.7	1.7
化学	3.1	3.6	4.3	1.2
农业科学	2.7	3.3	4.3	1.6
地球科学	2.4	3.2	4.0	1.6
工程学	2.5	3.1	3.8	1.3
其他生命科学	2	2.4	3.2	1.2
心理学	2	2.5	3.2	1.2
计算机科学	1.9	2.3	3	1.1

续　表

学科	每篇科研论文的平均作者人数			
	1988	1998	2008	1988～2008年的增长情况
数学	1.5	1.8	2	0.5
社会科学	1.4	1.6	1.9	0.5

根据英国社会科学家们近期发布的一项研究，许多论文是由单个作者完成的，1～3人的作者团队在出版物中占90%以上。4名或5名作者及以上的文章基本上没有，可能团队创作很困难，除非有一个层次分明的研究实验室结构，但这种结构在社会科学领域十分罕见，因为他们认为"伙伴"作者的最佳规模是2人或3人。

在人文学科中，单一作者出版仍是常态。人文学院和大学的晋升选拔委员会甚至可能低估了联合出版物的价值。在某个数据库中，10年间人文学科作者的平均人数为1.7人，而社会科学的则为3.6人。然而，在一些新兴领域（如数字人文学科），这种模式正在发生变化：复合型团队开始参与此类研究，期刊论文的合著者变得更多。

2014年提交给英国REF的191150项学术成果揭示了另一种各学科合著率的情况。如表3.2所示，STEMM学科的文章合著率远远高于社会科学或人文艺术领域。涵盖物理、化学和工程学的B组，平均每篇文章有20多名作者，但中位数仅为3人（低于生命科学）。这表明作者人数众多的论文数量相对较少。在人文学科和艺术领域，论文的产出往往是独立进行的。

表 3.2 2014 年提交给 REF 的研究成果合著率

	作者总数	合著作者数（超过1）	
		平均数	中位数
STEMM学科 （不包括生命科学）(B)	1003290	21.0	3
生命科学（A）	391300	7.8	5
社会科学（C）	79980	1.6	3
艺术与人文学科（D）	14160	0.4	0

在深入研究了英国社会科学的数据库后巴斯托等人表示，有 2 名或 3 名作者的文章被引率是只有 1 名作者的文章的 2 倍以上，这表明合著可以增加被引量。还有研究发现，作者开展的合作越多，出版物的数量就越多，得到的关注也就越多。这里有三种解释：

● 当 2 名或 3 名作者将新的研究与学科网络的不同部分联系起来时，就会产生"机械效应"。如果合著者来自不同的大学、国家、语言群体或学术社会环境（在社会科学中非常普遍），这种效应会得到加强。如果团队是由一个教授和同一实验室的研究员们组成的（通常在 STEMM 学科中），效果就不会那么好。

● 如果团队研究比个体研究更加先进或能应对更棘手的课题，就会产生"质量效应"。例如，团队研究的规模可能更加宏大，或方法更加完善。质量提升，被引量就更大。

● 在某些文献计量学数据库中，可能会出现技术上的"混杂效应"。在这些数据库中，短篇文章（如书评、笔记、博客文章，也许还有更多"中间立场"主题的文章）往往由单个作者完成，但本质上这类学术成果被引用的可能性不大。相反，基于团队的研究在有实质内容的或创新的期刊论文中更为常见（这些文章本质上更有可能被引用）。

目前，这些不同的效应并没有明确的证据支撑。但是，如果合著的确能影响被引量，那么它就有助于解释为什么越来越多的研究员会与他人合著。

确定合著者的排名非常重要。尽管存在着学科差异，STEMM 学科仍使用了公认的惯例来表示不同作者的角色。常见要素包括以下内容：

● 第一个作者的名字：主要研究员，他通常是终稿的原作者和主要作者。

● 第二个名字：第二重要的贡献者，主要贡献是在研究方法和数学／数据分析以及写作方面。

● 第三、第四及之后的名字：对研究方法、实证工作、数据准备和协助分析或分节写作做出特别贡献的人。

● 最后出现的名字：实验室或研究单位的组长或负责人，他们可能密切参与，也可能没有密切参与撰写或研究特定的项目。

然而，由于以下五个因素，这些惯例日益受到冲击：

1. 许多引文和索引系统除了文章的第一或前几位作者，不太容易找到所有作者及其对应的贡献排名。传统数据库系统（见第二章）最适用于搜索文章的第一作者，对于第二作者可能效果一般，第三作者及后面的作者搜索效果可能更差。一般来说，基于网络的新型引文追踪系统更善于找到排名靠后的作者，但仍存在缺点，尤其是在追踪书籍类出版物时。

2. 在医学和生命科学领域，外部监管机构要求被列为作者的高级研究员在最初起草和修订文本时必须发挥实质性的独特作用。在由"大型制药公司"资助的药物试验论文中，相关方通常会通过付给资深或权威作者一笔报酬来为其研究"贴金"，但这些作者实际上并没有参与研究或为研究成果做出贡献。

3. 与此同时，进行跨国药物实验的需求增加，合著的人数也因此增加。当前，一些期刊可能会只列出每个国家最资深的研究员，剔除项目中其他研究员的姓名。

4. 在参考文献列表中，许多 STEMM 学科领域的期刊只显示前 x 名（通常是 5 ～ 10 名）作者的名字，而在以前可能会全部列出。对于排在最后的 STEMM 学科的实验室负责人来说，其文章被引量可能因此大大减少。一种新的惯例可能会应运而生，把他们的名字排得更加靠前。

5. 几乎所有学科的所有期刊都会将文内引用的作者缩减为第一作者（有时是前两位或前三位作者），再加上"等人"二字。一些研究员行事草率，还会引用他们没有直接参考（或二次参考）的文章，并往往将"等人"的使用范围扩展到引用细节本身。

随着 STEMM 学科团队的不断壮大，许多著作的荣誉归属问题可能变得更为复杂。授予作者荣誉不仅事关研究员，也事关晋升选拔委员会、资助者以及图书馆员等整理和归档人员。针对这一问题，来自维康信托基金会（Wellcome Trust）和数字科学公司（Digital Science）的"贡献者角色分类法"开创了一种新模式。它定义了公开发表研究成果所需的 14 种关键角色，包括概念构思、形式分析、初稿撰写以及项目管理，尽管后续参与情况尚不清楚。

相比之下，在社会科学和人文科学中只有非常基础的名称排序惯例：

● 按名称的字母顺序排序表示所有作者对作品的贡献是相当的。如果两个或三个作者在一系列相关的论文中协作，那么名称顺序可以轮流调换，以确保作者不会过度受益于姓氏的字母位置，而仍然受本惯例的约束。

● 变动的（非字母顺序）名称排序表示近似作者贡献程度的排序；最重要的贡献者位列第一，第二重要的人位列第二，以此类推。在一系列贡献者中，有时要区分那些实际撰写论文并设计和进行实质性研究的人（如作者 A、B 和 C）；以及感谢那些做了某些特别贡献或完成其他相关工作的人（如研究员 D 和 E）。这种情况下可以将名字列表分为两部分以示区别，如"A、B、C 和 D、E"。

STEMM 学科等领域的惯例是为了防止严重的滥用行为，如某位资深作者（他通常掌控文章最后提交给期刊的时间）自己重新排名，以便获得超出自己应得的荣誉或声望。在社会科学中，另一种糟糕的做法是"独家新闻式"出版，即最资深的研究员撰写一篇单一作者期刊论文或章节"综述"，而文章却是基于整个团队的研究。这种做法可以吸引大量引用，而无须将团队成员正式列为合著者。有时，标注了整个研究团队姓名的文章只能作为"灰色文献"出版，而只标有资深研究员姓名的项目（文章或著作）却能正式出版。对于任何学者来说，如果不充分、不仔细、不适当地认定作者的贡献量，可能使其声誉受损，削弱其今后进行有效的团队建设的能力。

总的来说，研究员需谨慎对待这一点。合著对象应能在自身的专业知识和经验上起到补充作用，或带来小团队不具备的关键能力，这样才能把研究做得更好，被更有影响力的期刊收录或得到更广泛的引用。但是，如果合著者性格古怪、办事拖沓、不可靠或夸夸其谈，结果可能不尽人意，比如错过截稿日期、完成的作品质量堪忧，或者文章的长度、水平不符合要求。同样，相较于和实验室或部门熟悉的同事合著，与跨部门或学科的作者合著可能会增加被引量，但这也会增加沟通和协调事宜的工作量。

因此，最好在合著一开始就提前计划研究完成形式、工作分配，并随着工作量的变化，不断修订计划。在出版过程的最后，为防止今后出现任何分歧，所有合著者都应签署一份清晰明确的事实声明，说明谁做了什么工作（可能和最初预期的不同）。之后，每个作者都能得到一份印有合著者签名的声明副本，用于争取晋升、提高薪酬以及政府的审查工作，如 REF 和 ERA。

选定投稿期刊

期刊排名变得很重要，作者、读者、编辑、出版商和研究项目经理等人都会参考它。

——斯特凡妮·豪施泰因（Stefanie Haustein）

向期刊投稿总是令人心烦意乱。对于研究员来说，找到既定领域内排名最佳的期刊，往往非常受折磨（正如豪施泰因上文所说）。此外，投稿过程也很费时。一旦投递出文章，你就要在杂志社做决定期间时刻保持关注，时长往往从六周（效率高的期刊）到六个月（办事拖沓的期刊）不等。仅是这种漫长的等待就要求你必须非常谨慎地选择投递哪家期刊。再加上期刊知名度越高，文章修改的范围可能就越大（修改的内容并非必要），印刷时往往还需要排队，在这类期刊上发表的用时很长，非常麻烦。

此外，文章的投递和评审可能困难重重，造成更多的延迟和压力。一篇论文花了几个月的时间评审，最后却遭到拒绝，然后不得不修改再投递到其他地方——投递的下一家期刊通常是传统"顶级期刊"等级中更低的，很多时间就这样被消耗了。如果论文先被投递给某领域的综合性期刊，被拒后投递给一个更为专业的期刊，准备相关材料重新设计文章框架可能还需要一定时间。

　　被拒稿和遭到审稿人的批评往往让人很难接受。负面评论和拒绝会产生很大的风险，作者可能因此放弃继续完善一篇基本不错或有待改进的文章。然而，拒稿的理由往往不那么充分，因为作者经常将文章投递给和他们兴趣和方向都不相符的期刊。即便内容非常优秀，却被拒绝，这里的原因可能仅仅是这家期刊的一些外行人士不懂得欣赏，文章也更有可能被拒，延误和讨论的时间会进一步延长。

　　这些问题之所以出现，很大程度上也是因为人们决定向何处投稿的理由过于简单。所在的部门或实验室也许有一个"顶级期刊"名单，但依据往往很薄弱，出于各种原因可能不那么实用。这个名单可能是以前的一些审查工作留下的——如上一轮的 REF 和 ERA；也可能是本地著名教授曾发表过资金充足的研究论文（或在其辉煌时期发表过论文）的期刊，但已经有一段时间没有更新了，存在一些明显的缺点。此外，这份名单的内容往往相当粗糙。例如，名单上可能有超过某一 JIF 分值（尽管这个衡量标准有局限性）的期刊。也许某位资深教授或主管已经制订了一些巧妙的经验法则——比如"向你引用过的期刊投稿"——或者推荐以前对他很有效的信息来源。如果你是一个博士生或刚开启学术生涯的研究员，参考这类名单和建议往往只会误事。鉴于你发表的文章类型，名单上许多期刊的文章可能超出了你的能力范围，因此读起来十分令人沮丧。有时，学生对自己的研究材料还会抱有不切实际的野心。他们可能只关注期刊的学术排名状况（根据期刊评估指标分数来判断，如 GSM 或 JIF），因为别人告诉他们这些东西至关重要。还有一些人之所以选择某类期刊，纯粹是因为它恰好涵盖了他们的研究主题。用这些方式来决定在哪里发表文章是非常糟糕的选择。

事实上，大多数高级研究员在决定向哪家期刊投递论文时，不仅要考虑显而易见的东西，还要考虑会从不同角度极大地影响一篇文章的学术影响力的其他因素。因此，投递期刊始终要综合考量多重因素。对任何学者来说，有一点仍然非常重要，那就是投递文章的期刊在业内的知名度和认可度越高越好（如果要检查一份不熟悉的期刊的学术质量，请参阅 GSM 提供的关于每个重要期刊的有用的定量引文信息）。但是，我们还需要知道：

● 许多高被引论文并不只是发表在最有影响力的期刊上；

● 不同类型的文章被引用的目的各不相同；

● 许多文章的下载量大不等于被引量也大，而一些高被引文章的阅读量实际上很小（从下载量来判断）；

● 一些研究发表在专业性的期刊上会更好，因为最容易被特定的学术群体看到；发表在综合性期刊上，则会有关注度低的风险。

与其他行业一样，研究中的"框架"事关文章能否被接受，而"顶级"期刊规定的框架并不总是最佳选择。

每本出版物都是一系列工作的组成部分，它们扮演了不同的角色，影响着不同的受众。在开发这种组合模型时，选择投递哪家期刊有许多"后勤"方面的工作需要考虑。一些研究材料的种类或水平可能不满足进入顶级期刊的标准，但仍然可以激起其他期刊的学者和研究员的浓厚兴趣。还有一些研究可能是创新的，甚至是开创性的，但却被目光短浅、态度保守或极度缺乏冒险精神的审稿人拒绝。所有这些都揭示了非常重要的一点，即在向期刊投递文章时，我们需要综合考虑多种因素，权衡利弊。

　　表 3.3 广泛借鉴了豪施泰因关于文献计量学研究评估的影响力维度的研究，列出了选择期刊时需要考虑的 32 个标准。这个数字可能看起来很大，但主要分为 5 组，并且研究的许多特征对于研究员来说并不陌生，还有一些特征可以被整合到一起。

表 3.3　投稿时对期刊的比较

标准	关键问题	最佳答案
A. 范围		
创立时长	期刊是什么时候创立的，创立了多久？	和新创立的期刊相比，历史悠久的期刊往往具有更好的阅读体验，更容易在大学图书馆里找到并通过图书馆获得，而新创立的期刊还未建立读者群，近五年成立的付费期刊的发行基础可能非常小。
出版历史	期刊出版文章的持续性和规律性如何？	不要选择那些没有严格遵守其公开出版时间或收录"不严肃内容"的期刊。它们在吸引合适的文章方面可能有困难。

续　表

标准	关键问题	最佳答案
出版商附属关系	出版商是谁？	由专业机构出版的期刊通常是最有声望的。排在其后的就是由顶级企业运营、知名编辑参与的著名商业期刊。那些不知名或刚成立的商业期刊则排在最后。还要小心那些收取费用时"宰人的"出版商。
范围	这家期刊在这个学科是否是通用的（"综合的"）？还是说只覆盖某一子学科？覆盖面有多大？	在STEMM学科中，有一些最有名望的跨学科期刊——如《自然》和《科学》(Science)——资历相对较浅的开放获取期刊PLOS One近期也加入了这一队伍。然而，在通常情况下，某个学科内综合期刊的读者数最多，声望也最高。紧随其后的是分支学科下的权威期刊。专业性质的期刊和超级专业的期刊排名靠后，因为潜在读者较少。
规模	期刊的销量是多少？世界上有多少图书馆订阅这份期刊？	全世界顶尖大学图书馆约有2500所，因此任何数据大于2500就很不错了。出版商创造了"打包式交易"，将许多期刊打包给了大学图书馆，所以现在确定订阅读者的数量往往是个颇为棘手的问题。但总体而言，期刊在全球各地图书馆出现的范围越广，相关研究员发现并引用你的作品的概率就越大。
受众	期刊是否还能影响到在学术界以外或高于学者层次的专业受众（如既定领域的专家）？	出于历史和制度原因，学术界以外的专业人士也会阅读一些由协会运营、发行量大、久负盛名的期刊。人们主要在这类期刊上发布应用型研究。相反，一些短文期刊的（非专业）读者群更加广泛，在宣传公众参与性工作方面发挥了重要作用。

续 表

标准	关键问题	最佳答案
编辑部的组成	编辑部的成员是谁？他们的知名度、被认可度有多高？研究是否具有前沿性？	所有杂志社的编辑部都出现了一些僵化，尤其在没有人事变动时。如果成员名声大、声誉佳，自然是最好。但这并不包括那些安于现状的人：大多数成员仍需保持活跃，至少有1/4的成员需在当前行业中发挥先锋模范作用。
国际化程度	期刊的国际化程度有多高（如反映在编辑委员会和作者身上）？	跨国期刊或在特定区域内（如欧洲）有影响力的期刊是最佳选择。在社会科学和人文学科领域，来自美国的期刊反而更具民族中心主义倾向。
B. 评审程序		
同行评议的方法	期刊是否使用了单盲/双盲/三盲评审？还是公开评审？	如果编辑和两个以上的审稿人不知道作者的身份，且评审是匿名的，那么同行评议就是三盲的。双盲评审时，只有编辑知道作者是谁。单盲评审时，编辑和审稿人都知道作者是谁。公开评审时，作者也能知道审稿人的身份。实际上，除非你是一个隐士，否则人人都能通过谷歌搜索文中的关键词知道你的身份。某些双盲期刊的审稿人可能会承诺不这么做。公开评审最有利于作者，因为审稿人的责任度和诚实度更高。
发表后的同行评议	期刊使用的是否是最新的发表后同行评议方法？	*PLOS One* 期刊使用了这种方法，并且大众接受度越来越高。这些评审形式获得的评论（以及随之而来的批评）可能来自更广泛的研究群体。它们可能给你的工作带来新视角，前提是你的工作最好是正确的！

标准	关键问题	最佳答案
投稿到期刊决定收稿所需的时间	从文章第一次投递到编辑给予准确答复需要多长时间？	时间越短越好。如果期刊在评审和做决策时非常拖延，那么它往往运作松散，或很难找到审稿人。这可能是因为文章内容太专业，也可能是因为专家审稿人名声不佳。整个流程的拖延还可能表明该期刊"修订和再次投递"的情况可能涉及面广，且人手短缺。
拒稿率	所有投递文章的拒稿率是多少？	这里有一个倒置的U形关系——中等拒稿率对于作者来说是最好的。高拒稿率很可能意味着浪费时间和精力。低拒稿率表示期刊求贤若渴或因名不见经传而接受不好的东西（原因众所周知）。
改稿和撤稿记录	和同类型期刊相比，修改率是多少？文章是否被撤回过？	这种事情越少越好。更正或勘误较为频繁，可能意味着编辑和校对工作很草率。撤稿可能意味着期刊审稿人和编辑对舞弊的防范不当。从经验上看，顶级期刊的撤稿是最严重的。
C.开放访问或者只提供封闭式访问		
开放访问或只提供封闭式访问	期刊是否提供开放获取路径，还是只提供封闭式访问？	在开放获取期刊上发表文章和在高声望期刊上发表文章之间需要达成一个关键的平衡。这似乎不能同时成立。许多专业和学科仍然大力推动付费期刊的发展，而这些期刊往往会为专业机构提供资金。但这种观点正日益受到挑战。一般来说，期刊包含的开放获取内容越多，读者就越多。英国也很重视这一点，其2020年REF的官方政策规定，文章应提供某种形式的开放获取途径，以便在审查工作时被计算在内。

标准	关键问题	最佳答案
金色开放获取期刊还是绿色开放获取期刊	如果期刊可开放获取，那么是通过作者支付文章处理费，还是将文章只保存在存储库中？如果是后者，禁阅期（embargo time）有多长？在人文科学和社会科学领域，这些时间限制往往要长得多，甚至长达两年。	最好是选择一个价格实惠的"文章处理费"，能立即投递金色开放获取期刊——也许研究经费或部门资金可以报销这笔费用。如果以上行不通，你可以选择绿色开放获取的存储库，在开放获取版本上线之前，禁阅期越短越好。
D.覆盖面、规模和风格		
发行期数	期刊每年发行多少期？	定期出版是最好的，因为能建立忠实的读者群。
篇幅限制	文章的篇幅限制是多长？发表的文章类型是否不止一种？	文章长度可能从研究纪要的2000字至全文的9000字不等。你要选择最适合你的的研究的长度——但记住，宁少勿多。
其他文章的标题	已发表论文的标题和你计划投稿的标题是否类似？	最好是期刊涵盖了你的论文的类似领域，但还没有完全覆盖（如果完全覆盖，他们就可能拒绝研究类似课题的文章）。
参考文献的风格	期刊引用文献的风格是否属于"标准配置"？	引用文献的方法最好是众所周知且清晰明确的。通过Mendeley或EndNote等参考文献管理软件，在稿件中使用和期刊一样的风格。但要注意不同期刊的特殊惯例（尤其在作者姓名缩写方面）。

标准	关键问题	最佳答案
出版语言	期刊发表用的是什么语言？	英语文章仍然最有可能在全球传播和被纳入传统文献数据库。
作者	现有作者的知名度有多高？	可以寻找GSC分值高的作者。
机构	现有作者来自哪些大学或机构？	最理想的情况：他们属于你所在学科，来自世界各国的多元且著名的学科中心。
国家	编辑和作者来自哪些国家？	来自你所在分支学科的重点国家和大国。对于STEMM学科，美国、英国和欧洲的地位仍非常重要，但亚洲的作者和期刊的影响力也越来越大。
E.传播和影响力		
h5指数	期刊的h5分值是多少？	用GSM中的h5分值来进行评估是最容易操作的。如果某期刊的h5分值为35，说明在过去5年，至少有35篇文章被引用了35次。要想知道哪些文章非常优秀、哪些文章收录在了期刊中，只需在GSM页面查看其h5分值。
h5中位数分值	期刊的h5中位数是多少？	在GSM中，h5中位数表示h5分值列表中的所有文章h分值的中位数。它总是高于h5分值，因为有些论文的被引量的确很高。正差值（h5中位数减去h5分值）越大，表示期刊收录的高分论文就越多。
电子出版的延迟时间	一篇文章从最终敲定到在线上发表需要多长时间？	时间越短越好。这里的时间长短能揭示这家期刊运转过程的好坏。一些期刊可能接受、积压了过多材料，原因可能是质量标准下调；但另一方面，如果时间过短，可能表示缺少高质量稿件。

标准	关键问题	最佳答案
电子出版的方式	期刊是使用"连续在线"的出版方式，还是等待系列文章都完成后一起发表？抑或是只发布数字版本？	连续在线出版更好，因为潜在读者能更及时地读到你的文章。但期刊还需通过社交媒体和电子邮件提醒潜在读者注意只在线发布的文章。在数字时代，纸质出版的意义已不大，但在人文学科和社会科学领域，一些老派的学者仍会等印刷出版后才会进行引用。在学术界某些领域，负担时间和资源上的极大浪费仍能为学者带来声望。
印刷出版时间的延迟	文章从发表线上版本到刊登在印刷版期刊上需要多长时间？	尽管无法否认因为优秀的文章太多，好的期刊的间隔期更长，但时间还是越短越好。现在某些期刊的间隔期甚至长达18个月到2年。长时间的积压还可能表示编辑接收的文章过多。
JIF的使用	期刊是否非常重视JIF分数？	JIF是在旧的传统数据库中过去5年或2年内发表的所有文章的平均引用分数，没有任何意义，比h5中位数的表现还要差得多。如果期刊仍非常重视这一指标，说明它已经落伍了。
下载数据	期刊是否提供在线文章的下载数据？	下载数据有助于显示文章的读者数量。下载数据持续走高表明文章拥有强大且忠实的读者群。
替代计量指标分数	期刊是否用替代计量指标来显示文章或期刊在社交媒体上的影响力？	替代计量指标能显示文章在社交媒体上的热度（例如，有多少人通过脸书、博客或推特分享文章链接）。期刊的网络热度高代表你的文章能被更多人看到，这是获得被引量的第一步。
与其他成果的关联	期刊允许其他学术成果/后续工作链接到原文吗？	数据集等相关学术成果跟文章一起出版的情况越来越普遍。理想情况下，读者能轻松查阅并使用完整版的学术成果。

这种组合方法要求你在审视所有的计划中出版物时，考虑的远不止那些显而易见的选项或大众所谓的"首选"。学习了表 3.3 后，建议你到你所在的院系或实验室问一圈。很快你就会发现，关于在哪里发表论文的民间传说和奇闻轶事有很多，每个人提供的建议也各不相同。额外花点时间看看表中所有的选项是非常值得的。毕竟，你已经花了两年甚至更长时间收集数据或原始材料、思考所涉及的问题、解决问题，并完成文章。你对这项工作投入了大量精力，想在最好的期刊上获得最多的曝光。鉴于期刊的审稿工作可能需要持续六个星期到六个月（取决于成果产出情况），因此向哪家期刊投稿是一个至关重要的决定。

了解同行评议过程

科学家们明白，同行评议本身只能提供最低限度的质量保证，而公众把同行评议视为唯一的认定标准是大错特错的。

——《自然》社论

同行评议在做学问上发挥了很大作用，但却已经开始过时。它进程缓慢，鼓励约定俗成，而且无法追究评审员的责任。

——《替代计量学宣言》

同行评议是指专业人士的工作要接受同级别同行的评审和评价。它是许多行业内部控制的重要机制，远远超出了学术界这一使用范围。要求专业人士接受同事（同行）评判或审核是让其行为符合行业标准和公共利益价值观的重要保障。这是一种特定的方式，能确保从业者无私地维护客户利益，客观、公正、负责地拓展知识。相互监督的合议过程往往事关保护专业人士的工作自主权和接受更少的外部监管。在学术界，针对期刊论文和书籍的同行评议近期出现了更多批评的声音，就像上面《自然》和《替代计量学宣言》中所说的那样。

期刊的同行评议在 20 世纪发展势头最为强劲，旨在保护科学和学术标准，并在推动知识发展时保证其安全性。到 20 世纪 50 年代，它在医学等 STEMM 学科中也得以确立。随后，同行评议扩展到所有学科，首先是社会科学，直到 20 世纪 80 年代才扩展人文学科的所有领域。由于包裹着神秘的面纱，往往很难从"外部"掌握学术界的同行评议在实践中是如何运作的。只有当你投递第一篇论文并开始收到评论，才能看到同行评议的真面貌。

如表 3.4 所示，这一过程其实有许多关键的组成部分，因此在投递第一篇论文之前，这些问题值得你好好思考。所有的部分都必须共同发挥作用，以达到最佳效果，但许多同行评议的描述只关注其中的一两个方面。在（自然）科学和社会科学的数学领域（如经济学），同行评议被认为是一种重要的把关机制，确保只有有效的实证研究（有正确的公式和方法以及经过检查的复杂算法）才能被选入著名期刊。一切所谓的新发现或解释都必须经过仔细的评估、测试和交叉检查后才能获得专业可信度。你还要把出版前的严格把关和出版后的缜密审查结合起来，这些过程会揭露伪造和无效的实验结果、错误运算、错误数据或糟糕的统计分析。

表 3.4　期刊同行评议：关键部分、依据和当前问题

关键部分	依据	当前问题
投递给期刊的论文会被发送给多个独立的（通常是无偿的）学术审稿人（2～4人），他们会评估其科学或学术质量、方法、结果的可靠性等。期刊编辑是资深学者，在综合了评审意见后，决定是否接收论文，或要求修改细节，或拒稿但允许大幅调整后重新投递，或拒绝且不允许再次投递。	·学科内的同行评议是学术工作的重要组成部分。 ·鉴于评审的"双盲"属性，得出的判断完全基于证据和论文中的论点，没有因（例如）作者所在的机构、学术等级或性别产生偏见。 ·评审会评估论文融入该学科前沿动态的方式。	·在特定细分领域，评审员的数量通常很少。 ·在数学或技术领域，评审论文是耗时、费力且非常困难的，但审稿人很少或根本没有得到过表扬或荣誉。该系统依靠互惠来维系，但互惠可能很难得到保证。 ·文章和期刊的激增意味着要么需要更多的审稿人，要么需要目前的审稿人审阅更多的文章。
一些编辑根据文章质量和与期刊的使命声明/主题的一致性，广泛地预先筛选论文（淘汰无力回天的论文）。	·编辑面临的压力是缩短回应时间，并尽量减少对繁忙的审稿人的要求，因此预先筛选被视为维持期刊高效运作的重要工具。	·期刊的任务变得更加细分，学术辩论因此受到限制。 ·编辑委托进行书面材料审查的助手很可能无法把握创新的或专业的材料。 ·预先筛选不利于提高学术辩论的整体水平，因为有趣和新颖的研究会被挤掉。

关键部分	依据	当前问题
顶级期刊可能对研究结果的新颖性进行预审,而综合类期刊则对广泛的专业范畴进行预审。	· 和之前发表的文章相比,论文应提高学术讨论的累积性,并能带来广泛的增值。 · 期刊编辑希望文章能明确激起读者群的兴趣。	· 要求文章的独创性可能会促使作者"拔苗助长"出相关结论。 · 专业期刊中文章广度的丧失和综合刊中文章深度的丧失意味着有可能丧失跨学科交流。
期刊强大的等级结构以学科内广泛认可的方式标示着文章的质量。得分最高的期刊理论上(基于相关指标)应该能吸引最优秀的作者和文章。然而,在第二章中,我们全面讨论了这一点的真实性以及该如何评估期刊的"质量"。	· JIF表示在既定时间内,该期刊上发表的文章的平均被引量。它在过去被广泛使用,代表期刊在业内的相对重要程度,但现在被认为是初始的参考。如今,GSM等新的数字计量指标使用更可靠的统计数据来对期刊进行排名,这些数据能更好地反映论文的引用情况,如GSM针对过去五年的h5分值。	· JIF分值较高的期刊上的许多文章很少被引用。在当今的数字时代,很多被引用的作品都发表在中等质量的期刊上。期刊的JIF排名和论文被引量之间的相关性很低。鉴于投递内容的质量参差不齐,批评者认为许多期刊在当前的编辑审查和选筛选程中很难实现"增值"。

关键部分	依据	当前问题
稿件是匿名的，审稿人的评论也是匿名的（"双盲"评审）。审稿人在少数情况下知道作者的身份，但仍然匿名发表观点（"单盲"评审）。	·相互匿名是进行公正、平等评估的重要保障，所有论文的参照标准都应相同。是否发表仅取决于文章的质量、证据和论点，而不是作者的声誉、资历或性别。	·双盲评审现在的保护作用已经没那么明显了。审稿人通常只需网上搜索一下论文中独特的语句，就能识别作者的身份（见下文）。 ·单盲评审是不对称的，因为审稿人知道作者的身份，且对发表的意见可以不负责任。 ·由审稿人宣布"利益冲突"问题的规则已经变得更加严格，但审稿人和作者之间的"利益冲突"非常普遍，特别是在药物研究等商业敏感的领域。 ·关于传统方法与前沿方法、理论学派、应用研究与理论研究、大学声誉、性别、种族或国籍的偏见会反复出现在发表的文章中。

关键部分	依据	当前问题
20世纪80年代以来，STEMM学科对文章可复制性的要求越来越高，这意味着期刊论文（或在线附件）必须完整地记录实验过程并显示完整的数据结果。20世纪90年代以来，根据开放数据的要求，作者需在线发布完整的数据集。	· 这意味着其他研究员可以利用这些数据重现结果，或者在此研究的基础上，观察在略有不同的情况下，是否还能得出类似的结果。 · 这也与公费研究的透明度和公开性的推进有关。	· 社会科学和人文学科在开放完整数据集方面的进展一直较慢。 · 数据的存储和访问，以及文章的"翻译"是否能达到其他学者理解内容、使用数据的要求都存在一些问题。
出版后的实验和学术作品会经过严格的评审，期刊还要接受评论和辩论。期刊需要撤回有问题的文章。	· 找到准确的证据很重要，做到有错必纠。关于如何发现错误的辩论对于推动学科发展也是必要的。	· 科学期刊的撤稿率已经上升到0.2%（在过去20年翻了一番）。高"影响因子"期刊撤稿率更高。
出版日期证明了科学在发现或整合进展方面的领先地位。研究结果、理论或解释上的新颖性是推动科学和学术研究发展的关键因素，也影响着作者的声誉。引用数代表对研究工作的认可。	· "探索式"研究可能会产生新的结论或现象。期刊的出版日期和随后的引用数能为学者带来荣誉。 · 新发现推动学科思维向前发展。	· 研究结果往往是集体性和累积性的，引用行为可能无法显示所有涉及人员对新发现的贡献。引用表现出累积优势 [或称"马太效应"（Matthew effect）]，即与从事类似工作的资历较浅的同行相比，知名或更资深的学者的被引量往往更大。

　　在更多文科或定性学科中，同行评议同样要求作者全面搜寻材料（如在历史、文学或哲学档案中）、正确使用信息来源、仔细解释和翻译

自己的见解，并交叉引用证据和分析。简而言之，同行评议促使作者在整理证据和理论观点时，以负责的方式解释现象。因此，它被许多人视为科学和学术界评估的"黄金准则"，在所有学科中都得到了广泛的支持。

然而，如表3.4所示，对同行评议被过度神话的批评越来越多。特别是在科学领域，同行评议被赋予了一种不现实的地位。这是个既费时又费钱的过程。文章数量普遍增加，在著名期刊上发表文章的压力也越来越大。发表系统中的压力难以消化，致使审稿工作延长至数月，出版总时长滞后数年之久（例如，经济学的出版时长为三年半）。在许多领域，越来越难找到有足够能力的学者愿意留出几天或几周仔细评估复杂的论文，检查运算结果、公式、算法或方法。此外，各学科期刊数量的激增意味着审稿人的工作量越来越大。

批评者指出，在数字时代，对称的"双盲"评审方法实际上已经崩溃，变成了不对称的"单盲"评审。只要审稿人定时参加会议，在学术上不"与世隔绝"，在网上搜索一下文章中的字词，都可以找出论文作者是谁（即使这样做了，这种行为本身也显露出审稿人的为人），因此，这里的审稿人可能会在知道作者或团队身份的情况下评论他们的工作，而不给出反驳意见或承担责任。起到初步把关作用的评论字数变得更少，内容更草率，在细节上更武断或不合理，并且更倾向于拒绝任何不寻常的事物。作者对大多数审稿人偏向保守主义表现为大量引用他人文章、从事低风险和传统的研究以及排除任何突进式创新的主张。另一方面，顶级期刊（如《自然》和《科学》期刊）的"原创性"要求一直饱受诟病，其鼓励科学工作者夸大其词、篡改分析数据，以勉强达到超过要求的阈值。顶级STEMM学科期刊的撤稿记录比中等排名期刊更多。

当文章被高"影响因子"分数的期刊拒绝，在向排名靠后的期刊投稿之前，文章作者可能会，也可能不会修改和完善文稿。期刊的激增确保了只要作者坚持，几乎所有的研究都会在某处发表。在某些领域，特别是"大型制药公司"关于医药研究出版物的编排，甚至学术作者的这一身份也被破坏了。在这里，与大型公司签订合同的医学交流机构会收集医生和医学学者提供的药物试验数据，编写和编辑所需论文。然后，他们以"工业化"的规模把文章投递给世界各地的医学期刊，得以每年让数百篇论文通过那些用来控制利益冲突的复杂的监管程序。

多年来，对于同行评议的批评意见，科学家的回应是"我们没有更好的办法"。他们承认了表3.4揭示的问题，但有点宿命论地认为不存在可信的有效替代方法。然而，本书第七章显示，最近出现了一些可行的"数字化学术"替代方法，其重点是"开放"同行评议。它们以信息技术领域的开源程序为模式，由专业群体进行评价，并采用更广泛的同行评议形式。这些方法都是要将维基百科打造成一个比以往任何一种方法的范围更广（据大多数人估计）、数据更精确的百科全书。

保持研究与论文的统一

> 良好的工作流程……允许有效、可复制地得到最终结果，并允许轻松修改错误。
>
> ——尼古拉斯·海姆（Nicholas Higham）

> 没有人愿意自己宝贵的作品受到批评，它容易让人产生抵触情绪。但记住，学术写作的一个条件是，我们要让自己接受批评。
>
> ——黛博拉·卢普顿（Deborah Lupton）

无论一个人多么聪明、出名或高效，都无法持续在顶级学术期刊上发表文章，因为总有更好的想法出现。有些项目运作得很顺利，有些则不尽如人意。有些研究蓬勃发展、不断累积，有些则磨磨蹭蹭或只能得出难以解释的结果。有些想法或结果很快就激发了其他研究员的想象或兴趣，有些（通常是最好的情况）则会带来更多的孵化效应。正如上面卢普顿所说的，作者必须要考虑到偶尔或时常"被击倒"的情况，虽然会因此而留下伤痕。众所周知，任何领域的引用情况通常呈幂律分布，高被引文章占少数，低被引文章占多数。类似的，作者和研究员必须预想到在某些或大部分时间里，他们写就的文章在质量或直接"可发表程度"方面各异。满足了海姆在上面提到的良好工作流程要求，就能评估这些变化，应对遇到的任何挫折。

雄心勃勃的研究员在取得重大研究成果后，总会努力把研究发表在其分支学科的十大顶级期刊上。如果被拒稿（并取决于审稿人的评阅），他们可能会接受一个更"现实"的选择。毕竟有些时候，快速出版更加重要——例如，要确立该研究领域的领先地位、满足大学或政府审查人员的要求、配合下一轮学术晋升的时间安排，或者仅仅是要在研究变得毫无特色或"老掉牙"之前发表。如果作者放弃逐级投递传统期刊的漫长过程，愿意一开始就把文章投给一个追求现实主义的期刊，那么出版速度往往会更快。同样，偶尔也会有一篇论文或研究结果至关重要，值得为此坚持——不断完善和重新构思，直到获得顶级期刊的认可。如果期间还能写不那么困难或要求较简单的文章，这种耗时的策略会让人更容易坚持。

在社会科学领域，我们采访了许多有经验的作者，他们曾参与了"社会科学影响"项目，并提出了以下建议：

● 要现实地看待一篇文章刊登在不同类型期刊上的机会——但仍要尝试制订远大的目标，用你最优秀的成果实现该目标。

● 如果你收到了"修改并重新投递"的裁决，务必以"达成交易"为目的，充分满足审稿人的要求（即使他们的要求相互不一致或没有帮助）。给编辑写一封信，详细解释你是如何满足审稿人的所有要求的。

● 当论文被退回而无法重新投递时，认真对待审稿人的评论，不管评论看起来多么倒人胃口、逻辑错误甚至自相矛盾。

● 同时，至关重要的一点是不要把批评和拒绝放在心上，否则你会容易因此感到沮丧或想放弃进一步的工作。相反，你要对自己的研究和发现"保持信心"，并将批评看成是为科学或学术界做出贡献的正常成本。

● 每一次批评都要留下一些东西。通常情况下，你可以通过在描述论文研究范围或目的的方式上做一些很小的改变、阐明所用的方法／涉及了哪些主题、完善参考文献／引文的内容，以此来先发制人。

● 把所有评论做成一个表格，然后仔细考虑你对每个评论的回应——包括一些选择。

● 立即做一些可以挽救被拒文章的改变。当你对论文质量重新树立信心时，试着系统地浏览评论表，对每一点至少做出一点儿修改（即使只是为了澄清或删除文本来消除审稿人的困惑）。

● 花时间做好修改工作。但同样要确保不要延误太久，尽快将修改后的论文版本投递给下一家合适的期刊。

● 论文被拒最常见的原因之一是篇幅太长。有时，不仅要试着缩减篇幅，还要从零开始把它作为一个新的作品重新构思。

在修改一份还不太能通过的论文时，不妨参考以下建议：

● 做好一件事。论文的论点应是一气呵成的。许多在写作和评审中出现的问题源于作者试图在几页纸中表达过多的内容，导致篇幅超过期刊的限制（这通常决定了是否通过审稿），或者只是引入不讨审稿人喜欢的"混淆型"主题："我不清楚作者是赞成 X 还是试图做

Y"。（在充分阐明的情况下）保持简单会让事情更加清楚。

● 简化结构。说一次，就说对。类似这些格言反映出一个事实，即在 STEM 学科之外，许多问题之所以出现，都是因为作者使用的论证结构过于冗余、复杂和烦琐。一篇 8000 字的普通论文其实只需 4 个主要的小标题。简单的结构和更长的子章节更便于阅读。

● 重新规划段落（也称为"反向列提纲"）。这是一个很好的技巧，可以帮助你明确在现有文章或章节草稿中做了什么或得到了什么。其核心思想是写一个概括句，而不是关注每个段落 / 图表，以此来对已经完成的文本进行思考，重现一个详细、逐段的结构。看了全文的核心要点后，你会发现更容易制订一个布局全文的 B 计划。在确保被期刊接受的多个阶段，重新构建文本是不可避免的。

● 明确目的。让读者更清楚地了解到为什么要做这项研究、为什么这个课题很突出，以及研究结果是如何阐明主要问题的。研究员在几个月甚至几年的时间里一直围绕着一个主题，常常会忘记为什么要开始、为什么要这样设计，以及研究结果对广大读者到底有什么意义。如果一篇文章不成功，或不太成功，往往是因为作者过于关注研究结果的细节，笃信研究只有这一种方法，其重要性是"显而易见的"。无法得出一个有效的结论，就是对这个问题很好的说明——某种表面上分散的现象，实则紧密相连。直奔主题的开篇有助于读者更好地明确阅读目的，了解更多。

● 强化论证符号。如果离最初的搜索期已经有一段时间了，重新编排和更新参考文献通常会有所帮助。用代数公式、算法甚至图表来将论点形式化也是有益的。

● 改进数据和论据。重新审视如何简洁地表达复杂的信息通常很有帮助，尤其是当审稿人提出批评或表现出某种程度的困惑时。

在预测审稿人的意见、适时采取行动以满足其要求时要考虑到不同的情况。一种有用的方法是，把一小部分可能的出版物组合发展成可持续的论文生产线。在任何时候，"生产线"的方法意味着你需要为不同的活动分配时间：

● 为将来的论文写作开展研究。

● 在其他大学和会议上发表论文，不断改进以求出版，并更好地预测审稿人的反应。

● 选择一小群期刊（2～3家）作为你下一篇论文投递的目标，将它们按你投递的顺序分组。

● 组织投稿的细节，因为在满足每种期刊的印刷风格、文件编制和展示的要求方面需要花时间。

● 如果期刊要求修改，要对编辑和审稿人的评论做出回应。有时（但不经常），你可能会与编辑协商论文是否能被接受及需要调整的方面和程度。谨慎处理这种在接受范围内的改动。

● 修改和重新投递。令人沮丧的是，如今许多编辑事务繁忙，就像处于"自动驾驶状态"，会采取一种纯粹的簿记（计算评论数）方法。如果编辑在关于修改和重新投递的信中要求你回应审稿人甲的观点

A 和审稿人乙的观点 B，即使这两点自相矛盾，也不要太惊讶。

● 在论文印刷前及时答复稿件问询。这需要额外的工作，特别是涉及图表或图解的时候。在定稿和印刷开始之前，要仔细阅读和检查论文最终的"外观和感觉"。

● 还需要花时间订正校样和回应校样问询。理想情况下，最好提前规划校样寄回来的时间，但许多期刊此类信息提供得很少。校样最好也迅速寄回去。

● 宣传新发表的论文（如通过博客、社交媒体和新闻稿）也需要时间，但这事关被潜在读者阅读。将论文发表在博客和推特上，通常能比靠它本身吸引更多的下载量。

● 学术受众最容易接受新研究的阶段一般有三个：

（1）研究首次在网上发表时，例如具有全新研究结果论文的发表。

（2）完成的、经过认证的论文第一次以数字形式发表时，显然此时已通过同行评议。

（3）期刊将文章与其他文章汇编成特定的实物，即期刊发行时。

这三个阶段的显著程度因学科而异。在物理学中，最初的发现阶段是最重要的，因为创新和领先是研究员的重要驱动因素。相比之下，在社会科学和人文学科中，这是最不重要的阶段，通常只有当最终的印刷产品出现（最好有一两篇博客文章的支持）时，被引量才真正开始上涨。

在产出论文的大部分阶段，最困难的就是合著，尤其是要与异地的合著者协调。他们总是有各自的时间表和工作压力。常见的后果是，论文的投递会出现额外的延迟，有时候还要接受检查。但在宣传阶段，与合著者合作通常可以提高办事效率。

维护论文生产线本身就是一项相当艰巨的项目管理任务。学者很难在处理其他任务和职责（如教学、课程管理、寻求资助、开发项目、参加会议和更费时的学术访问等）带来的压力同时，在发表上有所进展，更不用说进行新的原创研究了。要使生产线持续运转，而不是零零散散或时断时续，就要尽可能地提前安排计划。试着为上面列出的所有生产任务设定可行的时间表和期望，然后在被拒绝和被接受的过程中更新你的计划。

小　结

考虑到通过同行评议的时间、严谨性和不确定性，选择次优期刊并没有什么好处。合理地组织好论文是应对退稿和修改要求的保证，这是科学和学术出版固有的组成部分——因为你在任何时候都有"十万火急"的事情要做。对学术影响力的超前思考也应该贯穿到创作和写作中，以提高研究的可访问性和可接受性，这是下一章将探讨的主题。

附录：成为置身于全球知识体系中的著作者

对于我们这些从事发现工作的人来说，我们对那些仅仅用首字母，甚至用部分名称来指代作者的期刊感到非常困扰。你用 J. 琼斯、J. J. 琼斯、约翰·琼斯和约翰·J. 琼斯来表示论文作者，那么他们是约翰·约瑟夫·琼斯、约翰·詹姆斯·琼斯、约翰·杰弗里·琼斯，还是约翰·约翰（记得约翰·约翰吗）·琼斯？哪些又是简·琼斯，琼·琼斯等人的作品呢？

——大卫·沃吉克（David Wojick）

在引用文章或著作的所有有用项目中，作者的姓名和作品的标题是至关重要的。标题应该是独一无二的，但作者的名字在所有作品中应该保持不变——这也是综合衡量此人学术影响力的关键。然而，正如沃吉克在上文感叹的那样，作者的名字往往是模糊或不固定的。这要么是因为期刊或图书编辑（有时是合著者）习惯性地对作者姓名的格式设置加以限制，要么是因为作者粗心大意，在不同的语境或时间段使用不同版本的姓名。

对于有着独一无二或不常见姓氏的人来说，一切都很简单。把姓氏输入搜索引擎，加上你所在领域的标签，你的出版物就会几秒内在几个可能的选项列表的顶部或附近弹出。你只需几分钟就可以创建一个GSM账户，并从谷歌提供的出版角色中选出一个或几个自己/团队的身份。同样，哈金的免费引用分析软件PoP也只会添加一些由他人编写的"干扰性"参考文献。这些少数异常信息可以在列表中被迅速排除，以便生成完全准确的引文资料和出色的统计数据。

但如果你的姓是布朗、史密斯、琼斯或威廉姆斯，或者是李、吴、金，又或者是古普塔、查特吉或杜邦，事情就不那么简单了。将这类姓氏放入搜索引擎可能会出现数百页的可能选项。添加一个独特的名字可能会筛掉一些，但如果你的名字也很大众就没办法了。当然，你仍然可以添加一些标题词来找到单个引用文献。但在筛选一整套作品时，这就没什么用了。因此，在GSM上建立个人档案时，你要做好花更长的时间找到目标文章的准备，尽管算法通常还是会将选择范围缩小到接近你的学科或分支学科的人。GSM和哈金的档案也可能需要频繁地剔除"混淆"选项，这在做一次完整的引用分析时尤为必要。

你的姓氏和名字组合起来越不独特，就越要包含一些额外的标识符，如一个或多个中间名缩写，甚至是中间名。当名字固定下来后，就要在所有的出版物里从一而终地坚持使用这个版本。有时，这好像显得你是一个拘谨保守的人。在非正式场合（如博客文章、报纸或期刊论文）下，为了更符合风格，人们很可能会缩写名字（如写"弗雷德"而非"弗雷德里克"）或者去掉中间名。同样，很多人不喜欢父母取的名字，更偏向使用中间名：在这种情况下，确保你的作者名能统一用法。不要在不同的语境下改变你的作者名：如果一开始就选择了弗雷德里克·海因里希·史密斯，就坚持下去，而不要用弗雷德·H. 史密斯或弗雷德·史密斯代替，即便它在博客文章或其他不那么正式的场景中看起来有多么不合时宜。在职业生涯中改名，特别是对于那些结婚后随丈夫姓的女性，也会带来问题。命名的统一有利于确保你的职业生涯的成果都有迹可循。

最后，命名规则在世界不同地区和不同期刊中是各不相同的。美国人口超过 3.28 亿，因此要在更大型的社会群体中找出作者身份，就要提供更多关于姓名的细节——通常包括姓名，在姓氏之前加上中间名或一个 / 多个中间名的首字母缩写，以及一些后缀（如 Jnr 或 II），以区分儿子和父亲。然而，在英国和欧洲其他国家，限制性和老式的期刊样式表可能仍然在脚注或参考文献列表中只标明作者的姓氏首字母：作者名不完整甚至中间名的首字母缩写经常有漏缺。当今的学术知识是在全球化的知识经济中组织起来的，因此这种做法非常不好，英国和欧洲的学者和期刊编辑应该尽快做出改变。

针对这些命名问题，当今所有的研究员都被鼓励注册一个名为开放研究员和贡献者标识码（Open Researcher and Contributor Identifier，OR-CID）的全球学术身份编码。负责 ORCID 的是一个非营利性组织，创建并维护全球研究员唯一身份编码的注册服务（一些批评者认为这些号码冗长，只有数字，因此不好记）。该组织还开发了可用于一系列系统的自动编程接口，以方便交流，使研究活动和成果更容易链接和共享。个人可以免费注册，此外还有一些其他明显的益处。像爱思唯尔和"自然出版集团"（the Nature Publishing Group）这样的期刊出版商已经把它作为投稿流程的一部分——如果你没有 ORCID 号码，软件就会停止提交，在注册后才能继续。维康信托基金会和美国主要大学等资助方也在使用它。越来越多的大学也要求研究员注册这项服务，这样学校就能够更容易地从研究员那里收集引文或资助信息，还能查看合作者或资助伙伴的信息。现在，ORCID 注册水平就纯数字而言是巨大的，但研究员中的注册比例可能仍然偏低。目前，在使用该注册服务时，除了获取 ORCID 号码，使用该服务其他功能的作者相对较少。

作者命名的方式最终会走向复杂化，因为在期刊评审过程中，某些学科存在公认的性别偏见，对女性作者产生了不利影响。针对这种歧视，有人主张在投稿时只使用姓氏首字母缩写。如果你要遵循此策略，请确保你的姓名在最终（接受）版本的文章上是完整的。然而，在实际操作中，这种策略并不能在编辑和审稿人那里隐藏作者的性别，因为（1）许多期刊自动要求作者在投稿时提供自己的 ORCID 识别码；（2）双盲评审已经是"明日黄花"了，因为任何一位积极的审稿人都能通过搜索论文中的语句找出作者是谁。

第四章 ▽

完善期刊论文

为了避免被数学中的小人物所迷惑，他［艾萨克·牛顿（Isaac Newton）］特意把他的《自然哲学的数学原理》（*Philosophiae Naturalis Principia Mathematica*）弄得很深奥。

——威廉·德尔哈姆（William Derham）

写作的时候，许多研究员显然没有（足够清楚地）考虑他们自己寻找、理解、使用和记住引用文献的经历。相反，为了让自己的作品看起来"有专业感"，作者似乎在不遗余力地让自己的文章在堆积如山的相似材料中难觅踪迹，即使找到也很难读懂。当然，在短时间内将深奥的知识传达给特定的专业读者，确实有困难。这项技能需要时间、经验和专注。然而，正是由于担心他们的著作显得过于简单（正如上面德尔哈姆对牛顿形式主义的解释），才产生了这些困难，这使得作者无法以清晰的方式表述他们在研究中实际取得的成果。

本章将重点介绍撰写文章的四个具体步骤，以帮助提高其他学者对你的研究的价值的认识。第一节概述了结构类型的三向选择。有些作者可以选择不同的模式，而还有些作者可能就会觉得自己被该学科读者和期刊编辑的期望所限制。第二节将结合学科主题和期刊研究方法，帮助你通过尽可能清晰的表达来避免学术腔的问题。第三节会简要综述研究员是如何引用其他作者的作品的，并阐述如何写作才能被更广泛地引用。最后一节将讨论如何拟定期刊论文的标题和撰写摘要，以向读者提供更多有效信息。

依据学科和期刊特点设计论文结构

> 学者们期望以一种特定的方式与人交谈，他们并不期望一种独特的、变革性的书面体验。
>
> ——托马斯·巴舍尔（Thomas Bassböll）

正如巴舍尔提醒我们的这样，学术论文并不像小说。学术论文只有三种基本构建方法：

1. 使用完全传统的结构（如在大多数 STEMM 学科中那样），以使该论文的结构顺序和该学科期刊上其他论文保持高度一致。

2. 采用半传统结构，其中只有部分要素相当稳定，并且所有要素都可以以多种方式实现（如采用长篇幅论文的 STEMM 学科和许多社会科学）。

3. 设计一个新的或者一次性的结构，使其完全符合这一特定论文的要求（如人文科学和一些更定性 / 质性的社会科学）。

1. 在 STEMM 等学科中，最常用的是方便记忆的 IMRAD 科学文章结构，它由以下五个部分组成：

引言（Introduction）、方法（Methods）、研究（Research）、分析（Analysis）、讨论（Discussion）

有时候，第二部分也称为"材料和方法"（Materials and Methods）；或者，有些期刊将这一特定部分放在最后，这样可以在不中断主要论述思路的情况下进行更详细的阐述。这里我们提供了另一种 IRADM 结构。图 4.1 给出了一篇 IRADM 论文范例，这篇论文的阐述很清晰（参见 *eLife* 期刊提供的更直观的摘要）。这篇文章从以下几个方面展示了什么是好的做法：

● 它使用完整的叙述性标题，清楚地表达了主要成果。

● 学术摘要内容复杂而精练，但对知识渊博的专业受众来说却很好理解。

● 这里给出的"*eLife* 文摘"以一种直观的方式向更多的普通受众传达了相同的结论。

● 在主要结论部分，作者使用清晰的叙述性小标题来表示关键的论点群（用"·"符号表示），每一个都传达了单一突出的结论。这种方法使得 IMRAD 或 IRADM 结构更加灵活。

● 在材料和方法部分（论文末尾），小段落上面的描述性小标题明确了本部分所涵盖的一系列主题。

标题：CRISPR/Cas9 突变推翻了现有临床试验的癌症依赖性假定

作者：安·林、克里斯托弗·J. 久利亚诺、妮可·M. 塞勒斯和杰森·M. 谢尔茨

期刊：*eLife*

摘要

　　eLife 文摘

　　引言

　　　　结论

- 使用 CRISPR/Cas9 对母系胚胎亮氨酸拉链蛋白激酶（Maternal Embryonic Leucine Zipper Kinase, MELK）进行诱变
- MELK 不是常见的癌症依赖因子
- 无偏倚的 RNA 干扰（RNAi）和 CRISPR 筛查未能确定 MELK 是癌症依赖因子
- OTS167 会抑制受体阻性的乳腺癌细胞系和含有 MELK 突变细胞的生长
- MELK 基因敲除克隆细胞系的产生和表征

　　讨论

　　　　材料和方法

－ 组织培养	－ 质粒构建	－ 质粒转染和转导
－ 增殖分析	－ 软琼脂试验	－ 蛋白质印迹分析
－ CRISPR 敏感性分析	－ 介导诱变	－ OTSSP167 分析
－ GFP 脱落筛查	－ DNA 染色	

摘要：据报道，MELK 是多种癌症的遗传依赖因子。MELK-RNAi 和 MELK 小分子抑制剂能阻断多种癌症细胞系的增殖，MELK 基因敲除被认为对高度侵袭性的基底／三阴性乳腺癌亚型特别有效。基于这些临床的研究结论，MELK 抑制剂 OTS167 目前正作为一种新的化疗药物进行多项临床试验。在这里，我们发现用 CRISPR/Cas9 诱变 MELK 对基底乳腺癌细胞系或其他 6 种癌症类型的细胞的适应性没有影响。

缺失 MELK 的突变细胞表现出野生型倍增、胞质分裂和锚定非依赖性生长。此外，MELK 基因敲除株对 OTS167 仍然敏感，这表明该药物通过一种脱靶机制阻止细胞分裂。总之，我们的结果推翻了一系列临床试验的合理性，并为 CRISPR/Cas9 在临床前靶点验证中的应用提供了一种可广泛应用的实验方法。

eLife 文摘：就像人依赖咖啡来保持活力一样，癌细胞也依赖于某些基因的产物来控制其环境和生长。当这些基因产物的活性被阻断时，癌细胞将停止生长并死亡。这些基因被称为癌症依赖因子或"成瘾因子"。因此，研究员正在不断寻找癌症的依赖因子，并开发药物来阻断它们的活动。

以前人们认为一种叫作 MELK 的基因在某些类型的乳腺癌中是一种成瘾因子。事实上，制药企业已经开发出一种药物来阻断 MELK 的活性，这种药物目前正在人类患者身上进行测试。然而，林和久利亚诺等人现在又重新审视了 MELK 在乳腺癌中的作用，并得出了不同的结论。

林和久利亚诺等人利用一种称为 CRISPR/Cas9 的基因编辑技术，去除了几种癌细胞系的 MELK 活性。这并没有阻止癌细胞的增殖，这表明 MELK 实际上并不是一种癌症成瘾因子。

此外，当不产生 MELK 的乳腺癌细胞接触到被认为是能阻断 MELK 活性的药物时，该药物仍能阻止细胞生长。由于该药物在细胞中不存在 MELK 时起作用，因此药物必须与其他蛋白质结合。这表明 MELK 不是该药物的真正靶点。

林和久利亚诺等人认为，在未来给人类患者使用癌症药物之前，可以用 CRISPR/Cas9 技术更好地识别癌症依赖因子和药物靶点。

图 4.1　STEMM 学科中良好结构的论文范例——按照 IRADM 的顺序

● 引言部分起着重要的作用，它不是整篇论文论点的浓缩（标题和摘要是关键，见下文），而是旨在激发读者深入阅读整篇论文的兴趣。

● 这里，作者关注的四个"M"可能是关键。动机（Motivation）——解释这篇文章涉及的重要问题为什么值得读者花时间研究。方法（Method）——预先介绍将采用何种分析方法。但写这一点时要力求简短，除非你的方法很独特。测算工具（Measurement）——说明使用了哪些数据或论据来源。信息（Message）——围绕关键问题或争论做简短解释。

● 讨论部分较短，通常不进行细分（如范例所示）。它引导读者从核心成果出发进行更广泛的思考。

IMRAD 和 IRADM 方法可以通过不同学术领域，甚至在同一领域的期刊上以不同的方式加以阐述。因此，论文规划的关键步骤是确定特定的目标期刊（见第三章"选定投稿期刊"小节），然后仔细阅读投稿指南和与计划投递文章相似的文章，这样就可以看到期刊模板付诸实践的具体案例。

2. 半传统结构用于技术材料负载较少的学科，这里没有严格的"技术写作"方法，但大多数学术论文都遵循大致相似的结构。写作教练托马斯·巴舍尔建议开始时可以用一个方便的八层设计（至少在社会科学领域可以这样）：

写得好的期刊论文一般会有一个单一且易于识别的主张；它将表明这样的事实……这篇文章由大约四十段组成：

- 五段进行导引和结论性论述。

- 五段介绍一般性的人文背景。

- 五段阐述用以分析的理论依据。

- 五段说明收集数据的方法。

- 分析部分（或"结论"部分）大概提出三个主要论点，每个论点写五段。

- 再用五段概述这项研究的意义。

这是粗略的数字，不是硬性规定，但在学术意义上，"知道"一些东西意味着能够大致按照这个比例表达自己的观点。

巴舍尔的博客网站对上面提到的每个部分都做了很多介绍，总结了读者和审稿人的期望，以及作者没有满足上述期望的常见错误认识。

许多学术作者的一个关键问题是，他们没有坚持巴舍尔提出的（公认是粗略和现成的）定量比率。通常情况下，（也许是）文献综述的介绍过于冗长，理论部分和方法部分之间模糊不清（行文不清晰）；也许是这项研究背后的动机还不明确，或者方法部分篇幅过长，致使结论部分太靠后；又或者是在结论部分，作者没能有效地聚焦于论文中涉及的一个、两个或三个关键问题，论述显得宽泛分散，结论推导的进程过慢，致使审稿人认为这些对文章的发表毫无意义。

这种半传统结构论文的主要目标应该是保持平衡，将精力和注意力分配到薄弱点，控制研究问题的边界，以免在论据充分、结论有力的领域失去重点。

3. 不遵循传统序列的形式结构。最好每篇论文都是量身定做的。最重要的变体如下图 4.2 所示。焦点后置模式是最常规的，经常用于"文本密集"的学科论文。它的开头是一大段文献综述，然后是作者对自己理论、概念或方法的概述，最后是应用。在论文开头和读者看到新的结论 / 成果之间往往有很长的篇幅。但结尾通常是快速结束（往往太快）。急于结束的作者很可能不会充分讨论结论与其他文献的相关性（这一话题在文章前面早就被讨论完了）。这里的焦点似乎是其他人的作品。因此，尽管这种结构可能对长篇博士论文或者长篇著作更有效，但对期刊论文来说效果却很差。

开放模式是上面讨论的 STEMM 学科通用架构的广义的、更为松散的版本。如图 4.2 显示，它的开头非常简短，通常只关注最新的文献和当前的知识状态，然后直接进入文章的实证或理论核心。最后，论文会展开更广泛的讨论，并将新成果与已有的具体文献进行关联。这种模式在人文和社会科学领域很难奏效。这些学科中的传统主义者不喜欢这种模式，因为他们觉得这种模式没有充足的文献综述（或对该领域创始人的尊重）。

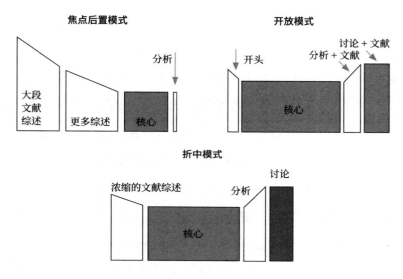

图 4.2　期刊论文的其他结构设计模型

如果你的学科就有这样的情况，那么你可以考虑图 4.2 中的折中模式。这种方法在一开始吸引读者的注意力，激发他们的积极性，并对最新进展做简短的文献综述。然后，快速将注意力转移到论文的核心部分（原创或增值部分），即那些包含关键实践成果或理论创新的部分。在这个阶段，良好的指示标识是很重要的。由于文章"核心"是前置的，因此在结尾留出了足够对研究结果进行透彻分析的空间，并能充分讨论它们与文献等相关研究结果的关系。

无论哪种结构设计方法最契合你的领域和主题，都值得你密切注意以下三个方面的问题：

● 　整合一篇文章很重要。标题和摘要（见下文）、导言 / 开篇、论文中的小标题以及结语／结论必须相互衔接。通篇应该使用一致的词汇。早期对读者的承诺（或暗示）也都应该兑现。

● 开篇是让读者产生期望的关键。邓利维建议开篇部分要包含三个要素："具有影响力的开头"，以引人入胜或有趣的方式表述或演绎一个问题、关键议题或核心主张。例如，在社会科学或人文学科中，可能会使用关键引用、重要数据、插图或者简短案例来突显这篇文章所要阐明的矛盾、神秘／难以解释的现象。框架性文本（framing text）会成功将读者注意力从强有力的开头转移到预览或构建论文正文所阐述的研究上。指示标识（sign post）则可以非常简短地突出文章其余部分的结构，以帮助读者提前判断将要讨论的内容。

这个三要素开篇方法的要点在于并不充分解释（目前为止）上文说的四个"M"要素的"动机"。相反，它试图激起读者的好奇心，以便在第一段结束时让他们想知道解决悖论或问题的答案是什么。类似地，在引言阶段结束时写一些指示标识，目的是帮助读者滚动浏览文章的其余部分，查看散落在文中的"展品"（如表格、图表或大段引文）以获得更多信息，快速了解它们是如何嵌入整篇论文的结构的。

● 文章收尾也需要特别细致。结尾应当进行回顾，得出分析的结论及其启示，按照最初的序列重新审视每个指示标识。用向外和向前的链接将文中论点和结论与其他相关文献联系起来。当然，最后要有结论。由于很多读者在仔细阅读论文之前会跳到最后先读结论，所以它们也是文章"提前阅读"材料的重要组成部分。它们应该表达准确、言之有物，并将结论或最终判断与引言中的摘要和承诺进行比较和关联。在大多数情况下，收尾部分还应包括作者对自己作品的明确的自我评价和主要局限阐述。

避免"学术腔"

我们的学术期刊出现了糟糕的文笔——我把期刊放在离办公桌最远的地方，以避免影响。

——保罗·J. 西尔维亚

为什么一个经营文字、致力于知识传播的职业，却常常会产生浮夸、沉闷呆板、臃肿笨拙、晦涩难懂的论文？……人们普遍指责学术写作之所以糟糕，是因为教授们试图用高谈阔论的胡言乱语来欺骗他们的读者。与此相反，我并不认为大多数糟糕的论文都是作者故意而为之，而是他们在进入读者内心世界方面缺乏技巧。

——斯蒂芬·平克（Stephen Pinker）

出版本质上就是一种自我呈现的方式，对所有作者来说都是一项艰巨的任务，尤其是最终文本凝聚了多年努力和学术训练结果时。人们可以仅仅从想象力、天生智力和写作技巧来评价小说作家，但是在研究层面，非虚构的作品需要科学家和学者呈现更多——他们的理论能力、规划调研的创造力、把握方法的程度和准确性、对实证研究的关注以及专业实践的质量。研究员倾向于以一种与虚构文学截然相反的极度谦卑、不偏不倚的风格寻求庇护，也就不足为奇了。努力保持冷静的"专业风格"是有必要的，它有助于营造出一种具有客观专业的论述、强大的科学标准和理性辩论的文化。但是，正如西尔维亚和平克在上文中所指出的那样，如果正式写作变得没那么晦涩难懂，那么将可以减少很多成本，这是几十年来评论员们形成的共识。它不仅对普通读者来说是个问题，对获取外部影响也是问题。"学术腔"在纯智识和科学方面造成的后果同样也很严重。学科和子学科壁垒加深、思想交流机会丧失、知识交流缓慢，甚至走向衰落。

是什么让"学术腔"成了特别糟糕的写作风格？大多数分析师认为其有四个主要特征：

● 大量使用专业词汇和行话，过度使用缩写词。

● 被动结构（通常"隐匿"施动者）听起来更中性或更客观。

● 名词取代动词，使阅读和理解复杂化（"过度名词化"就是例子）。

● 制造新名词（和首字母缩写）来描述知识结构的"变量"。

在 STEMM 学科中，这样可以生成高"技术"含量的文本，比如这样的标题：

Changes in phosphatidylethanolamine metabolism in regenerating rat liver as measured by 31P-NMR

用 31P-NMR 测定老鼠再生肝脏磷脂酰乙醇胺代谢的变化

这种文本对于特定领域之外的人而言是完全无法理解的。

系统研究测量了从 20 世纪 80 年代至今数千篇 STEM 学科论文摘要的"可读性"（使用复杂的语言量表）。一项主要研究表明，现代论文的摘要客观上变得更难读，如下图 4.3 所示。随着 STEMM 学科论文越来越集中地呈现出文本的超密集模式，分数的年际变化也有所缩小。

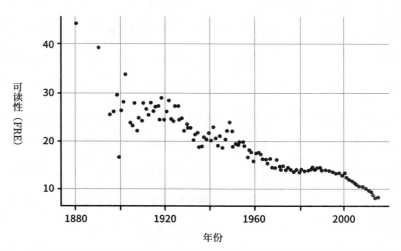

注：纵轴上显示了每年纳入分析的所有文章在"弗莱希阅读容易度"指数上的平均得分。

图 4.3 19 世纪 80 年代至今，STEM 学科期刊论文摘要的客观"可读性"急剧下降

在社会科学领域，上述所有风格特征都会导致分析人员犯知识性错误，他们开始将抽象具体化，如"变量"或因素（将其转化为"事物"），甚至可能将其拟人化，把抽象事物转化为"人物"，将抽象事物（思考或行动的能力）归于人物。这类错误的出现是因为作者努力创造一种中性的（和虚假的）客观分析的假象，主要是为了"避免说出是谁做的"。

围绕学术写作质量一直很差的争论主要集中在以下三种可能的解释上：过度专业化、专业固化和排他性，以及"大众化"。学科或领域内的专业化对现代 STEMM 学科和社会科学，甚至人文科学的论文质量有害这一观点已经得到广泛认同，因为作者将精力集中在更小的问题或者更受严格限制的问题上。对于 STEMM 学科而言，这些争论由来已久，表现为还原论者把知识发展为了无数的微型专业，每个专业都有自己非常独特的专业词汇、公式、简明术语、缩写和"行话"。

此外，现代科学的数学化也无济于事：所有的学科都变得越来越专业化、越来越量化，使得公众越来越难以理解。这种趋势使学科之外的任何人都能理解期刊论文重点这一愿景变得不现实，更不用说理解全文了。即使是相邻领域的专家，也可能难以理解大多数论文，而更广泛的"非专业"读者更不可能理解，即使有相当详细的导读文本。

专业固化和排他性经常被评论家视为支撑超专业化的动力：

> 博士课程发展出了一种尊崇晦涩难懂的风格，同时轻视影响力和受众的文化。这种排他性的文化通过 PoP 的任期制传递给下一代。反叛常常遭到镇压或驱赶。寻求终身教职的

学者必须把他们的见解编码成浮夸乏味的文章。作为对抗公众消费的双重保护，这种官样文章有时隐匿在晦涩难懂的期刊中，或者由以使人昏昏欲睡、让读者保持距离而著称的大学出版社出版。正如吉尔·莱波尔（Jill Lepore）所指出的，结果是"一座堆积如山的知识宝库，四周环绕着一条巨大的极其乏味的文章护城河"。

过度营造难以理解的学术写作风格文化似乎是不合理的，但它可以为特定职业群体提供多种有用的功能——提高新来者的进入门槛、从竞争学科中获得特定职业群体的学术阵地、保护机构和资助不受外来影响、抵制外部监督、发展独特的专业文化。

在边缘地带，这种相对合理的科学社会学论断可能会转为一种尖锐的批评（尤其适用于社会科学和人文学科）。这种批评认为，像社会学和心理学等领域的晦涩难懂和深奥词汇已经成为毫无意义的新词。引入（不必要的）新的复杂概念已经成了提升专业水平的虚假手段——迈克尔·比利格（Michael Billig）在2014年出版的《学习糟糕的写作：如何在社会科学领域取得成功》（*Learn to Write Badly: How to Succeed in the Social Sciences*）一书中提出了这一观点。学者们沉迷于"对细微差异的自我陶醉"，并努力表达比事实看起来更新颖、更深刻的观点。

比利格等批评家都把"大众化"视作过度专业化和虚假知识发展背后的驱动因素。随着西方高等教育体系的扩张，他们吸收了更多学生，到2019年达到了适龄人群的一半或更多，因此需要更多教师来教他们。大多数教授和讲师都不得不承认，他们发表"研究成果"是为了晋升，即便事实上他们没有太多新的东西要说。发表成果已经成为当前学术晋升和自我发展的核心，主要是因为它满足了越来越多大学管理者的要求。它也符合了研究委员会和政府资助机构（如 REF）的统计逻辑。在许多欧洲和亚洲国家，按规则，政府对大学的资助与其学术成果或科学出版物紧密关联。在美国，高校教师超过 100 万，并且舒斯特（J. H. Schuster）和芬克尔斯坦（M. J. Finkelstein）指出：

> 在（美国）大学里，多产（即在过去 2 年里出版了 5 部或者更多出版物，这本身就是过度名词化的例证）使得出版了 5 部或更多出版物的教师比例大为增加，从 1987 年的 1/4 增加到 1998 年的近 2/3，这令人印象深刻……在所有课程领域，尽管在自然科学和社会科学领域这一比例仍然是最高的……在大学以外的四年制教育机构中，这一比例的增长也令人印象深刻，从 1987 年的 1/20 增长到了 1998 年的约 1/3。[①]

为了给这一群体提供所需的机会，许多新期刊应运而生，同时现有期刊也得到了拓展。批评人士称，这一过程只是将数量有限、真正原创研究或有价值的新作品"稀释"到了更多的渠道里。

这里提到的潜在趋势——专业化、职业化激励和"大众化"——显

---

① 括号内的内容为作者的补充说明。——作者注

然在某种程度上是确实存在的。但是也有人强烈反对研究或写作的质量肯定会因此而下降的倾向性结论——包括专业知识的自身发展和合理的职业化进程。在 STEMM 学科和社会科学领域，理论、方法和设备以及了解的范围都有了显著提升。博士生培训的范围扩大且内容更完善，包括了比以前更多的以写作为导向的建议。涵盖如何在研究层面进行写作的高阶教材已经得到广泛应用。他们得到越来越多的支持，包括大学支持团队、学科专门课程、广泛的在线资源，例如"研究型写作"博客或者伦敦政治经济学院（London School of Economics，LSE）的"影响力"博客，其中排名前五的写作指导博客在 2012 ～ 2016 年的 4 年时间里有30 万次的下载量。在人文科学和更强调定性的社会科学领域，撰写优质的研究论文一直以来都广受关注。实现高质量写作已成为每个学科群组专业发展的一个更明确的重点。

　　和 20 世纪 70 年代早期相比，现在的测试机制和同行评议文化都大大完善，特别是在社会科学和人文科学领域。肯定会有人说，出版前同行评议（尤其是在高级期刊中）需要改革（原因上文已有论述），因此学术界需要转向出版后同行评议的新形式。然而，如果说学术界日益专业化的趋势没有影响到写作质量，这似乎不可信。浏览一下评审员所使用的期刊标准列表就会发现，清晰阐述一直都被认为是一个重要标准。至少在成熟的高等教育体系中，尤其是在美国，过去所谓的高等教育"大众化"主要是为了增加最具声望的期刊和研究型大学职位的竞争。作品的质量得到了提高，远远超过了 20 世纪 60 年代和 20 世纪 70 年代疯狂扩张／轻松晋升时期的水平。作为获得终身教职、晋升和发展的必要条件，发表的普及也似乎使得教师们在提高写作效率上付出了更多努力，而非减轻了负担。

流行的倾向于学术腔的学术研究写作风格也有坚定的捍卫者，尽管他们承认它的困难和问题。他们认为，从根本上说，学术写作之所以形成这样的形式，主要是结构上的原因，而这是外行所无法摆脱的。例如，罗斯曼（Joshua Rothman）认为：

> 普通写作——你为了乐趣而阅读的那种——是为了寻求愉悦（有时是为了愉悦和启发）。学术写作的使命更模糊。它应该是干巴巴但充满智慧、缺乏个性但有说服力、清晰而完美的。它最深刻的模糊性和受众有关，理想情况下，学术论文是由一个客观公正的头脑写给另一个同样公正的头脑……因为它是写给一小部分知识渊博而又相互熟悉的专家看的。

> 要求教授们变得更加平民化……这没有任何好处。学术写作和研究可能复杂且奇怪、遥远且孤立、技术性且专业化、排他且小众，但这是因为学术界已经变成这样了。当今的学术作品，虽然可能很出色，却产生于一个不断收缩的体系中。那是一个拥挤的、竞争激烈的丛林。

实际上，辩护者并不为糟糕的写作或学术本身辩护，而是坚持要求：

● 专业词汇、行话以及技术语言——一种暗语，使其"发烧友"每次在彼此提及熟悉的概念时不必使用冗长的概念。

● 简练的交流方式（严格的期刊字数限制）。

● 使用被动句式，有意识地使作者与文中报告的发现保持距离。

　　然而，许多学者并没有获得读者的真正理解，他们的所作所为似乎从根本上减少了潜在的读者数量。隐晦难懂的写作风格是从研究生阶段养成的，并随着时间的推移而变得根深蒂固。阿兰·德波顿（Alain de Botton）很好地抓住了其中的原因：简明的写作是需要勇气的，因为这样有被忽视的危险，那些头脑简单的人坚信难懂的文章才是智慧的标志，而对简明写作不屑一顾，但也有人声称许多糟糕的写作是带有一点儿跳跃性的无心之举：

　　　　学术腔的主要原因是一个被称为"知识诅咒"（Curse of Knowledge）的认知盲点：很难想象他人不知道你知道的东西是什么样子……作者根本不会想到他的读者不知道他知道什么——那些读者还没掌握术语，或无法领悟那些太显而易见以致无须提及的部分，或无法想象对作者来说再清楚不过的事情。

　　事实上，由于上述原因，这种同时代的认知差距程度似乎是不现实的。越来越多的书籍、文章和博客都探讨了作为一名学者该如何写作，并获得其他学科的广泛认可。

与数字通讯发展紧密关联的三个最新趋势远比宿命论的观点更乐观，因为：

1.尽管流行的说法认为互联网时代侵蚀了，甚至从根本上减少了阅读，但事实上在美国等地，书籍阅读量已经在增长。人们现在可能比以往任何时候都更多地阅读在线文本。尽管有 YouTube、Instagram 和十分普及的拍照手机（都有更好地交流研究的积极潜力），但数字时代大部分内容仍是以文本为基础的。在学术界，数字时代转向更易于发表、有更广泛受众的潜在渠道，并且已经改善和改变了许多领域的学术写作。例如，专业的口头智慧已经变得更以文本为基础、内容更广泛且可以被广泛获取，如 arXiv 或 BioRxiv 等预印本网站的使用。

2.关键的数字化变革（特别是博客和社交媒体）开创了一个时期，科学家和学者可以在单个学科内和相邻学科之间进行更广泛的对话，从事叙述性的无障碍写作（见第七章）。以简短和非技术性的方式（如在推特或博客上）阐述研究问题，极大地拓展了其他学科和子学科对当代问题的理解，减少了学科间的争论，加深了对不同类型知识的理解。

3.科学家和学者与业界、商界、政界、基金会、专业媒体和公众等外部受众之间的交流大大增加。在发达工业社会，知识"中介"也极大地拓展了研究的非学术类受众（见第三部分）。

可能有人会反驳说，科学家、学者或中间人的"补充性"或辅助性创作确实有所增加，就像在"科学传播"这个新兴的子领域一样。这完全可能发生，而在更多的"学术腔"模式下，"核心"学术写作却没有受到影响。研究员可以在非核心语境下更好地阐释问题，但随后又会转向期刊或专著之类晦涩难懂的写作风格——这可能因为这些同行不太外向或参与度比较低，对职业规范的变化反应较慢。这是有可能的，比如，一位科学家可能有"另类自我"的两种写作，一种写期刊论文，一种写"大众科学"书籍。

然而，实际趋势似乎是，当代学术界普遍更重视他们作为"创意性非虚构类"作者的角色，跨越多种不同写作形式而保持实质的连续性。这种趋势的推动表现在：

- 更好的针对特定受众的写作意识。

- 尽可能少用专业术语（仅用特定语境下需要的术语）。

- 避免过度的名词化（不把动词转换成名词）。

- 使用主动动词搭配实际主语，而不用被动动词搭配非实主语。

- 积极吸引读者（见上文），如使用引人入胜的开篇和清晰的结尾。

- 做到风格更真实、更清晰。

- 使用短句，主语、谓语和宾语清晰紧凑。

- 提高图表、表格、信息图、图解、照片等可视化"展品"的标准。

- 寻找新方法强化文本的直观描述和有效的视觉呈现。

写作建议的研究基础也已经开始扩大。

数字媒体形式简短，对学术作者作品如何在学术界内外被接受提供了更多、更直接的反馈——特别是通过引用数据和现在的替代计量学

（见第二章）。一些评论家甚至认为，这些数据对科学本身的反映（可能还借助于神经科学和心理学的进步），将来可能会为 STEMM 学科专业的科学和社会研究提供基于研究和经过验证的创作指导。这种渴望科学验证的交流方法是一种有趣的想法，但在很多方面却令人生畏。从过去的经验我们可以知道，低层次沟通中有效的说服技巧可能会被强大的社会利益集团（尤其是国家和商业集团）所劫持，以达到其自身的目的。

要想获得经科学验证的优秀写作方法，还有很长的路要走。目前，科学和学术界的创作技巧和方法基本上仍基于林德布洛姆（Charles E. Lindblom）和科恩（David K. Cohen）提出的"普通知识"。未来几十年里，个人和群体的创造力很可能仍然是优秀写作（以及优秀写作建议）的基本动力。

无论是什么原因导致学术腔的这个问题一直未被解决，并已被证明难以根除，似乎都可以得出这样的结论：过去十年中，专才和通才的创作技能的重要性都大大增加。正如罗伯特·斯特恩伯格（Robert Sternberg）简略指出的，这主要是因为"较差的作者拥有较少的读者"。因此，对期刊作者而言，关键是要多花心思培养良好的专业风格，以便使他们的研究尽可能为学科内或邻近学科的同行所接受。

如何让他人引用你的文章

记忆对于所有理性的操作都是必要的。

——布莱兹·巴斯卡尔（Blaise Pascal）

正如巴斯卡尔提醒我们的这样，要想你的作品被引用，只要让你的同行知道它的存在、记住它是相关的，就可以了。然而，如今很多引用都是系统性的，研究员扫视大量（可能是海量）可能相关且大多不熟悉的研究，以便精确聚焦和自己作品相关的研究。当人们开始使用 GS、Scopus、WoS 或特定学科数据库搜索文章时，他们通常会使用屏幕显示的简缩格式，最初只显示源文件最简略的细节。例如，在 GS 中可能只有作者名字、标题 / 副标题以及几行摘要的片段。在这一阶段，研究员快速浏览数十个可能相关的缩略描述，寻找有用的"金矿"，从而建立他自己预期的论点或研究计划。

人们在浏览可能的信息源方面会走多远？训练有素的学生在放弃搜索之前只会阅读全屏信息的前两三条，他们很少尝试其他搜索词汇（也不会使用"关键"词去搜更多词条）。学者、研究助理和博士生通常更为执着、专业。他们会快速评估和标记（比如）前 50 个（或前 100 个）GS 或 WoS 条目，但也会尝试其他的替代搜索词。对于你个人来说，最好是扫视最新的前 100 个条目（对于相关材料丰富的情况，可能是前 200 个条目）。在这种深度的 GS 搜索中的漏网之鱼，要么是被完全地错误标注，要么就是藏得太深。

对作者来说，关键任务就是塑造文章的第一印象，吸引系统性文件搜索者点击标题，从摘要中了解更多。接下来的挑战就是说服搜索者从其大学图书馆下载整篇文章或者（现在很少）在书架上寻找期刊的印刷本。每个阶段都很耗时，这其中会有人退出。这主要是因为：

- 他们的图书馆没有订阅，所以在搜索中根本找不到标题、条目或者期刊。

- 他们在没有权限的期刊里寻找，但没有找到文章的开放权限版本。

- 他们看到了文章，但标题中没有相关的关键词。

- 材料似乎不相关，于是他们也就不再点击标题和摘要。

- 即使看摘要，也看不出文章和他们的需求有关。

- 在摘要中发现一些潜在的相关性，但是仍然没有足够的说服力让他们去阅读全文。

考虑到"实现"阶段可能存在很多差距，你如何才能真正地吸引潜在引用者呢？有人会认为，要想获得较好的引用，唯一的办法就是写一篇真正的高质量文章：如果材料的质量足够好，那么其他的都会水到渠成。这是一种轻率的结论（它深受知名作者的喜爱）。可悲的是，这一立场在学科同行和广大读者对质量的认知方面都过于乐观了。一直以来，在所有学科领域，很多重要研究成果发表了，但之后的很多年都没有获得认可，或许是因为它们太具创新性或者太难理解，又或者仅仅是因为研究太过小众，没有其他类似研究成果的支持。同时，"只有质量才重要"的观点还不是人们引用好作品的最大阻碍。经济学中的"交易成本"理论认为，人们通常不去做想做的事情，也不去做为了长期最佳利益而应该做的事情，是因为他们遇到了小而直接的困难或成本。这些障碍看起来虽小，却足以让人打消为克服它们而努力的念头。

在许多不同的情况中，引用更多是比较主观的。作者 A 可以选择从众多文章中引用来支持特定命题，或者作为论据的"标志"来支撑他们提出的观点。在很多情况下，潜在引用者可能对引用来源 X、Y 和 Z 都或多或少地不太在意。在这种注意力（或回忆）的竞争中，哪个来源被引用通常取决于来源 X 相较于 Y 或 Z 的"可记忆性""可获得性"或"声望"，在社会科学和人文科学中尤其如此，在这些学科中，系统性和包容性的参照不如 STEMM 学科发达。如果你不能依赖于"声望"，那么让你的论文便于查找、易于理解和记忆，也能最大限度降低作者的引用交易成本，这是帮你提高引用率的最佳方法。

只有当了解其他作者的论文、理解他们所说的话、知道它们与自己论文或论据的关联性，并在写作时手头上有资料时，研究员才能自主决定引用其他作者的论文。"手头上有"会有几种不同的情况：

● 引用者可能从早期的阅读中准确地记住了你的引用源。

● 他们可能只是模糊地记得你的引用源是相关的，因此必须重新查找并检查其适当性。

● 写作之前他们可能在通常的系统性文件搜索中第一次发现了你的引用源（如前所述），所以需要将其与其他来源相互比较，重新理解。

● 他们可能在写作中需要搜索参考资料，以支持特定论点，偶然看到你的文章，"当即"快速了解其是否符合他们当下的需要。

你的成果是否已成为其他研究员知识库的一部分，即他们反复参考的文献库，这一点也同样重要。这可能是因为你的文章在方法或成果方面具有开创性，在该领域的概念界定或方法运用上有重大影响力，或者与他们自己的研究或论据非常契合，又或者仅仅是因为在子领域是广为人知、广受好评的引用源，不引用似乎就显得有所遗漏。大多数研究员的专业技能都很全面，是在多年学科学习中建立起来的。这个体量问题意味着年长的研究员可能不愿意在他们经常参考的文献上再做文章，只有最合适、最新颖、最令人印象深刻或最具"突破性"的新研究才能被纳入他们的资料库。

一直以来，研究员从他人工作中得出的要点也可能很容易变得公式化和常规化。很久以前吸取的可引用的经验可能潜伏在他们专业记忆边缘，他们的回忆可能很合理，但其归属或出处则可能已经模糊了。一个研究员在写论文时，往往只有模糊的观点和见解，如果这些观点能够被记录下来并加以验证，就会被纳入写作；如果难以捉摸则会被忽略。

即使一项研究可靠地被包含在其他研究员的知识库中，在阅读它的学者真正决定是否引用之前，也必须可以提前很久被找到，并下载或阅读全文。引用的决定可能是基于几周、几个月甚至几年前的初步评判。因此，决定一篇文章（或一本书）是否被引用的关键因素通常有四个：

● 潜在引用者是否记得它的存在。

● 潜在引用者对他第一次阅读时发现有价值的关键"要点"记得多少，可能是它的结论、一两个值得注意的点、一些方法的"突破"、文本中特定的数据／发现。

● 潜在的重读者能否在电脑上通过 EndNote、Zotero、Mendeley 或其他参考文献系统搜索大量 PDF 文库，或者在家里 / 图书馆拥挤的书架上找到该作品，从而比较容易地确认细节。

● 能否快速获取作品论据或细节，以便准确引用并正确描述其特征。

简而言之，即使你的出版物已经成为他人知识库的一部分，也应该尽可能让其在检查时便于记忆、易于查找、方便重新访问，这些仍然很重要。

学术进步也是由大量的讨论和对话推动的。通常，研究员会记住有用的资源，并推荐给他人，但即使在数字时代，这也是一个脆弱的过程。在食堂吃午饭、参加会议讨论或在酒吧喝酒时，相关的"备忘录"经常会被扭曲，作者名字也会被混淆，而那些与推荐人信息极其相关的信息可能会被遗忘或者丢失在啤酒垫背面用铅笔写的便笺纸中。在更正式的讨论中，有时可以在智能手机或平板电脑上快速检索重要细节并发送到收件人的电子邮件或推特账户。但是即使这样，对话也会进行得很快，而且通常只有在作者姓名清楚，或文章标题中包含便于记忆的或独特的词语时，推荐的来源才能被明确地找到。这两种情况都可以让它很快被发现和被标记，下一节我们将讨论实现这一点的一系列方法。

论文标题和摘要应富含有效信息

凡是可以说的，都可以说得清楚。

——路德维希·维特根斯坦（Ludwig Wittgenstein）

维特根斯坦乐观地认为清晰总是可行的，这与保持学术腔的一个重要部分（见上文）形成了有趣的对比。这些喜欢学术腔的作者有意或无意地为自己的论文选择了非常糟糕的标题或摘要形式，其对论文的描述非常不充分。

标题。一个糟糕的标题会使在个人领域内最认真的研究员也难以在写最初的文献综述时找到这篇文章，理解该文阐述了怎样的主题、产生了怎样的结果，在之后记住它，或者将其纳入当前的文献资料库中。如果以下关键步骤晦涩难懂，都会容易导致在学术中犯错误：

- 过于正式、完全模糊或过于笼统的标题。这种标题基本不会给读者提供有关文章内容的有用线索，仅指出了文章所处的学术框架。许多学术标题对作者的实质发现、基本结论或独特论据没有丝毫展示。

- 与上千部其他论文相同的标题词，且不包含任何吸引搜索者或让他们更容易找到（或再次找到）你的论文的便于记忆或独特的元素。例如，含糊其词地将一篇文章起名为"教育磨坊"会使它与数百篇同一主题的文章完全没有区别。

- 起一个冗长，复杂，满是行话、浓缩性内容或"代码"，需要专业读者集中精力才能弄清楚其内容的标题。如果没有给出叙述性内容，并且缺少主要动词，这一点就更为突出了，比如像这样的标题：

碱卤化物 F 中心光泵循环中的电子自旋储存器和弛豫激发态的电子自旋共振

● 歪曲了一般实体科学对文章标题确切指出文章重点的要求，这个问题在 STEMM 学科和技术性较强的社会科学领域最为严重。

● 像上面的空洞标题或者"磨坊"式标题，都会增加额外的难度，因为它们只指出了文章涉及的研究领域，但却没能向读者提供关于作者的发现和作者讨论的任何叙述性线索。STEMM 学科的标题特别倾向于告诉你正在调查哪类现象，却没能给出实际结果的任何线索（关于例外情况，请参见上文的图 4.1 中的叙述性标题范例）。

● 一个具有误导性、离题或与实际发表内容偏离的标题。在人文科学和社会科学学科中，作者通常选择他们认为"聪明"或"博学"（好看或有趣）的标题。这些标题通常涉及引语、双关语、流行文化或热点话题词汇。标题中的"典故"通常也同样晦涩难懂——比如笑话式标题"当密涅瓦的猫头鹰穿过卢比孔"。新创造的标签、新词、无人能理解或被用滥的标题词，会产生类似的效果——如标题"加泰罗尼亚可能性的地平线"。所有这些组成部分的意义或相关性都不是一目了然的，而是需要作者在后面的正文中加以解释的。然而，与此同时，没有人在进行在线搜索时会想到寻找这样的标题词，或者以任何方式将其与实际内容联系起来。

关于标题，下表 4.1 显示了选择期刊论文标题的一些典型方法，以及可能出现的问题。STEMM 学科往往与社会科学和人文科学相反。科学和医学期刊评审员往往极端保守，倾向于选择谦卑或正式的标题。对于某些文章中新奇有趣的内容建议，他们往往都反对，或者将这类文章视为"过度显摆"。此外，还有一个很久以前的、有点不可信的历史传闻，即科学家们实际上做出了开创性的贡献，却被杂志社强迫将他们的论点隐藏在更匿名、更公式化、更空洞的或故意低调的标题下面。

表 4.1　社会科学和人文科学领域选择文章标题的好做法和糟糕做法

你的标题是否是…… （和我们的评论）	示例 （和我们的评论）
一个清晰地概括了文章实质内容或结论的完整的"叙述性"标题？ 通常是最好的做法	"新公共管理已死——数字时代的治理万岁" 用16个字给出了论文的全部论点。
一个模棱两可的标题，但至少对论据或论点有一些叙述性线索或者实质性提示？ 好的选择	"现代主义艺术——同性恋维度" 可能突出了同性恋主题，但也可能否认了这些主题。
一个可能包含有关作者论点的线索的"聪明的"标题，但需要读者先读了这篇文章才能理解这些提示？ 差	"我为人人——群体冲突的逻辑" 实际上这本书是关于民族团结压力的［不是关于大仲马的《三个火枪手》(The Three Musketeers)，但它显然引用了这本书］。
一个可能导向多个结论或多个论点的过于笼统的标题？ 差	"资本主义经济制度" 可能与经济学的组织/制度方面有关（这是一位著名作者的一本名著标题，但对于期刊论文来说则太过于笼统）。
一个疑问句式的标题，尽管有些线索？ 糟糕的选择——因为有许多有趣的问题，但有用或有趣的答案却少得多	"阿根廷的经济增长是内生的吗？" 为什么不告诉我们答案呢？是"是"还是"不是"，还是"小部分"？

你的标题是否是…… （和我们的评论）	示例 （和我们的评论）
一个不具体且被用过很多次的陈腐标题？ 非常糟糕	"勃朗宁的诗"（Browning's Poetry） 会让搜索者认为"就是那一首"。
一个非常不具体的标题，以至于它可以涵盖几个不同主题领域，甚至不同的学科？ 非常糟糕——应该改写以避免可能的"混乱"含义	"衡量权力/测量功率"（measuring power） 这篇文章可能属于社会学/政治学，也可能属于电子学/工程学。
一个几乎完全流于形式或者空洞的标题？ 非常糟糕——需要改写	"超越经济学" 声称不是在"解释社会行为"，但实际上这篇文章完全是关于经济学的。告诉我们该领域已被研究完了，但却没有提出任何独特论点。

在GS或特定学科数据库中键入整个标题（带双引号），并对照下表进行检查。然后在搜索引擎或数据库搜索表单中分别键入三四个最独特或最易于记忆的标题词汇，然后再次检查。

	整个标题在引号内	三四个最独特的标题词汇
有多少条目显示？	· 没有（好） · 很多（差）	· 没有（差） · 非常少（差） · 中等数量（好） · 很多很多（差——这里形成的是倒U形曲线）
显示的大多数参考资料或条目与你的话题或主题的相关度？	· 非常接近（好） · 接近（可以） · 相差很远（差） · 完全不同的主题（很差）	
搜索是否显示了你使用的术语、短语或首字母缩略词……	· 和你使用的意思相同（好） · 有很多不同含义（差）	

人文社会科学领域的作者拥有的选题空间最大，但在这些学科中很少有和标题相关的、被深深认同或广泛接受的有用惯例。然而，这种相对的自由可能不会产生更好的标题。

选择标题时，需要记住文章具有复合身份，因为期刊标题本身就提供了很多有关该作品的线索。领域内的研究员清楚顶级期刊涵盖的范围以及通常发表文章的类型，因此，文章标题不一定要像书籍那样鲜明（见第五章）。你的标题可以有其他作者使用过的关键词，但最好与其他词组成独特的词组。同时，你的标题必须包含可能被潜在读者键入搜索引擎的关键词。

摘要。 摘要是对文章简短概略的描述，长度为 150 ～ 300 字不等。在所有学科内，它们都需要与标题非常切合。那些标题起得糟糕的学者所写的摘要往往也不知所云或漫不经心，这使得他们的作品更加晦涩难懂。同样，他们很少或根本不说他们的主要论点是什么，得出了什么基本结论，或者希望读者记住哪些关键"要点"。一篇无用的期刊摘要结构通常如下：

● 开头一句含糊其词地指出所涉主题很重要。

● 接下来两三句话表明前人的文献忽略了该主题的某个方面，或者采用的某些研究方法有局限性、待改进。这些问题应该具体描述。

● 摘要可以显示作者的特别关注点，但没有指出作者的实质性论点。

● 对于实证文章，摘要几乎一直在详细阐述使用了什么方法或使用了什么数据源，达到了怎样的效果。

● 摘要最后指出，遵循这种不同的方法，经过深入研究，作者确实得出了某些（不具体的）结论，他甚至可以通过一些细微的暗示告诉人们，他的结论在某种程度上与以往的文献有所不同，但是摘要结尾仍然没有透露一点点实质性成果，也没有说明作者本人最后得出了什么结论。

● 对于文章在理论上或实践上的"增值"没有给出任何线索。

　　通常，这些问题的产生是由于摘要写得太过随意。原因也许是摘要是在写作初始就定下的，此时作者并不真正清楚他们想说什么或主要结论是什么；也可能因为摘要是研究员在将论文投递给期刊或大会之前匆忙写的。在具有传统文章架构的 STEMM 学科领域，上述这些毫无用处的模板甚至可能是撰写摘要的必要方式，因为它反映了论文的传统结构。无论潜在原因是什么，对这些糟糕的摘要，作者往往不愿意重新评估它们，也不愿意批判性地考量它们是否对所做的工作或所取得的成果给出了最好的描述。

　　最后，糟糕的、信息不全的，甚至完全误导性的摘要能够安然无恙地通过同行评议，这完全在意料之中。很少有期刊聘请能重新起草摘要，并将修改后的版本返给作者的具有足够能力和专业知识的专业编辑。评审员和审阅人往往只关注文章的"内容"，时间紧张的学术编辑（不注重可读性）也经常这样做。专业的助理编辑通常能看到摘要的糟糕之处，但他们通常缺乏改写摘要所需的详尽的学术知识。因此，他们的注意力会放在诸如让作者列出合适的关键词、让摘要符合期刊的字数限制或旧有的风格等方面。因此，往往只有研究员自己严格审查摘要的质量，才能做到真正的改进。他们往往把过长的摘要缩短，以致摘要比之前更含糊，或者仅仅删去最后几句话（那些对成果或结论有暗示的句子）。由于在这个阶段文章已经被接受，所以能否正确完成这些任务对他们而言不再那么重要。作者在满足编辑对关键词的要求方面也没有了严格的限制。

为了解决这些问题，表4.2 中的检查清单提供了一组结构化的建议，用于说明哪些内容应该包括在摘要中，哪些应该被省略或者一笔带过。这里给出的所有内容都只是建议，而不是强制性规定。就像餐厅菜单上的条目，所有这些建议都应根据口味，一次消化一点儿。很少有（或从来没有）人能一次性消化完。发挥自己的个体创造性，这一点一直很重要。即使在物理科学惯例限制最为严格的 STEMM 学科领域，仍有可能取得非常显著的效果。贝里（M. V. Berry）等人在物理学预印本网站arXiv 上发表的一篇著名的研究文章的标题，就是一个明确但开放的问题："表观超光速中微子速度可以解释为量子弱测量吗？"它的摘要只有几个字："可能不可以。"

表 4.2　撰写信息性摘要的检查清单

摘要有多长（通常最少150字，最多300字）？有段落吗（不超过两个）？

摘要提供了多少信息：	没有	有一点儿	很多	建议字数（300字的摘要；对于字数限制要求较少的按比例减少）
1.他人工作和以往文献研究的重点？	差	极好	中等	不超过50字
2.你自己的理论立场或学术方法的不同之处？	差	中等	极好	至少50字
3.你的方法或数据源/数据集？	差	中等	极好	最少50字，最多100字
4.你的基本论点（即你发现了哪些"新事实"，或者你得出了什么关键结论）？	差	中等	极好	在既定限制范围内，字数尽可能多
5.该领域内，你的论文的价值增值或原创性？	差	中等	极好	30～50字

6.摘要系统地遵循了以上1～5的要素顺序吗？（好）或者有其他的顺序？（差）思路的展开是否清晰而有关联？

7.摘要中反复出现了多少文章标题中的主题/理论词汇？摘要是否引入了文章标题中没有的新主题/理论词汇？这两组词汇紧密切合吗？（好）还是代表了不同的重点？（差）

8.风格要点：在"这篇文章旨在证明……"或"第2节表明……"上浪费了多少字？（删去这些）你的研究用的是现在时或过去时吗？（好）还是用将来时描述的？（差）

9.仔细检查标题中的"普通语言"词汇。它们只是"凑数"的吗？如果是，是否有必要？如果不是，它们是否有清晰和准确的意思，或内涵是你的标题想表达的（大多数具有实质性内容的普通语言词汇都有多重意思）？

10.假设你在网上（在一长串文章和条目列表中）读了文章标题和摘要的前三行。它们会让你想下载整篇文章吗？仅仅使用标题和摘要中给出的信息，学者们是否会在自己的论文中引用这篇文章？

11.摘要中出现了下面列表中多少的"叙述性"或故事性成分？

成分：	粗略统计：
· 提到叙述者（如"我""我们"）的"叙事视角"。	· 很多,倾向于让读者更容易理解材料（好）
· "设置"要素（使研究置于时间和空间中）。	
· 使用"感官语言"（唤起情绪或经历）。	· 很少,增加了读者理解的难度（差）
· "连词"能让人更清楚之前发生了什么或导致了什么（如"于是""因此"）。	
· 通过连续使用相同的词来实现"连续性",创造更多的叙事驱动力。	· 没有,使抽象文本非常难以理解（差）
· 吸引读者（得出结论）,或给出明确的建议。	

最后，如果你刚刚开始从事学术工作，在最终确定一篇文章的标题和摘要时，可以想象你是大学院系任命委员会的一员，要审查一大堆申请材料，以便列出面试人员"长名单"，这是很有用的。如果你在简历上看到了这个标题，那么：

● 它是否会促使你进一步寻找，以便找到文章摘要（理想情况下，应该有包含在简历中某个地方的 URL 链接，或至少应该在某个便于在线访问的地方）？或者，标题会让你觉得云里雾里吗？又或者（最糟糕的是）让你想跳到下一篇论文？

● 在研究方面，你希望这篇文章的作者下一步做什么样的项目？作者是否有显著的学术远见、为部门或研究团队做出过贡献？或者他们只是看起来超级专业，其实做的是"千篇一律"的研究，或只是沉浸在自己的世界里？

● 研究过这个主题的人与院系教学团队是否融洽？他们的课程是否易于理解，能否激发学生广泛的兴趣，又或者只是局限于狭窄的专业领域，让学生厌学？

这些考虑足以打消年轻作者认为难懂的标题和摘要就自然而然高人一等的念头。

更资深的学者可能认为，他们的作品在圈子里已经获得足够知名度和认同，不再需要考虑标题和摘要对了解和接受他们论文的影响。然而，没有哪位作者像他认为的那样广为人知，被广泛接受、引用。有时，作者已经建立起来的声誉也是如此，他们的研究已经固定下来，只需要传达"更多相同"的研究信息。不注意标题和摘要只会加剧这种风险。

小　结

失败的期刊论文的很多写作过程和组成部分在学术习惯上都是根深蒂固的。糟糕的做法往往产生了不好的效果，使人在阅读时感到模棱两可，浮想联翩。在好的期刊上发表的学术成果，可能仍然会因为可避免的原因而最终不为人所知或较少被引用。他们大多数人将其归结为作者不注重积极建立受众群，或者使其他研究员易于理解和引用他们的成果。他们选择了过于枯燥或复杂的文章结构，撰写文章心不在焉，未真正考虑读者需求，刻意选择不透明、公式化或没有特色的标题，并且对摘要也不用心，从而导致其他研究员发现、吸收和引用他们作品的可能性大大降低。

然而，研究员、大学院系和期刊最近都开始关注如何更好地写作，尤其是从根本上改进科学交流。保持论文中的良好沟通——特别是在复杂文本的标题、摘要、内容、开篇和结尾方面尽可能清晰，这会对读者理解、记住、重读和引用你的论文产生深刻影响。

第五章

撰写著作和著作章节

我写一本书不是为了让它成为最后的定论；我写一本书是为了让其他的书成为可能，而这些书不一定要是我自己写的。

——米歇尔·福柯（Michel Foucault）

什么都搞的话，书就变成了一堆垃圾。

——菲利普·拉金（Philip Larkin）

在期刊论文霸占的领域之外，书籍是许多学科的学术写作的重要形式，对此，福柯（哲学家）和拉金（诗人兼图书管理员）均表达出不同程度的认同。纵观人文学科以及社会学科中的定性领域，单一学术主题的专业书籍（专著）仍然是学术交流的重要形式，且被人们推崇备至。很多时候，它们仍然是获得正式教授职位的必要条件。范围更广的其他著作（有时被称为"中间文本"，因为学者、专业受众和高年级学生读者能够接触到它们）在这些领域也有影响力。在 STEMM 学科内，期刊论文的单一性文化盛行，但主要书籍依然在某一领域的知识积累中扮演着重要角色。甚至在 STEMM 学科内，尤其在一些新兴领域，大量书籍由多位作者合著完成。同样，在某些著作中，编著的章节也扮演着越来越重要的角色。

　　这些学术著作是如何以及在哪些方面建立并提高你的学术影响力的呢？本章第一节阐明了著作作为长篇出版物，其写作虽然更加费时，但却经常能被更好地引用。第二节探讨了缺乏自信或被动型学术作者常犯的可能会限制他们学术著作传播和影响的两个错误。对此，一种策略是对学术著作加以美化描述，另一种是作者自己持续不断、积极主动地传播书中的内容。第三节会对编著中一些突出的问题提出一些思考。最后一节会讨论著作章节，这种出版形式曾经在获得影响力上有些问题，但当今的数字化趋势已经开始使问题得以改善（对于积极主动型作者而言）。

学术著作及其引用率

　　　无论教授相信的宇宙是什么样的，它都必须……是一个适合长篇论述的宇宙。一个可以用两句话来描述的宇宙，会让教授的智慧无处施展。没有人会信仰那种廉价货！

　　　　　　　　　　　　　　　——威廉·詹姆斯（William James）

　　著作依然是跨界学术交流的重要模式，但是在 STEMM 学科内，它们已经沦为次等的专业交流模式。STEMM 期刊的产业化同行评议机制得到了较好的发展，优于这些学科内著作的评议机制，但这仅适用于唯一一个（主要的，可能也是占主导地位的）学科群。在其他领域，正如詹姆斯上述所言，著作长久以来的属性，及其表达思维的能力，依然具有声誉。

原则上，除了期刊论文，同行评议也适用于著作。如表 5.1 所示，大学出版社和信誉卓著的学术出版商的著作出版都具有良好的同行评议基础和严格的质量控制。好的出版商并不希望出版没有学术价值的著作，因为这些书不太可能被卖出，这种错误对他们来说代价太高。这尤其体现在著作出版的经济效益越来越转向那些具有持久吸引力的著作上，因为出版商能从这类著作的影印版权、"长尾"销售以及"按需印制"上获得收益。

表 5.1 著作出版中的同行评议要素

关键部分	依据	当前问题和解决方案
出版后评议：学术著作由合格的书评人阅读，并在专业期刊上做出评议。	· 著作评议可以提醒同行特定领域的新贡献。对于跨学科的研究员而言，他们可以尽可能纵览相关领域。 · 主要作者的著作可能会由批评家从不同角度正式评议多次。	· 大多数期刊中，著作评议已经日渐稀少。 · 很多学术著作根本就没有经过评议。 · 评议和期刊出版周期的时间延滞意味着学术著作评议要晚两三年，超出了大多数著作的销售生命周期。这些著作通常只限于付费用户，极大地限制了其影响力。 · 一般标题的"高质量"报纸评论迅速，且已经扩展，可通过数字化方式广泛访问。 · 学术博客评论网站现在大大加快了对学术专著的评论进程，覆盖了数百种标题，促进了更广泛的评论——正如社会科学中的LSE《书评》(*Review of Books*)或哲学中的《圣母哲学评论》(*Notre Dame Philosophical Reviews*)一样。

但是，这些有利的趋势却被以下事实冲淡：有些商业化（出版后就扔一边）机构靠快速、大量发行一系列平庸的学术著作，过得也不错。在一些名牌大学的出版社里，一些学者在孤独地守护着出版的底线。但

是在其他地方，出版商依然把持着著作出版的评议和决策。采纳决策通常直接取决于学术和商业两方面的考虑（期刊出版也是如此，但是没那么直接和明显）。出版商把持下的著作评议，其认证质量往往缺少独立性，而这恰好是同行评议所能做到的（是其优势）。

然而，系列图书的学术编辑积极参与引导并改进作者的稿件，诸如此类的额外流程能够产生积极影响，如表 5.1 所示。可以说，著作出版后评议流程也比期刊论文有更好的发展。大量的（但绝不是全部）学术著作将在出版后由同行正式评议，即使这种做法有点晚而且不太规律。在著作应用学科领域（定义见下文），主要作者出版的顶尖学术著作可能需要经过多次严格的同行评议，只有少数期刊论文能享受这种同行评议。对于相同学科下资历较浅的学者而言，无论在职业生涯的哪个阶段，其著作的评议都意义非凡。

在很多国家和倾向于著作应用的领域，出版一部经过良好评议的著作（非博士级别），并获得不错的评价和一定的（就同类题材而言）销量，仍然被视为特定阶段职位晋升资格的重要条件，例如晋升终身教授职称，甚至是晋升副教授（美国）或者"准教授"（英国）。相反，一部在原创研究和论证方面"单薄"的学术著作（可能够写好几篇期刊论文），有时可能会损害作者声誉，影响日后晋升。

哪些是著作相关的学科？图 5.1 显示了 2014 年提交给 REF 审查的"成果"中著作或著作章节的占比。在这里，大学院系所做的决策会深刻影响其排名，因此也影响他们未来能得到的研究基金。在该图的右下方，16 个不同的 STEMM 学科、经济学和商学群组中几乎没有著作或著作章节的提交；但在图上其他 19 个社会科学和人文学科中，著作或著作章节占所提交成果的 1/8，在其中 13 个学科中该比例超过了 1/4，4 个人文核心学科（历史学、英语文学、古典文学和宗教学）中，不同种类的著作成果占提交的绝大部分。对大多数学科而言，著作章节和期刊论文的提交比例存在明显而直接的负相关性，但对于一些特别强调手艺、设计、展示和表演的"非主流"学科，尤其是在艺术、设计、音乐、戏剧和计算机科学（在这些学科中，程序、应用和代码是核心研究成果）中，这种负相关性却并不明显和直接。

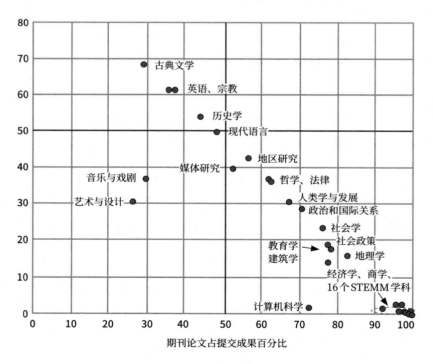

图 5.1 2014 年英国 REF 审计的 19 个学科中，著作是研究成果的重要组成

与此类似，在 2018 年 ERA 中，历史学和哲学领域提交的成果约有 45% 是著作或著作章节，在社会科学和法学领域这一比例大约是 1/3（从 2015 年起基本稳定在这一比例）。如表 5.2 所示，很明显，人文学科和社会科学主要依靠著作成果，但在其群组内部却有很大差异。著作章节和期刊论文之间并不存在直接的负相关性，原因有二：在 STEMM 学科中的应用学科领域，一些学者提交的是"灰色文献"成果，比如会议文献（虽然很多也有可能被引用）和外部研究报告；创意艺术和建筑环境工程学者提交的是项目和展品等。在考虑这些数据时，重要的是要认识到一部大部头著作的工作量比一篇单一期刊论文大得多，一般可能要大八倍。以此类推，一部编著的章节数通常和期刊一整期的文章数一样多，更大容量的图书可能相当于两到三期期刊。所以从纯技术角度，图书统计数并不能和期刊论文统计数对等，这个问题在有些文章非常简短的学科（比如医学）中尤为突出。

表 5.2　2018 年 ERA 审查学科成果概况（占所有提交成果的百分比）

学科	期刊论文	著作或著作章节	会议论文和外部研究	其他（如创造性著作）
化学	95.2	2.9	1.9	0.0
生物学	94.3	4.3	1.4	0.0
医疗健康科学	94.1	3.9	2.0	0.0
地球科学	89.5	3.9	6.7	0.0
心理学和认知科学	85.8	9.8	4.4	0.0

续　表

学科	期刊论文	著作或著作章节	会议论文和外部研究	其他（如创造性著作）
农学和兽医学	85.1	4.9	10.0	0.0
物理学	84.2	1.3	14.5	0.0
数学	82.9	3.4	13.7	0.0
经济学	81.2	13.0	5.8	0.0
环境科学	81.1	10.1	8.8	0.0
所有经评估的成果的均值	74.3	10.7	13.4	1.5
商业、管理、旅游等	71.9	13.9	14.2	0.0
技术	70.0	5.0	25.0	0.0
工程	64.0	3.0	33.0	0.0
法律和法务研究	62.9	34.4	2.6	0.1
"人类社会研究"（=其他社会科学）	61.1	32.7	5.7	0.5
教育学	58.5	24.6	16.7	0.2
哲学和宗教研究	52.5	45.4	1.8	0.2
语言、交际、文化	51.5	41.2	6.2	1.1
历史学和考古学	51.3	45.1	2.3	1.3
建筑环境和设计	39.1	16.2	35.0	9.7
信息和计算机科学	38.5	5.4	56.1	0.0
创作艺术和写作研究	24.8	19.7	6.8	48.7

注：STEMM 学科所在行加了阴影。此处使用的学科类别为澳大利亚研究理事会使用的"研究领域"编码。"人类社会研究"是澳大利亚特有（从分析上说是一种过时和折中的分类）的学科类别，横跨社会学、政治学、地理学和人类学。

不过，从好的方面看，著作的规模性和独立性意味着作者（作者团队）能够独立创作，进而拓展原创成果，而期刊论文在概念和设计方面则颇为标准化。著作（在其鼎盛时期）在使用理论、概念和方法论上原创性较强，包含和体现的实践成果远比一篇 8000 字的期刊论文要详尽得多。不像被期刊流程同质化的"切香肠"式的文章，且这种文章的作者可以通过"切香肠"的方式最大限度地增加出版数量，著作可以更多地由作者定义，不那么传统，也不那么墨守成规。尽管著书不可避免地意味着需要投入大量时间来构建文本、收集论据，但也有一些强有力的反对意见认为完全由作者控制的写作可以更迅捷，因为无须马后炮式的反复评审，也无须在投稿后花上六周到六个月时间等待期刊的回复（可能他们要坚持做一些并不十分有用的修改），这样也可以节省不少时间。

就弊端而言，即使是合著，著书也需要花费更长的时间和更多的精力，这使得出版过程更加漫长（所以看起来似乎是研究员好几年都没有书出版）。如果一个指导性概念被证明无效、很难有理论和理念上的创新、实证结果没有达到预期效果，或者写作太复杂或太耗时，那么致力于大型研究著作项目也会增加作者（或作者团队）的风险。

在引用和更广泛的专业认同方面，有些书评人同样对著作成果有所质疑。但事实上，这并没有明显的证据支撑。如表 5.3 所示，编著在 STEMM 学科领域（著作较少）的引用次数是其在其他学科的三倍以上，但是独立著作在 STEMM 学科领域的引用次数只是略多于其他领域。在 STEMM 学科、社会科学和工程学领域，编著引用多于独立著作，这可能是技术原因导致的，因为编著中每卷可供参考的独立章节较多。著作引用水平最低的是人文学科（虽然有人怀疑文献计量统计系统在这些领域不准）。但是，由于哈金 2010 年出版的《不出版就出局》中指出，社会科学领域所有文章的平均引用次数大约是 1，在人文学科甚至更低（有些作者认为有 4/5 的文章没有被任何人引用），相比较而言，表 5.3 的平均值还是相当高的。

表 5.3　各学科组著作的平均（均值）引用差异

学科组	编著	所有著作	独立著作
STEMM学科	35.4	24.9	10.2
社会科学	12.0	9.4	7.7
工程学	12.0	9.0	6.2
人文科学	7.6	6.3	5.8

在大多数注重著作的学科，以及泛人文社会科学领域，也有一系列证据表明在获得引用方面，著作比期刊论文更有优势。例如，在 REF 的实践中，相关学科排行榜显示著作高居四星或三星等级（排名最前的两个引用等级）。有些重要著作以双倍权重得分而上榜（即一部著作等于两篇期刊论文）。上榜的著作比例也远超期刊论文，并且获得了长期认同，或被奉为"经典"。因为著作在大学图书馆里是可以独立获取到的，选择纳入馆藏的通常都是该学科领域的图书管理员或者学者认为具有重大意义的，也是他们会频繁使用的（然而，反复的研究表明，大学图书管理员选择的图书整体的重复使用率并不高）。如今在美国，有证据表明，学生和学者对大学图书馆纸质书的使用急剧减少，而对电子书的使

用则保持稳定甚至增多。

　　图书可以更轻易地突破科学界和大学的受众范围。它们比期刊论文更易创作，也更好理解，并且需要经过一系列更复杂的出版程序。而期刊论文宣布早期研究成果，然后以一种复杂或深奥的方式呈现成果，只有少数能阅读图书馆中昂贵的期刊的学者能获取到。与此相反，完工的著作汇集了一系列研究成果，在学术界、政界和商界都有更广泛的受众，更易获取，而这些受众通常都不订阅期刊。这样的影响力可能意味着，学术著作从开始被引用一般拥有较长的"孕育"期，短期峰值更平坦，但是尾声期可能更长，如图 5.2 所显示的假定"理想类型"。在STEMM 学科，超过 90% 的著作通过商业途径出版，它们和大学出版社出版的书籍在引用率上没有太大差别。但对于人文学科和社会科学，大学出版社占据了绝大部分份额，并且其书籍的引用情况比商业出版商的书籍要好得多。

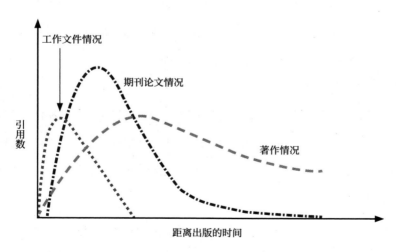

图 5.2　三种主要类型出版物随时间推移的"理想型"引用情况

学术著作长期的地位（以及它们产生引用的能力）也受到了谷歌图书、亚马逊和苹果公司的 iTunes 等大型图书网站的影响。他们彻底颠覆了图书搜索，并且开发出了规模化销售技术，使人们可以通过一定的形式获取比以往更多的图书。克里斯·安德森（Chris Anderson）的《长尾理论》（*The Long Tail*）认为二八法则不再适用于亚马逊，因为半数的图书销售和利润来自非畅销书。在竞争最激烈的市场上（如美国、英国，但是还不包括澳大利亚），这些出版网站上所有图书的价格都有所下降，Kindle 和电子版为读者们节省了不少成本。新的零售技术在让图书不绝版方面更具成本效益，而出版社则可以按需印制。布林约尔松（Erik Brynjolfsson）等人 2010 年指出了三个结果：

> 图书的印量从 2003 年的 230 万增长到了 2008 年的 300 万～ 500 万。第二，（美国）图书产业的收入从 246 亿美元攀升至 373 亿美元。第三，通过互联网渠道购买图书的比例从 2000 年的 6% 增长到了 2008 年的 21%～ 30%。

这种增长在学术图书市场上要少得多，但是最近有研究表明，美国大学出版社一年大约出版 15000 册图书，其中 4000 册是主要专著，而这之中 3/4 是人文学科类。通过分析亚马逊的销售数据，布林约尔松发现：

> 当初产生亚马逊长尾效应的力量，现在可能继续使其延续更长时间。首先，利基（niche）产品的上市可能让消费者

的口味适应更利基的产品。其次，通过进入"长尾"市场销售产品，生产商（即出版商和作者）更有动力不断生产更新的利基产品。最后，技术——如搜索工具、产品评价、产品流行信息和推荐引擎，可以驱动消费者获取利基产品，这些都能被不断优化，而且消费者会对这些工具越来越熟悉。研究结果表明，亚马逊的长尾现象……很可能是一种长久的改变，而非短期现象。

布林约尔松计算后认为，用比以前低得多的价格购买更多种类的产品，公众所获福利收益（术语称为"消费者剩余"）巨大。

谷歌图书系统也向潜在读者提供了一本书的部分或全部内容。2010年，谷歌公司通过光学字符阅读器管理了约3000万册图书，以便为全球1.3亿种图书创建每一页的在线图像。在美国，法律纠纷使这一措施的操作变得错综复杂，谷歌图书永远不会变成拉里·佩奇最初设想的通用图书馆（收费）。然而，很多图书的部分或全部文本现在都在网上，并且部分还可以搜到。而且谷歌图书还链接着出版商的网站、其他能提供图书的书商或者搜索者所在地附近有该书的图书馆。

对于有版权的著作，谷歌图书上能免费阅读的信息量取决于他们和图书出版商之间达成了怎样的协议。"无法预览"权限是只能阅读出版商封面上的简介，或者可能还给出了目录页。"试读"权限是只能扫一眼节选的文本内容，有时候是第一章。但是，谷歌图书仍然允许读者搜索全文中相关的词条和材料，从而评估该图书和某个特定主题的关联度。因此，你可以用以往文献检索所需的一小部分时间，快速查出多得多的材料。免费预览权限范围更广，你可以阅读很多较完整的文本，但通常一些关键章节或部分（通常是参考文献）是读不到的。然而，你通常可以略过这些被屏蔽的部分进行搜索。这有助于你了解一本尚未读过的书和你感兴趣的主题之间有多大关联度，也有利于你找到一段隐没于书页中的引用，即使你可能已经有了这些书页的纸质版本。

谷歌图书、亚马逊和 iTunes 将已获得版权的图书上传到它们的数据库中，付费用户可以随时下载电子书。目前，除了少数情况外，大多数学术出版商都在强烈反对电子书价格过低，与纸质书价格相差太多。因此，电子书虽易于获取，但在通用类或小说类电子书读者中还没能显著地激发图书购买量和阅读量的增长。在这些读者中，低价促进了销量的增长，而且相比纸质图书而言，人们通过电子阅读器能浏览到更多的图书。也有证据表明，尽管起步较晚，但学术类文本的电子书销售正在迅猛增长。

销售给图书馆的供学生和学者使用的电子书也出现了激增。如果图书（以及图书章节）持续被用于课程、课堂以及研讨会，这一现象会变得至关重要。现在的学生们希望能在诸如 Moodle 和 Blackboard 之类的数字课程系统上自主获取既定文本的多个副本。对于以前的纸质图书而言，这种完整获取方式是不可能做到的，因为图书馆可能仅有一本或少数几本，因此相较于期刊论文，图书著作在教学用途上劣势明显。但是对于拥有电子版本的图书馆，著作与期刊论文的获取权限就一样了。

当前趋势下，亚马逊、iTunes 和谷歌有可能获得超强的寡头垄断地位，随着电子书的崛起，这个市场的规模和价值在未来十年都必将强劲增长。美国、欧洲和世界其他区域的政府如何监管这三家关键媒介公司的运作，将对学术研究的发展产生非常实质性的影响，特别是在一些依赖于图书著作的学科，比如人文学科和相关社会科学。

到目前为止，我们主要关注的是研究性著作和中间文本，但教材或较短的学生专用图书也是构成学术出版组合的要素。在那些有规范化研究评审程序的国家（特别是在英国和澳大利亚），编写教材所带来的学术或专业回报日益下滑。在这种评审之下，这些教材存在的理由并没有得到很好的认可，因为它排除了对教学的影响。但是，教材的资深作者（或作者们）将整个个人领域的权威知识融合在一起，使之被广泛或长期使用、大量引用，这能大大提升他们的知名度，即使是在 STEMM 学科领域。但是，资历较浅的学者编写的教材或者学术图书，在期刊中获得的评论较少（几乎没有摘引），课程中也很少被用到，这样的图书达不到提升知名度的效果，特别是如果选题吸引力不够，读者会很快流失。

著作的推介

谢谢你寄给我一本你的书，我马上就看。

——摩西·哈达斯（Moses Hadas）

这本书填补了一个急需的空白。

——摩西·哈达斯

书通过其特质获得认同。正如上面哈达斯开玩笑说的以及许多批评家哀叹的，有些图书可能就是乏善可陈。受众对一本书的作者（或作者团队）的印象也会影响他们是否会拿起这本书。如今，作者围绕着出版所做的努力决定着其作品的成功与否。在早期阶段，学术书籍出版商通常有能力进行评审、鼓励和建议，以提高图书出版的成功率。但是这些都是低成本的运作，责任编辑需要兼顾多个选题，优化文本的能力有限。在美国，这样的角色仍然很重要，但在英国和一些较小的市场中，则显得微不足道。相似的能力模型也体现在图书推广上。所以，作者需要认真对待，尽可能利用机会使其图书受到赏识、被熟知并被广泛引用，不能把这样的工作甩给当今的出版商。大多数作者都没有经纪人或者其他助手来帮助他们推广作品。

早期的一个关键决定就是要定下最终书名，并准备"简介"，即对其内容和论点进行简单描述。这将被放在封底上（供读者在书店或会议桌前取阅），而且也将被包括在出版社的在线和纸质目录中。作者想要被引用，首先必须用信息量丰富且有意义的书名吸引（合适的）文献搜索者的注意——一个能"勾住"他们注意力的书名，以便促使他们翻阅图书概要。在书名和简介上要完成的工作异常艰巨——要说服搜索者在图书馆找到纸质书、去书店里高价购买（可能会慢一些）、从在线图书零售商处下载电子版（可能价格更便宜）。重要的中间步骤是说服搜索者在亚马逊或谷歌图书网站上在线查阅该书的时候，确保有足够可供阅读的材料，帮助潜在读者加深对该书的兴趣。

连接潜在读者和图书，有哪些是需要避免的呢？

1. 从书名中读者可能看不出该书与他们的兴趣或需要有何关系，特别是有的书名模糊、过于精明、过分"圆滑"，或者非常迷离，可以包罗万象。

2. 即使从摘要或图书简介中，他们也看不出该书对他们有用，或者看不出该书的创新点或附加值在何处。

3. 由于某些原因，读者可能在图书馆中找不到纸质版：可能没有列入在线目录中，或者他们必须亲自去图书馆查找（这是一个阻碍），又或者他们发现目录上有，但实际已经被借走了或者已经遗失了。

4. 潜在读者可能发现馆藏里没有书的电子版，或者他们无法在图书馆大楼或大学校舍以外的地方访问它。如果一本书在谷歌图书、亚马逊等上都很难找到，他们可能就放弃了。

5. 读者必须申请让图书馆订购，或者自己购买。对大多数学术图书，这两者都不是轻易能做出的决定，而且效率低、价格高。

所以，大多数期刊论文点几下鼠标就都可以在线获取，至少对身处富裕大学的研究员或学生来说是这样。上述第 3 ～ 5 点显示，对潜在读者而言，获取图书的"交易"成本更高。上述每个阶段都是耗时或者费钱的。

对于上述第 1 点和第 2 点，人们可能以为，出版商目录和网站上的学术著作或专著标题、封底简介和概览远比期刊论文摘要写得更好，也更容易获取。出版商经常能影响书名的选择、改编以及著作护封简介的文案。那么，这些部分有没有经过更专业的讨论呢？而且，因为著作费时费力，作者自己有足够的时间构思简介，也有额外的动力争取让付出的努力获得成功。这些短小的宣传文字对著作能否售出或被下载的重要性，对作者和出版商都是极其显而易见的。

尽管如此，研究员和学者（还有责任编辑）经常采取和期刊论文同样深奥的学术方式来选择书名、概括内容。作者通常是先写著作，然后修改，时不时还要快速跳回到没有思虑清楚的部分，直到最后一刻才确定书名和简介。出版商通常希望书名简短，喜欢那种看起来能最大限度拓展市场的书名，哪怕有些含糊不清。完全形式化、用词模糊或者"框式"书名在 STEMM 学科和邻近的社会科学领域很是盛行。通常，书名在遣词造句上和其他几类（或者很多类）文本几乎差不多。在更加定性的社会科学和人文科学领域也是如此。但是，这里还有一个风险，那就是作者为了留下特别的印象，可能故意选择晦涩、生僻、"聪明"或者甚至故意误导性的书名。这种诡计的代价就是搜索者可能无法在线搜寻到该书。

很多作者和出版商写的图书简介，也只是章节标题按顺序拼凑而成，而这些章节标题自身就非常形式化和晦涩。这充其量只能让读者知晓这本书涉及了哪些主题，却没有任何描述性线索揭示作者的结论或独特贡献。书的简介和概要也可以指明目标读者群，但出版商通常含糊其词，信誓旦旦地说书中的分析多么有价值多么易懂，但却没有任何实质性的意义。

然而书名对著作的生命周期来说还是有影响的。你希望这个周期越长越好，所以花些时间评估不同书名、修改润色，总是值得的。为了解决上述这些常见问题，表 5.4 给出了一个系统的、可能会有用的检查清单。首先，无论在哪里，书名或副书名都不能和其他著作完全相同。但是，你的书名（或更低维度的副书名）还是应该包含一些其他作者用过的关键词，最好是和其他通用词汇构成有特色的（最好是独特的）组合。如果有可能，你的书名或副书名应该包含一些最有可能被该书的潜在读者输入搜索引擎的关键词。数字化时代，所有作者都应该在搜索引擎上搜索可能要用的书名，正如表 5.4 所示的第 7 点。

表5.4　关于如何选择书名的建议

1.书名有多少字？有多少是观点或主题词？它们组合在一起构成：

　· 关于该著作主要论点和论据的清晰陈述（极好）
　· 主要论点和论据的明显的"叙述性线索"（好）
　· 该书所涉及的主题或问题（差）
　· 含混模糊的主题表达（差）

2.主书名和副书名是否用冒号或其他符号隔开（这通常是个好建议）？还是连在一起？（不好）

3.该著作具有吸引力是：

　A.主要出于理论原因？还是仅仅出于理论原因？
　B.主要出于实践原因？是否还有任何理论吸引力？

　在学术书籍中，这两种对立情况通常如下：

	冒号之前	冒号之后
理论性书籍	理论或主题词语	实践材料
实践性书籍	实践材料	理论或主题词语

　此处应实事求是，如果你的著作主要是实践性的，就不要选一个偏理论化的主书名，虽然那样看起来更具吸引力。

在遣词造句时，请记住其他作者在引用你的著作时可能通常会省略副书名。很多网上的简短清单中也不会显示副书名，所以主书名就成为关键，一定不能模糊，不能误导读者。

4.该书名是否准确地概括了该书作为学术著作的特点，清晰表达了其原理和方法？

5.书名中的主题或理论词语是否时尚或新颖？如果是，能否持久？或者读者是否熟悉，能否长久接受？在那些场景下，这些词语是否是陈词滥调？哪些人喜欢这些词语，哪些人不喜欢？

6.仔细查看书名中的"通用语言"。是否是"充数"词语？如果是，是否有必要保留？如果不是，它们能否清晰准确地传达出你在书名中想表达的意思或含义（带有实质内容的通用词语大多数情况下有多重意义）？

7.将整个书名（带上双引号）输入谷歌图书中，并对照下表检查。然后在搜索引擎中再分别输入三四个最具特色或最容易记住的词语，再检查一遍。

	带引号的整个书名	三四个最具特色的书名词语
有多少词条显示？	·没有（好） ·很多（差）	·没有（差） ·非常少（差） ·数量适中（好） ·很多很多（差） 构成一个倒U形曲线
大多数其他文献或词条和你主题或题材的关联度如何？	·非常接近（好） ·接近（还可以） ·远（差） ·是完全不同的主题（非常差）	
搜索显示你正在搜索的词语或首字母缩写词	·和你使用的意义相同（好） ·有一些不同于你使用的意义（差）	

由于著作比期刊论文篇幅更长也更难理解，所以简介概要通常是高度凝练的，但也容易变得含糊和僵化，从而掩盖书的实质性贡献。为了更好地理解内容，潜在读者需要对不好的书名和含糊的概要绞尽脑汁。如果谷歌图书的预览模式中可以大篇幅预览，那么对书名感兴趣的读者有时就可以更加完整地阅读，从而更好地了解其内容。与此类似，亚马逊的试读功能 Look Inside 及其读者评论功能也会对内容和论点提供额外的见解。这两种形式都类似于在书店或展会上阅读印制版本，使有兴趣的潜在读者能够查阅目录页，然后浏览内文。

即使只能用谷歌的"试读"模式在线浏览图书，坚持不懈的潜在读者仍然可以对其风格、方法和内容有更多了解，比如通过搜索工具搜寻他们感兴趣且频繁出现的关键词。这一策略的成功与否取决于出版商屏蔽了多少文本。但是如果没有这些片段预览，读者在决定是否花大价钱购买一本书时就只能依靠出版商目录与网站上的书名和简介了。

作者应该关注图书的目录页以及章节标题（可能还有主要段落的标题）。理想的目录页应该是一到两页，清晰明了、信息丰富、为全书的结构提供导引，且包含每一章节论证的"叙述性线索"。章节标题应该相对简短，必须"嵌套"在书名之下，不重复其中明显的元素，但是理论词汇须保持一致，不使用和书名与简介截然不同的词汇。

和期刊论文一样，学术著作作者常常会选择一些糟糕书名或者写一些晦涩的简介，想以此博得专业"美名"。这也能解释为何他们通常使用保守语言，或者在宣称该书的原创性或附加值时表现得得体谦恭。此外，很多研究员觉得应该义不容辞地公开拒绝"自我营销"（但具有讽刺意味的是，他们也承认参与了一些推广活动）。追求终身职位，或者急于在将来跳槽去其他大学的青年研究员，通常认为他们的研究方法一定不能"大众化"。因此，他们只使用稍短的博士论文题目，并配以晦涩难懂的简介。这样的强制要求使得学术交流不畅，是没有经过深思熟虑的，反映出了"老派"学者的行为导向，他们只认同最传统的出版和摘引方式，视其为正规有效的。此外，大部分学者早期埋头于研究，他们很容易低估各院系在获得外部影响和吸引学生参加课程方面对著作的重要性。

最后的"营销"事宜可能就是著作封面的选择。许多学术著作属于系列丛书，内容版式是固定的，或者出版商除了挑选封面颜色或者将书名字体加粗，也不愿意做更多别的工作了。但是如果你可以影响封面颜色的选择，那就非常值得这样做，特别是平装著作，其封面和著作是一体的。但是对于精装著作，这样的选择只能影响封皮，而大多封皮后来都在图书馆中落灰，借阅者也无法见到。相对而言，电子书也见不到封面的颜色。恰当且有引人注目的形象能将书名和简介紧密联系在一起，也能有力地形成并提升其影响力。

一旦著作（接近）出版，作者进一步的活动（或没有活动）可能会影响著作是否被认同。学者们通常认为出版商自己会调用更多资源，但实际并非如此。新学术著作在其出版的第一年往往占据了出版商目录的（也许还有其他宣传手册）显著位置，在随后的年份则明显下滑，这通常只需一两年。此后，大多数出版商目录要么根本不提及旧书，要么大幅缩减其简介。和很多商业图书相比，刚出版的学术专著在目录中所占篇幅也更少（即使是在大学出版社八月份的出版旺季）。受众范围窄、读者群小的著作总是很快就被边缘化，通常它们的书名在目录上只存在两年。只有那些销量大（面向专业或学术受众）的著作才会被宣传得更久一些。新出版的专著被世界范围内的大学图书馆购买之后，剩下也只能通过图书馆目录、谷歌图书、亚马逊或其他在线方式搜索到了。在过去，它们通常就绝版了。

除了被纳入目录和出版商网站，出版商销售代表（如果有，并且他们认为该书能够销售）可能会推销新的学术著作，但也仅限于出版后的第一年。此外，它们还可能出现在展会上，被编入多个出版物清单，并且"推动"在线营销。这些努力促进了推广或营销，但可能还不够，还可以用好评将网站上的销售页顶到前排（当排名落后的时候），但也可能根本没什么变化。出版商的其他营销手段都非常传统且有限，包含类似图书封面简介的内容，但很少包含作者照片、社交媒体链接、推广该图书的博客链接（因为这些因素不受出版商的控制，他们对于将这些信息公布在网站上这样的事情非常小心谨慎）。

所以，实际上学术著作作者应该永远把他们自己当作他们著作的主要推广者。当然，他们无疑是最看重著作成败的人。从筹备到出版，再到出版后的第一年都积极参与，这对于能取得多大程度的成功至关重要。尽可能采用数字化手段。让出版商免费开放一些章节，然后将你的著作简介和免费章节放到大学知识库中。著作一旦出版，就将这些版本链接分享到推特、脸书和 Instagram 上。努力找到至少两个拥有较多既定受众的多作者博客（见第七章），在每个博客各发一篇约 1000 字的博客文章，涵盖该书关键论据和论点的实质性内容（确保博客内的链接也能推广该书）。另外，确保你所在院系或实验室网站也能推广，试着让大学新闻办公室举办一场与之相关的新闻发布会。最后，邀请朋友或同事在社交媒体上对该书进行评论，以便让你的学科内与此有交集的人群尽可能多地了解到该书。

如果有更广泛的渠道，你是否也可以向报纸或期刊投稿呢？或者是否还可以向接近商业贸易的期刊、贴近公共服务政策的渠道投稿呢？向一些拥有大量读者群的学术类电子报刊——比如英国和澳大利亚的《对话》（*The Conversation*）投递一篇实质性的文章，也是值得的。在博客或其他数字渠道上的宣传，你要集中精力为读者提供信息，以有趣的方式提供实质性论点和论据。不要在网上写一些"公关类"只称赞著作质量的浮夸文章，这样可能看起来像是在自吹自擂。最后一个要点是确保更新你的在线作者简介（见第七章）。

或者，你可以用一些"传统"方法来推销图书，比如参加学术会议，"附带"一份推广图书的论文（最好在出版商展桌上可取阅到样书）。你也可以参加其他大学的研讨会，但这里要认真考虑机会成本。如果你参加会议或举办研讨很容易，那么这些方法是不错的；不然则会耗时费力。只有出版商组织了小型的巡回售书活动，你亲身参与推广才会比较划算。如果有合著者，可以分担负担，而且这些合著者可能也有他们自己的学术网络和媒体关系，现场活动也会更容易。

谈到合著者，有必要岔开话题来探讨一下。最初和出版商签订的图书合同可能是有问题的。在人文科学和社会科学领域，出版商和编辑通常以各种所谓的美学原因（避免书名页杂乱无章）为借口，不同意将研究员和助理列为合著者。拥有多个作者署名也会使合同签订和版权费支付略微复杂，并且出版商认为这无助于图书营销。然而，如果限制署名，会使资深作者和研究员之间的关系更紧张。如果要保持专业声誉不受影响，那么就需要坦诚地处理这个问题。

在写作期间，由于合著者付出的努力不同，也会引起其他问题，比如两个作者最初同意版权费对半分，但实际其中一个写得比另一个多得多。如果对此有重大分歧，通常好的做法（也是简单的方法）是根据实际输出大致重新划分版权费（例如按 75 ：25 划分），并且重新起草相关合同条款。此类合同的付费条款基本大同小异，因为大多数学术著作的款项很少，不值得精雕细琢（"热门科学"或"热门社会科学"或畅销科普读本则例外）。但是对于合著的文章，合著者需要就各自完成的部分签署一份协议声明，用于晋升和研究评估审查。所以，导致版权费分配不公的任何提议都是敏感问题。

编　著

> 通常情况下，学术界的编著都是在作者们没有聚到一起研究一个共同的核心稿件的情况下完成的。
>
> ——马克·洛奇（Mark Lorch）

研究层面的编著，通常是一两个或者少数编者围绕一个确定的主题编撰一本著作。正如洛奇所说的，多名学者可能彼此并不碰面，分别写各自的章节。不同场景下，这种书可以被称为读本、汇编、选集、纪念文集（为了缅怀并解读某位资深学者或科学家的著作）、手册（通常有多个目标明确的章节，涵盖整个研究领域）或者"百科全书"（按字母顺序排列，用多个短词条解释概念）。

针对主题更专业、投稿人更少的情况，发行特刊也不失为一种备选方法。这种方法也同样涉及下面列出的很多步骤，只是针对的是更加专业的选题。

编撰一部编著工作量相当大，通常由两人或更多人分担。关键步骤包括：

- 确定选题，聚焦材料并将其编撰在一起。

- 引起出版商参与该项目的兴趣。

- 确定潜在作者，并进行筛选；然后联系他们，并进行约稿。

- 让作者撰写章节的摘要、方案或初稿。

- 就每个章节初稿进行评审并给出评论，提出修改建议。

- 与此同时，出版商可能会委托外部评审专家来评审每个章节，所有特刊都有此步骤。因此，编者必须处理并答复这些评审意见，特别要删除或修改那些不符合要求的部分。

- 将章节按顺序编排在一起，处理好其中重复或矛盾的部分。

- 收集并编辑终稿（包括拒收不达标或不符合要求的章节），并且追催那些拖延的作者。

● 将整卷按最终顺序编排。

● 编写导言章节，阐述该书的基本原理，确保实质性章节完整一致。

　　有时候（但是在社会科学以外领域并不常见），编者也要撰写结论章节，整合并总结该著作所取得的成果。

　　也有一种可能，编辑们自己参与编写正文章节（必须要由其他同事校对并核准质量）。这通常能使著作前后更加连贯一致，但也带来了编辑角色的独立性和公平性问题。

　　整体而言，如下表5.5所示，只要以合理的批判性和鉴别力来执行上述过程，并且密切关注其领域内的学术标准，那么编著就有着很强的（特别是有建设性的）同行评议要素。编者的警惕性和积极性也很关键，决定着著作是连贯一致，还是支离破碎、前后不协调。如果作者们能在确定编撰该书的研讨会、会议或在线会议上见面，而不只是远程写稿，这在有些情况下将对著作写作很有利。

　　编著能迅速覆盖新的研究领域，特别是跨越多个日新月异的子领域或多学科。但是，它们如果只是将研讨会或讨论会的论文汇编在一起，那么可能就不太成功，因为编辑对论文作者的影响可能较少，不能算是优秀的著作。在社会科学（尤其是政治学和社会学）以及哲学和文学等人文科学领域，编著都能派上大用场。

表 5.5　图书出版的同行评议要素

关键部分	依据	当前问题
· 优秀的编著紧密聚焦一个主题，从不同的视角系统处理。 · 有些编著在某一学科或者子领域频繁被引用，例如在同一主题上定期更新的完善的编著系列，或者是经久不衰的大部头权威性"手册"或"百科全书"。	· 著作编者可能就一个关联主题邀请多个作者一起讨论，进行发散和创新，同时要求一致连贯。 · 编著中的章节最好要论述"特定的专业知识"，就像期刊论文那样。	· 编著的章节通常参差不齐，有些好，有些则不那么好。 · "软"编著是各著作章节的松散联合，各组成部分之间只有弱联系。
· 如果编者是资深学者，著作章节作者的稿件就可以得到严格且专业的评审。经验丰富并且负责任的编者会提出建设性意见，从而帮助改进，做好质量把关。	· 每个作者都聚焦其专业领域，而不必浪费时间去介绍那些与他们的子课题无关的内容。但是负责任的编者要将各章节黏合在一起，并校对评审。	· 著作编者通常通过社会关系与著作章节作者保持联系。如果这限制了其最初的作者筛选（例如，通过"老友"关系），则对著作不利，因为更优质或者更年轻的作者都被遗漏了。同样，编者对章节的事后评审和评论也显得不那么令人信服。

如上文的表 5.3 所示，在 STEMM 学科领域，对编著的引用明显多于独立著作。在其他领域，这种差异并不真正表明章节获得的引用之和就一定比单部著作要多得多。当然，编者也可以统计整部著作的引用和

下载情况，以及其中单独章节的引用情况，当然，章节引用也有助于提高著作的引用率。但是，编者不能将其编著内对其他作者章节的引用归于自己的引用得分，因为这样并不合规。评估编著的整体引用情况是有些困难的。哈金曾报告说，在她的研究案例中，有很多章节的引用，但却没有章节所在书籍的引用。所以，当你评估编著的整体学术影响力时，重要的是计算所有章节的引用情况。

在人文和社会科学领域，大学出版社出版的编著数量庞大，获得的引用也多于商业出版商出版的编著。但是在 STEMM 学科和工程学科领域，绝大多数出人意料的编著都是商业出版商出版的，而为数不多的大学出版社的出版物被引量也没有超过商业出版商的出版物。

在半官方机构或者研究评估基金会（例如 REF 小组或 ERA 流程）看来，编著通常并不被列为主要研究成果，不能和那些经过同行评议的期刊论文或者著作相提并论。在这些机构的评估者看来，编者显然是想通过良好的关系网，并利用他人的成果建立或维持学术地位。在这类评估中，通常只有编者自己撰写的章节能够被纳入统计并被视为真正的"研究"成果：编辑过程本身的附加值显然几乎一文不值。在英国等地，这种论断对资金拨款和学术声誉都有重要影响。随着时间的推移，在大学晋升选拔委员会眼里，这些编著（以及编著中的章节）越来越显得有些可疑。在早期学术出版的繁荣时期（如 20 世纪 80 年代），粗制滥造的编著或者七拼八凑的著作汇编过度泛滥，可能加剧了这种怀疑态度。

然而，正如本节所主张的，这种一刀切的态度是不合理的。在"硬编辑"著作中，既有建设性的同行评议、高附加值的汇编工作，还有在清晰行文框架下的交叉参照，这些都是重要的要素。最佳编著的这些优点可能尤其体现在 STEMM 学科内，编著作为整体被大量引用，不断再版，经久不衰。如果编著能汇集新兴研究课题和领域的成果，或者定期提供子学科和研究领域的权威性综合观点，那么这类新编著则特别有价值。

著作的章节

很简单，如果你要撰写编著中的章节，还不如写好一篇论文，然后将其埋入地洞。

——多萝西·毕晓普（Dorothy Bishop）

编著中的章节可能会被频繁引用。

——洛伊特·莱德斯多夫（Loet Leydesdorffi）和
乌尔里克·费尔特（Ulrike Felt）

有关跨学科或者学科内编著的学术价值和作用，存在着尖锐对立的观点。支持者和批评者的立场两极分化，正如上述我们引用的毕晓普、莱德斯多夫和费尔特的名言。在一些人文和社会科学领域，著作章节在研究成果中占比很大，而且备受认同。此处，著作章节是一篇独立文章，其地位和期刊论文大致相当，其涉及的评审和修改流程也和期刊论文非常相似。如图 5.3 所示，2013 年，在五个学科领域（社会学、媒体

研究、历史学、地理学和法学），著作中章节引用占比超过 1/8，而且近
1/4 的引用出自哲学领域（遗憾的是，这一研究并没有涵盖更广泛的人
文科学领域）。请注意，著作章节引用、著作引用及编著引用之间并无
紧密联系。

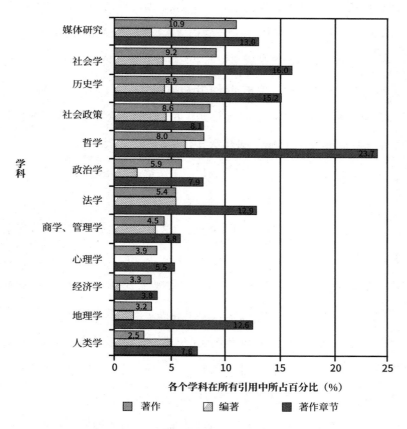

图 5.3　12 个社会科学和人文学科领域的著作章节引用比例

直到 20 世纪 80 年代末的前数字化时代，著作章节作为社会科学和人文科学的一种出版形式，才受到广泛引用并且备受尊崇。然而，在数字化时代的头 15 年（1995～2010 年），编著中的章节引用却越来越少。诞生于 20 世纪 80 年代的专属文献计量系统如 WoK 和 Scopus，直到 2010 年前后都只覆盖了期刊论文，却忽略了所有形式的著作和著作章节（因为在其核心的 STEMM 领域，它们被认为对研究而言无足轻重）。这一阶段末期，著名的哲学家多萝西·毕晓普系统性梳理了自己的成果，并得出结论：平均而言（并控制了出版后的时间段），著作章节的引用只有期刊论文引用的 1/3，而且和更具可比性的评论文章（并不阐述主要的研究成果）引用相比，著作章节引用还是较少。

毕晓普得出结论，有三件事情决定了文章是否会受到关注：

1. "要做到文笔优美、引人入胜"，这两个因素都是作者可以完全控制的。

2. "要打上标签，便于在网上被搜索到"。著作章节的作者应该意识到，在出版商的图书整体推广中，其作品是多么微不足道（原因见上文的讨论）。即使是现在（数字空间是免费的），出版商目录也很少给出编著完整的书名、作者名或者章节目录。所以，除了在展会上陈列或者摆放在大学书店的书架（学术类著作越来越少），潜在读者基本上没法知道编著的特定章节涵盖或者讨论的是什么，即使访问出版商网站也不会有什么收获。

3. "要能够便于获取，不能被锁在网上付费专区里"。面对开放获取的压力，期刊的"禁阅期"正在缩短，但出版商仍然能够阻止作者在很长一段时间内向除了所在大学的资源库以外的（在这里文稿往往很快被归档）任何地址投递其章节。禁阅期通常也无明确规定，这使得开放获取更加困难。总结出这重重困难，毕晓普失望地得出了章节写作无助于提升引用水平的结论，正如她在上述引文中所说的。

在一家学术出版社网站上，评论家肯特·安德森（Kent Anderson）又补充了四个困难：

1. 和期刊论文相比，著作不便于在线阅读，因为……只能看到封面，章节内容阅读受限，缺少"章节内容带来的经济效益"。

2. 这限制了（编撰）著作的元数据和可搜索性，通常只能看到封面目录而看不到章节的具体内容。这个问题的表征就是，不同于期刊论文，商业出版商出版的大多数著作章节都还没有以数字对象标识符（digital object identifier，DOI）的形式发布出来。

3. 期刊定期发行，而著作却不是……期刊品牌更容易被预测、更稳定，是"显而易见的"……定期发行意味着元数据覆盖范围更广。著作出版不定期，主题和选题不固定，编辑和作者也经常更换。

4. "包含在大多数科学（实践）文章中的新信息能引起媒体关注……并吸引该领域最活跃的研究员和实践者的浓厚兴趣，也能够吸引同样有影响力的品牌资源投入到文章评审中去。"然而，编著中的章节却缺少这种核心支持。

同时，另一方面，著作章节失去了官方研究评审机构如 REF 和 ERA 的信任。对于政府评级小组（如在英国 2014 年评议中，他们宣称独立评估了 202000 份学术成果）中那些匆忙的学术读者而言，著作章节太难评估了。这让人感觉他们是在逃避同行评议——作者及其同事一起发表，而不用经历期刊投稿的那些坎坎坷坷。久而久之，这种怀疑的论调也蔓延到（精英）大学晋升选拔委员会对这些成果的评级。在偏好"著作和著作章节"的学科（英语、文学研究、古典学、神学和图 5.3 中排名前七的学科）之外，处于学术生涯早期阶段的研究员和博士们信心满满，他们被警告不要写章节，而要专注于期刊论文。对于一些混合学科的老派学者和一些热衷于出版的学者而言，在朋友的著作中写一些章节的诱惑仍然很大。

上述这些问题曾经很严重，但在当今学术界，由于种种原因，其严重性已经大大减轻。其中最被寄予厚望的是大学出版社纯数字化媒体的发展和成功，例如久负盛名的澳洲国立大学出版社（ANU Press）和业界新秀伦敦大学学院出版社（UCL Press）、伦敦政治经济学院出版社（LSE Press）。这些出版社声誉卓著、富于创新，他们出版的学术著作装帧精美，就如同那些可开放获取的编著章节。他们还赋予每一章节特有的 DOI 编码和在线下载页，读者可从世界上任何一台计算机上获取到。这些出版社也通过知识共享鼓励并帮助作者宣传其著作。

虽然章节仍被限制在出版商的网上付费专区内，但作者如今可以采取措施化解毕晓普和安德森在上面提到的大多数问题。

1. 相比期刊流程，撰写编著章节要快得多，也更容易预测。如果能在章节被接受后就立即进行数字化传播，那么章节引用也可以更早地开始。

2. 在完成写作和最终印刷版本出来之间经常会有时间空隙，通常作者可以将其章节的手稿版本放入图书馆馆藏或者放到主要的学术交流网站上，如 ResearchGate 和 Academia.edu。每个章节 PDF 版本的开头都要给出即将出版的编著的详细出版信息、编辑和出版商，这很重要。通过推特和脸书提前推广章节和著作细节，给传统出版商和编辑的工作做一些补充，也能稳固读者群，使其正确地引用文本。还有，如果出版商没有赋予每个章节 DOI，作者应该尽可能让其所在的大学图书馆为预印版本分配 DOI。要达到这一目的可能需要一些游说工作，因为很少有图书馆提供这项服务，即使这项服务花费很少。

3. 为了给自己的文章带来流量，作者可以询问编辑和出版商是否可以向读者提供一些免费样章，用以帮助推广该著作。

4. 一旦著作出版，进入到销售阶段，每个章节的作者（包括编辑）应该各写一篇有关其各自章节的博客文章，发到有广泛受众的多作者博客上（见第七章），就像他们为新写的期刊论文所做的那样。通过推特和脸书推送博客内容，将读者引导至博客文章页面，并在那里用醒目的 URL 链接去链接著作印刷版，以及任何可以开放获取的部分。

5. 著作销售的前 12 ～ 18 个月（无论禁阅期有多长），作者可能不得不将其章节的开放获取版本下架——但仍可以在其大学图书馆保留一份。

6. 一旦禁阅期结束，作者应该重新启用推特、脸书更广泛地推广其章节的开放获取部分。

这六个步骤可以确保你的章节的一个或多个开放获取版本基本上能够一直被获取到，这样它自身就能成为一个独立的获取（和引用）单元。但是如果出版商或编辑对此反对会怎样？很遗憾，有些守旧的出版商或编辑会认为上述步骤往往会削减图书的销售。事实上，他们大错特错。增加对章节开放获取版本的使用只会帮助原编著扩大销售，获得学术信誉、推荐、引用以及教学上的使用。特别是在销售的最初关键阶段，这将促使图书馆购买纸质书或者电子书。上述的开放获取步骤可能会使一两卷昂贵的著作销售转向其他学者，但是在传播编著专业知识和提升销售方面，它们的功效远远超过出版商明显不足的"传统"传播策略。

上述六种策略也与"长尾"图书零售业的发展以及更好的搜索引擎的出现相呼应。就编著章节"可获得性"而言，这两种情况都是好消息。GS 的推出和快速崛起也是好消息，因为 GS 所涵盖的著作章节已经和期刊论文一样多了。谷歌图书还允许浏览编著文本，具备搜索整部编著关键词的能力（同样，这完全取决于出版商）。现在读者获取章节信息的潜在机会也比以前大得多。

所有这些都并不是在否认最好还是在拥有既定受众、易获取和声誉好的期刊上发表重要研究成果的想法，但著作章节还是可以起到价值探索、创新、综述和评议的作用，而且它们可以带来原创发现和论据，特别是在新领域或者在优秀的编著中。

至于章节的设计和写作，第四章有关创作更好、更具吸引力期刊论文的建议同样适用于这里。试着写一个完整的叙述性标题，提供这一章节的核心信息。如果这样看起来太难，至少要确保你的章节标题有明确的叙述性线索来阐明论点或得出结论。在没有章节摘要的情况下（在编著中依然很少见），必须要严格避免形式化、空洞或"框式"章节标题，因为这种标题会在数字化搜索时被忽略。在章节的资料库版本中，为什么不加上一个印刷版本中没有的章节摘要？ResearchGate 也会提供章节预印本的摘要。和期刊论文一样，努力为章节创作一个富有影响力的开端，使之能快速吸引读者的注意，并让读者能勾勒出章节结构。如果章节没有摘要，在深入主要的实质性内容前，就必须要先有导言来迅速简述实质论点和所得结论。严格遵守编辑对章节字数的限制是很重要的——通常是 6000 ～ 10000 字，这意味着可能只需要 4 ～ 5 个主要的副标题。同时，也要留出足够的篇幅来"结束"你的章节：首先回顾一下关键结论和论点，然后向外链接到著作中的其他章节（如果你能及时看到的话）。

小　结

20 世纪 90 年代和 21 世纪数字化时代早期尽管遭遇了一些波折，但著作、编著和章节都有其独特的学术优势和特质，并得以在近几十年中延续使用。知名出版商出版的许多优秀著作支持了定性分析和研究，为各学科期刊论文的单一性文化提供了宝贵的多样性选择。在许多学科中，它们仍然是一剂良药，解决了学术过程过度同质化可能带来的破坏性后果。通过遵循本书建议的积极策略来推广其著作、编著和章节，作者还可以进一步提升这些研究成果的数字可视性和可获取性。

第二部分
学术和外部影响力

我们所有人都厌恶改变，我们喜欢因循老路，我们只有在不得已时才会改变……事实上，很多思想家正在构思……替代方案，这意味着它们现在是存在可能性的，而将来就会被采用。在我看来，思想家真正的作用正在于此，而不是实施根本性改变。

——弥尔顿·弗里德曼（Milton Friedman）

我们这个可怜的物种被造出来就是如此，走在平坦的小路上的人总是向正在开辟新路的人扔石头。

——伏尔泰（Voltaire）

大学通过塑造重要的全球性"知识阶层"改变了人类文明。知识阶层是一个广泛的知识工作者群体，他们的工作本质就是直接吸收科学、技术和组织实践方面的新思想，然后将其转化为其他组织的工作任务。正如弗里德曼上述所言，他们在拓展和改进动态知识库方面发挥着关键作用。然而，他也赞同伏尔泰在四个世纪前的评论，即改变可不是轻而易举的，因为它具有破坏性。

据估计，目前全球知识工作者约有 1.8 亿人（合起来相当于第八大国家），但他们仍然不到全球人口的 1/40。大约 1/3 的知识阶层是大学生和白领，这意味着大约有 1.2 亿人在政府、民营企业或民间社团中担任专职，所有这些人都与大学有着密切的联系，尤其集中在高端工业部门，是学术研究的主要外部受众。

在大多数大学依赖政府资助补贴、国家助学贷款或学费免税的时代，学术界的外部影响和联系也更受关注。当然，花费高昂的"大科学"和"大医学"项目能大大促进经济增长，但它们也会使超负荷的国家预算吃紧。然而，许多大学研究员在慢慢改变行为以适应时代的变化和关注。科学家和学者对自己的学科和大学如何运作有详细的了解，但是他们对自己工作的广泛社会影响力则缺乏了解。研究与社会、经济或技术变革之间的联系很容易让人感觉研究得太少、太模糊或太有争议，不值得学术界像对待自己的科学或学术工作那样集中精力。

在本书接下来的两部分中，我们将试图反驳这些传统的观念。从第二部分开始，我们考虑到了促进研究产生更广泛的学术影响力，与扩大其在大学以外的影响力有很多相同之处。这一部分中所有主题都具有双重功能——提高科学和学术成果的内部和外部影响的认知度。

在这一点上，正式定义研究的外部影响力是有用的。这里，我们指的是学术研究对大学以外的行为者、组织或社会进程——如对企业、政府、民间社团、国际领域等产生的有记录的或可查到的影响。外部影响与第一部分和这里讨论的学术影响有一些相似之处，但它们的种类要更多，文献记载却更少，而且必须发生在学术领域之外（第九章将对外部影响力的定义做更详细的说明）。

以下三个关键进展一起重塑了学术认可和外部影响：

● 应用工作和"灰色文献"的增加，以及研究员在不同类型写作项目和优先事项上分配时间和精力的相关需求（第六章）。

● 数字通信在发展现代学术研究和促进跟企业、NGO 和公共部门专业人员、知识工作者、决策者与（受过教育的）公众的知识交流方面，发挥着越来越重要的作用（第七章）。

● 院系、实验室和大学可采用组织策略，以提高学术知名度和外部认可度（第八章）。

在第三部分中，我们将继续探讨不断增长的外部影响力和知识交流中一些更难的问题（对于大多数大学研究员而言）。

第六章 ▽

应用研究、「灰色」文献和项目选择

对于那些被培养成专业学者的人来说，如果他们大部分时间都是在学院里度过，在那里只有学习才能带来荣誉，那么他们就会无视其他所有的资格，并且想象所有人都准备向他们的知识致敬，围着他们求教，这太普遍了。

——塞缪尔·约翰逊

大多数科学家和学者在整个职业生涯中，必须负责不同类型的项目，写出不同类型的文章。就像约翰逊暗示的那样（以18世纪的方式），如果仅以纯学术方式关注期刊论文（和著作）形成的单一性文化，在研究员进入更多应用环境时就有可能积聚潜在问题。它可能会使一些活动边缘化，而这些活动在许多不同的学科中本来就需要大量的时间，而且在现代，由于资助者和大学对更广泛的影响越来越重视，这些活动也变得更加突出。从事应用研究和咨询为大量的学术工作提供了关键的基础，但与纯研究项目的慢节奏（可能是偶发的）相比，它们需要一些明显不同的工作（和写作）方式。现在，大多数科学家和学者都发表过大量的"灰色文献"——基本上是未经期刊或商业出版机构正式出版的传播性著作。所有这些活动，以及创作和出版形式的多样性，使得研究员要比以前更系统地审视他们的选择。

我们首先看一下应用研究的特点，以及它为研究的外部影响所开辟的途径。这里，调查关注（并可能塑造）的是政府、企业或民间社团发生的事情，而不仅仅是在学术界积累知识。第二节，我们将考虑确保灰色文献可访问，以及如何避免常见错误等关键问题。在最后一节，我们将认识到大学研究员总是面临着不同学术项目、各种成果产出形式以及成本收益结构之间的选择。与其他行业一样，谨慎选择如何在可选方案之间分配精力和时间，是很重要的。

应用研究

> 仅仅知道是不够的；我们也必须应用；光有意愿是不够的：
> 我们也必须要行动。
>
> ——约翰尼斯·歌德（Johannes Goethe）

应用研究的特色主要体现在三个方面：

1. 这项工作涉及获取在原理或理论上已经发展起来的知识，但要对其进行调整或裁剪，以便精确地适应（并完全相关于）具体的实操情况或环境。应用研究类似于桥梁工程——它需要调整现有方案库中的通用方案，以应对特定场地的独特特征。这其中可能有很强的附加值贡献，即找出现有知识中未被重视的盲区或其中的妙计。但与基础研究不同，"第一原理"并没有新进展。

2. 在进行适应性调整时，需要考虑到复杂应用环境中多种不同变量或特征，而且与单一学科经常使用的分析方法相比，多重交互需要更为综合的分析形式。应用型工作通常更具整体性，在方法上较少简化，必须从一开始就考虑到解决方案的因果复杂性。

3. 应用研究导向解决问题的具体实际行动或方案。其成果可能以具体方式实现——不仅有知识的增长，而且有外部世界的变化。

在 STEMM 科学中，"纯"理论（远离应用的科学）的发展始终与仪器设备或分析手段的产业技术变革同步。有时，科学技术的辩证发展催生了暂时无法验证的理论进步。而另外有些时候，技术投资不断扩大，迅速带来新的实践发现，促进了滞后理论的追赶。在当今全球化的世界中，即使是传统的"物理科学"或"自然科学"标签，也在一定程度上具有误导性，因为这些学科中的许多学科现在都涉及工程、信息和通信技术以及其他人类已经发明的技术或抽象的技术。

赫伯特·西蒙（Herbert Simon）定义了"人工科学"，其增长与现代全球文明中"人类主导系统"（如城市、市场、机器人和应用技术，如电力或通信网络等）的中心地位同步。发生在地球表面的大多数其他物理过程至少是"人类影响的系统"，正如新地质时代的概念"人类世"所认为的那样。当像气候这样复杂的全球范围物理系统受到人类影响（如全球变暖）时，那么纯"自然"系统可能就是地球物理力量（地震、火山作用、板块构造等）和星外现象（如天体物理学）。总的来说，最"通用"和应用最广泛的学科和相关专业是那些处理"人类主导系统"的学科，比如医学、工程和信息技术，这一点儿也不奇怪。它们已经成为现代 STEMM 学科领域中最有前途的领域。

在社会科学方面，林德布洛姆和科恩对"可用知识"的分析发现，社会科学的发展方式与 STEMM 学科有着本质区别。社会知识的全景本质上不可能通过专业建立起来。相反，经过科学检验的结果只是构成更广阔全景的极小微点，我们必须理解使用"通用知识"的意义。这种谦虚观点的基础是人类和社会在不断变化。此外，对人类行为的解释和预测本质上改变了建模的内容，因此行为者会抵制吸取教训，或者改变他们的行为，使之偏离预测。

影响学术界获取外部影响力这一意愿的关键因素是他们所从事领域的类型。表 6.1 显示了从事应用研究以及对主要学术形式和科学进行分类的三种模式之间的主要预期关系：

- 传统的学术任务观，将学术任务分为研究、教学、管理、学术公民身份、学术管理和影响的实现。

- 唐纳德·斯托克斯（Donald Stokes）在基础研究、用户驱动的基础研究和应用研究之间进行了明确区分。

- 欧内斯特·博耶（Ernest Boyer）提出了基本"学术形式"。在单个学科中，他区分了新结果的发现和论据，整合学科内理论以涵盖和解释不同的实践发现，并将学科知识应用于实际问题和专业上的更新（博耶主要在"教学"这一传统主题下进行了阐述）。表 6.1（粗体部分）还涵盖了更紧密结合的学术和我们在此建议的跨学科学术工作的三种主要形式，可以对博耶的单一学科类别进行有效的补充。它们连接了知识分子，而知识分子的工作跨越并塑造了多个学科，促进了单个大学跟专业和公共生活领域内学术机构之间学科的融合（这本质上就倾向于更全面地解决问题）。

表 6.1　从事不同类型研究的学者如何联系外部组织或参与公众活动

（a）与企业、政府等的组织联系

外部影响	斯托克斯的三大研究类别	传统观念下学者的五大任务	修订后的博耶的学术形式（七层）
极有可能	·应用研究	·获取影响力	·应用型学术 ·**学术服务**
中等可能	·用户驱动的基础研究	·研究 ·学术管理	·发现型学术 ·整合型学术 ·**衔接型知识分子** ·**本地整合**
极不可能	·基础研究	·学术公民 ·教学	·学术更新

（b）公众参与

外部影响	斯托克斯的三大研究类别	传统观念下学者的五大任务	修订后的博耶的学术形式（七层）
极有可能	·用户驱动的基础研究	·获取影响力	·**衔接型知识分子** ·整合型学术 ·应用型学术

续　表

外部影响	斯托克斯的三大研究类别	传统观念下的学者五大任务	修订后的博耶的学术形式（七层）
中等可能	· 应用研究	· 研究	· **发现型学术** · **学术服务** · **本地整合**
极不可能	· 基础研究	· 学术管理 · 学术公民 · 教学	· **学术更新**

注：在最后一栏中，粗体字的条目是学科内或跨学科的活动，并非所有研究员都会这样做。

在第一部分（表 6.1a），我们首先评估了学者或科学家通过为企业、公共机构和民间社团的决策者提供研究、咨询或建议，参与挖掘应用研究的可能性。在第二部分（表 6.1b），我们总结了人们以更加公共的方式参与不同类型学术工作的可能性，而这些都是既有文献告诉我们的。

下表 6.2 显示，相当一部分学者（主要在 STEMM 学科以及社会科学程度较低的学科）会积极参与到外部组织，特别是企业和公共机构中。从这两项数据看，我们可以预计，按斯托克斯或博耶标准分类的从事应用研究的单一学科学者最为活跃，另外还有从事学术服务的学者和那些有充足时间来获取影响力的学者——所有这些人都可以更好地维护外部关系。然而，如果研究的情景是独特的，那么任何特定的应用成功的"范围"可能都不大。最不可能参与的学者是那些在斯托克斯分类中做基础研究、在博耶框架中致力于专业更新的人（比如发展深奥的学术方法），或者专注于传统类型的教学或学术公民身份的人。在这两极之间，由于对寻求外部影响的投入较为混杂或不确定，可能会有一些学者从事斯托克斯所说的用户驱动的基础研究、博耶类别中的发现／整合／衔接工作或传统类型中的高级研究或学术管理工作。

表 6.2 英国 2010 ～ 2012 年与外部组织不同类型互动百分比的学术报告

广泛的活动类别	报告活动的受访者比例（%）	受访者选择的活动类型编码
多数活动	参与会议（87%）	基于人物
	网络社交（67%）	基于人物
	受邀发表公众演讲（65%）	基于人物
	非正式建议（57%）	问题解决
	联合研究（49%）	问题解决
少数大型活动	联合发行（46%）	问题解决
	咨询服务（43%）	问题解决
	社区演讲（38%）	基于社群
	担任咨询委员会成员（38%）	基于人物
	合同研究（37%）	问题解决
	研究联合会（35%）	问题解决
	员工培训（33%）	问题解决
	学生求职（33%）	基于人物
	标准制定的论坛（31%）	基于人物
	学校项目（30%）	基于社群
	课程开发（28%）	基于社群
	接待人员（27%）	问题解决

续　表

广泛的活动类别	报告活动的受访者比例（%）	受访者选择的 活动类型编码
少数小型活动	公开展示（15%）	基于社群
	成立或运营咨询公司（14%）	商业化
	原型化或测试（10%）	问题解决
	外部借调（10%）	基于人物
	实体设施配置（9%）	基于人物
	专利申请（7%）	商业化
	企业教育（6%）	问题解决
	授权研究（5%）	商业化
	分拆公司（4%）	商业化
	社区体育活动（3%）	基于社群

注：受访者是来自英国各个学科的学者，他们可以在第 2 栏所示的类别中记录他们的
　　互动，并选择如何看待这类活动（第 3 栏）。

　　然而，一些基础研究或发现工作可能比应用研究具有更广泛的影响，因为基于理论的发现有时会在应用领域的概念和技术上带来更加根本的变化。在特殊情况下，相对模糊的领域（如前计算机时代的加密数学）会突然被外部刺激转化为显著的领域——如 1939 年发生的战争和几乎同时通过计算机扩展的破译密码。另一个例子是当代加密货币（如区块链）在密码学和基于云信息技术方面的发展。在 STEMM 学科中，能够获得基本专利或为初创企业与分拆公司奠定基础的研究员也将产生更深远的影响。

表 6.1 的第二部分显示了学术研究对讨论或文化辩论可能做出贡献，以及研究员是否会与媒体和更广泛的公众接触。这表现出了一些差异。公众参与率最高的可能是那些斯托克斯类别中进行用户驱动基础研究（有更广泛的共鸣）的学者。在修订的博耶类别中，衔接型知识分子可能排在第一位，但紧随其后的是整合型学者，比如畅销书的作者。在大量的历史著作、"流行"社会科学［如塞勒（Richard H. Thaler）和桑斯坦（Cas R. Sunstein）的《助推》(Nudge) 或卡尼曼（Daniel Kahnman）的《思考，快与慢》(Thinking, Fast and Slow)］与科普书籍［如道金斯（Richard Dawkins）的《自私的基因》(The Selfish Gene)］当中存在着共同的模式。应用学者（从事非机密工作）和从事学术服务的人对公开辩论的贡献则远没有那么引人注目，但更为广泛，如表 6.2 所示。

最不可能参与公众活动的科学家和学者类型包括那些进行斯托克斯基础研究（很难向公众解释）的人和那些最倾向于在大学院系或实验室内进行教学和从事管理工作的人。然而，学者们习惯于在公共场合讲话，因此他们中的许多人可能会参与中等程度的公众活动，如表 6.2 所示，英国的情况就是这样。类似地，更多的数字化教学形式可能会越来越多地转化为外部公共形式，比如"后新冠时代"的数字化讲座、在线开放课程（大规模在线开放课程）、TEDx 视频和播客（见第七章）。最后，近年来"科学传播"更加专业化，这意味着即使是最难以解释的学科（如高度数字化的物理学），也可以用许多崭新和创新的方式进行直观解释。

调查发现，人们普遍认为学术界对获取影响力怀有敌意，但学术活动模式和态度并不支持这一观点。我们深入研究与外部组织、不同类型的受众互动（见表 6.2）后发现，STEMM 学科与外部组织合作的水平最高，其次是社会科学，而人文学科在推动联合工作和公众参与活动方面则远远落后。然而，2008 年对英国科学院人文和社会科学研究员进行的一项公开调查（即非抽样调查）显示，只有大约 1/6 的受访者对于寻求重大公共政策、商业或民间社团影响力的学科表示"纯粹的"反对。

在众多 STEMM 学科中，应用研究的趋势一直在上升。REF 分析（英国政府的大学审查研究，涵盖了高等教育部门的所有部分）强调了灰色文献在更多应用型工作中的重要性。表 6.3 展示了审计的主要研究部分（吸引 65% 的政府资助）和影响力案例研究（the impact case study，ICS）部分（吸引 20% 的政府资助）的引用来源占比。在 STEMM 学科中，研究文章几乎是实践研究部分的唯一来源，但在 STEMM 学科影响力部分，这种绝对优势下降到了 9/10。同样，在工程学中，期刊论文被引用的比例比影响力部分少了至少 17 个百分点，这一差异比社会科学（少 15 个百分点）更大。会议记录是工程研究中引用影响的主要替代来源，而在社会科学和人文学科中，与研究来源相比，主要的增长来自"其他来源"类别（也构成了灰色文献的一部分）。

表 6.3　研究员如何引用 REF 中对研究成果和
应用影响力案例研究评估中的不同类型出版物

主要REF研究评估： 引用率	STEM学科	工程学	社会科学	人文科学
期刊论文	99.1	90.9	81.5	40.2

续　表

主要REF研究评估： 引用率	STEM学科	工程学	社会科学	人文科学
著作和篇章	0.3	0.8	15.9	46.3
其他来源	0.4	0.4	2.1	12.5
会议记录	0.1	7.9	0.4	1.0
影响力案例：引用率				
期刊论文	91.7	73.4	65.9	38.1
著作和篇章	2.1	6.3	16.9	40.0
其他来源	4.9	4.8	15.3	17.9
会议记录	1.2	15.4	1.8	3.9

☐ 引用率最高　　■ 引用率第二　　☐ 引用率第三　　☐ 引用率最低

对 REF 的另一种见解则是将出版物类型来源与其他形式的影响力证据进行比较，并对案例研究进行计数（不是表 6.3 中使用的来源）。相应的，图 6.1 纵观 6600 多个公开的 REF 影响力案例研究，显示了提交的案例中既提到已公布的来源，又提到报告（通常可能是机密或至少是不公开的）或"推荐信"的比例。推荐信是大学开展的（应用）研究影响力的书面声明，来自企业高管、政府机构官员、慈善机构、NGO 高级职员，以及委托或接受具有外部影响力的研究的媒体或文化机构高级职员。图 6.1 显示，在物理 STEMM 学科和工程学、社会科学与人文科学三个学科群中，推荐信是 ICS 中最常见的支持性证据类型。在生物 STEMM 学科中推荐信也很常见，但不是最常见的证据类型，其引用的

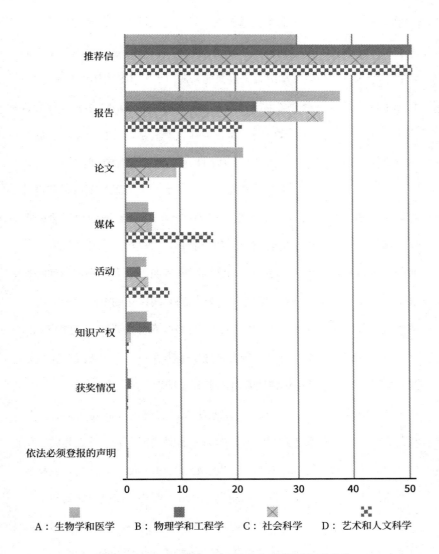

图 6.1　2014 年英国 REF 影响力案例研究百分比
（包括证据类型，按学科群分类）

主要来源是报告。报告通常也是私人（并且无须同行评议）文件，它们一直属于"灰色文献"类别。在其他三个学科群中，它们是第二重要的证据。学术论文是生物学中第三重要的来源，1/5 的 ICS 引用了学术论文，但即使在这里，学术论文也排名第三——在物理 STEMM 学科和社会科学中，这一比例仅为生物学的一半。媒体资源和活动（如音乐会、展览或比赛）在人文学科中发挥了重要作用，尤其是在文化领域。

在图 6.1 中，占主导地位的推荐信也显示了个人联系渠道在获得外部影响力方面的重要性。正如我们将要在第三部分更详细地讨论的那样，维持大学院系或学术研究团队和企业或政府机构之间的长期联系与合作并不容易。对英国社会科学的详细研究表明，个人联系在启动和发展学术与从业人员的联系，并维持足够长的时间以达到审查效果方面发挥了关键作用（参考 REF 案例研究）。我们有充分的理由认为 STEMM 学科也是如此，尽管一旦科学研究被证明能为客户公司带来商业化效果或收益，在私营企业中维持联系可能会更容易。

即使我们将关注点扩大到传统学术文献之外，并涵盖更多种类的灰色文献，个人联系在获得学术影响力方面仍然很重要，甚至超越了引用。个人关系网络仍然很重要，这也解释了学术巡回会议、初夏或秋季大学假期中的主要会议，以及小规模专家组内部会议或研讨会的持久的重要性。几乎每个国家所有专业协会每年都会召开一次会议，许多学科也都有全球性或国际性的大会。美国的会议以及许多跨欧洲的会议（连接欧盟和欧洲邻国）也把来自不同国家的人们聚集在一起，以亚洲为阵地的会议也在发展。因此，如果经费允许，大多数学者可以选择一年参加两到三个会议（这对各部门来说都很重要，见第八章）。

面对面接触有助于以多种方式传播学术影响力。首先，在专家参会的情况下发表会议论文，可以让同行直接了解作者的个性和动机，而不是从期刊和著作这些强烈的形式主义中去揣摩。对于说服他人相信研究渠道和发现的重要性，或者说服他们从事类似的或支持性的工作，直接接触通常是至关重要的。会议或研讨会上与身边的人对话是学术联系网络最初的形成方式，可以通过电子邮件、推特和博客等虚拟对话加以扩展（见第七章）。这也是首次寻找相距很远的合著者的重要途径。许多其他学术任务取决于研究员自身在人际网络方面的成功程度——从让外部人员在论文发表前阅读或评论论文草稿，让博士生接受检查（在英国、澳大利亚和一些欧洲国家，要求考官不来自你所在的大学），到让考官愿意为你的晋升或工作申请写推荐信。

其次，会议和研讨会可以使一个专业领域内的想法相互融合并加速流动。与其他大学或领域的研究员共同撰写论文尤其有助于更好地被引用。通常，在论文或著作出现前3～5年，会议和研讨会仍然是建立学术界"口碑"的关键时刻。尽管博客和数字通信在不断发展，但接触会议八卦的学者更能判断他们专业（和研究资助者）优先考虑的话题热度是在上升还是在下降。因此，他们将有可能在如何分配时间、精力和资金（见本章最后一节）方面做出更明智的决定。这些前瞻性特征也使会议论文成为快速变化的研究领域中最有用的灰色文献形式之一。

"灰色文献"等出版物

> 灰色文献是指各级政府、学术界、工商界产生的各种印刷文件或电子版文件，这些文件受知识产权保护，其质量达到了图书馆馆藏或机构存储库收集和保存的要求，但这些文件不受商业出版商控制，即出版不是生产机构的主要活动。
>
> ——D. J. 法拉切（D. J. Farace）和
>
> J. 舍普费尔（J. Schöpfel）（布拉格定义）

现在，期刊或图书出版社正式出版的作品与"灰色文献"之间曾有的明显差异已经大大缩小。通常，纯学术形式的灰色文献包括文章、工作文件、会议论文和政府或基金会拨款报告的预印本。资助者可能还需要"传播"成果，特别是高校之外具有潜在影响的应用（"现实世界"）主题报告；还可能要为应用研究客户提供成果报告，例如向企业或政府机构提交咨询工作成果报告（其中许多是保密的）。然而，大量应用研究也会进行公开报告，这些报告通常以专业格式设计，并面向媒体进行宣传。

随着"知识型员工"越来越多地为国家和企业雇主工作，职业也越来越以研究为导向，学者们也做了更多的应用研究和咨询。因此，自20世纪80年代以来，最好的灰色文献在质量（及数量）上都有了很大的提高。其中许多学术和外部著作以数字形式广泛传播。其中一些报告——如政府或企业发布的研究或咨询报告——在方法论上也是合理的，在论据和方法上也是创新的。

　　大学和研究所图书馆存档了更多具有持久价值或关联性的灰色文献。创作、检查、编辑、呈现和制作的标准很容易达到（甚至在许多情况下超过）商业出版商的标准。直接发布研究成果和数字传播成果也大大加快了想法和解决方案的传播，可能会节省出版成本，甚至不需要通过独立的同行评议来保证质量。灰色文献报告通常设计得很好、装帧精美、排版清晰，完全符合期刊或出版社对复杂性和可读性的要求。

　　学术界也越来越认识到多种类专业知识证据的价值，并习惯对需要引用或记录的不同来源进行分类和加权。在（大多数）社会科学、商业研究和众多人文学科中，引用的内容很可能包括政府、商业或民间社团在学术界之外的成果。来自大学外部的灰色研究文献也有显著增加。政府和企业研究机构，以及为慈善机构、NGO、智囊团等影响决策的人或商界组织所做的工作，现在已经成为许多学者阅读和参考的核心要素。与相关团体从业者联系紧密的社会科学、医学、工程或信息技术学科尤其如此。

　　在一些 STEMM 学科中，商业部门、政府机构或私人实验室的科学家或技术人员的工作（通常包含在报告中），以及大学为客户进行的研究也必须包括在内。在许多应用技术学科（如工程、航空航天、信息技术和农业）中，提供一次性或独特的知识应用的报告可能是关键文件。他们通常引用企业或政府的文件，而在其他情况下这些文件是保密或被限制传播的。

　　科学家和学者的工作与外部领域的联系越紧密，他们就越倾向于引用和生产灰色文献。通常，先进的研究、科学、学术辩论以及大学学者的参与都为应用领域本身做出了巨大贡献。有时，这些形式多样的学术影响力可以直接体现在同行评议的工作上或间接反映一个学者整体的出版记录（由他们所在大学排名和位置所表明）。然而，研究员更广泛的影响力（学术界之外）可能不太直接依赖于他们的同行评议工作。相反，它可能依赖于各种灰色文献成果，或者依赖于学术研究可获取的媒体版本，或者学者本人的精英资历、媒体声誉和个人素质（见第十章和第十一章）。

对于应用型学者和广泛的 STEMM 学科领域中需要不断申请研究资助的研究员来说，灰色文献出版物也提供了即时成果。无论是在连续进行还是同时进行的项目运作和拨款申请中，它们都是重要的组成部分。在这种无休止的循环中，很难找到时间将这些"阶段性"成果转化为期刊论文，这就促使人们在开始就将报告产出做到最好。

这也可能有助于解释为什么自 20 世纪 50 年代以来，学术界自身产生的灰色文献，如大学、院系、实验室和学术智囊团或专业的出版工作文件、会议记录和报告等大幅增加。在人文学科以外的所有学科领域，如果可以，学术作者通常喜欢引用同行评议的期刊论文，部分是因为同行评议的积极认证效果，部分则是因为这些也是"记录版本"。既然如此，为什么研究员生成的灰色文献增加得如此之快？

这些学术出版形式蓬勃发展，以多种多样的方式回应了同行评议和出版过程中存在的不足和问题，特别是许多科学和学术出版领域存在着的长时间滞后问题。包括期刊在内的出版物，尤其是学术著作和专著出版物仿佛"来自遥远星球的光芒"。文章是一种"墓碑式"出版物，经过几年精雕细琢后得以发表，它所呈现出的知识对大多数其他学者来说不再是全新的、创新的、有直接吸引力的，更不用说大学以外的读者了。

因此，多个阶段性或没那么正式的学术刊物在大学内部的重要性已经大大增加。它们在出版前通常要经过相当多的内部审查、评估和编辑，因为大学、院系和实验室希望保持高质量工作的声誉，但还不像同行评议那么严格。例如，作者名并不对评审员保密，而他们往往都在同一个机构里。更高层次的工作文件或会议文件也可能由多个评审员独立评审，但同样是以预先筛选的方式，而不是完全的同行评议。

在医学和物理科学中，阶段性成果密切地影响着学科辩论的发展。在快速发展的学科领域，人们会引用预印本，因为当前的工作如果依赖最终印制版本，可能需要两年或者更久。

此外，在物理学领域，非常活跃且备受关注的博客（和以前的新闻推送）有一项悠久的传统。他们监测最新发展，提供专业辩论和争议的详细报道。这些来源可以相互引用和链接。不过，苛刻的限制性惯例是，阶段性成果很少被期刊的正式文献引用。

著名的工作文件系列（如美国国家经济研究局的工作文件）以及主要的经济专业会议论文已经经过了同行评议，一经发表就广为传播。其他电子版本则完全未经编辑，但通过强大的中心地位和特定领域的大量用户而获得赞誉。他们可能会接纳许多大牌作者和不太知名的人——如同在2016年被爱思唯尔收购前的"社会科学研究网络"一样，过时且不方便索引。一个有趣的"同行评议"发展成了这样的网站：只有在一个或多个现有作者"推荐"的情况下，研究论文才能被发布，这样，网站的选择从一开始就包含了筛选的元素。

会议论文（以及海报或电子海报等其他成果）在被接受之前，主要由组织委员会或遴选委员会（快速）筛选。然而，这方面的附加值很难评估，因为只有会议本身的内部人士才知道所涉及审议的确切程度。一些会议组织者提前筛选，只看标题和摘要；而另一些则会稍后再看提交的完整论文。所采用的标准也往往模糊不清，各子领域之间差异很大。也许，国家级的专业会议往往特别急于填补他们的名额空缺。因此，在实践中，为会议论文潜在读者提供额外的质量保证是非常有限的。

最近，追踪灰色文献在学术影响力圈中的重要性变得很困难，尽管"替代计量学"现在在某种程度上改变了这一状况（见第二章）。20 世纪 90 年代早期，灰色文献的引用率——借鉴"传统"文献计量数据库中的工作——在工程期刊中相对较高，在教育、土壤科学和经济学中也有大量引用，而在其他一些学科中的作用较小。最近，灰色文献在医学和健康研究中变得突出，部分原因是系统综述的增加。最近的一项综述认为，"研究报告——或者说灰色文献——现在是许多学科的重要组成部分，包括科学技术、健康、环境科学和许多公共政策领域"。这一说法也与上文表 6.3 和图 6.1 所包含的数据吻合。

我们注意到，当学者提交出版物进行审查或评估时，期刊和著作成果在所有学术学科中占据了主导地位。但在期刊论文中（尤其是在更注重应用的 STEMM 学科和一些社会科学中），现在完全可以引用工作文件、会议论文、学术报告等阶段性或非完全经过同行评议的成果。事实上，这种引用是不可避免的，因为能及时发表在期刊上的文章都有其局限性。

最后，网络搜索引擎和出版物数据库的发展意味着，21世纪初以来灰色文献变得更容易获取，同样，更多期刊也变得更容易获取和被引用（见第三章）。寻找灰色文献所需的努力也已经大大减少。此外，许多数字出版的灰色文献是开放获取的，对于学术界以外的知识工作者和专业人士来说，这些比付费期刊论文更容易获取。在日益占主导地位的GS和替代计量学中，灰色文献被完全纳入了引用统计，因此它提高了研究员的h分值，使这些成果比以前更"值得称赞"。

对灰色文献成果人们还存在一些疑虑，这源于一种担忧，即如果来源变得不可获取，引用灰色文献可能会导致以后的引用问题。过去，灰色文献的出版细节往往存在缺陷，缺少出版日期或出版单位名称。当然，最初在网上发布的信息源可能会在之后无故消失，从而造成该信息源是否存在的不确定性，并导致"链接无效"（即引用中只包含一个临时的URL）。为了解决这些问题，表6.4概述了确保灰色文献完全可参考和最大限度可重新查找所需的基本步骤。如果灰色文献有一个永久的URL（由大学数据库或政府档案库提供支持，也可能由组织的档案库提供支持），其他作者则最有可能引用它。理想情况下，任何具有持久意义的灰色文献成果都应该被分配一个DOI编号，该编号在将来的可获取性需要得到保证，就像永久URL一样。

表6.4　灰色文献成果所需的出版物细节核对表

始终需要的基本细节	·作者名、中间名、姓。 ·主标题：副标题。 ·出版地：纸质版或电子版文本出版机构名称。 ·出版年份。 ·（如果是系列）系列名称以及识别号（如政府官方出版编号或工作文件系列编号）。 ·（如果由/代表下级单位出版）下级单位名称（如院系或部门）。
数字时代的最佳附加细节	·永久URL——确保在未来不会变更。 ·DOI编号。 ·大学馆藏或政府档案馆目录号和URL链接。 ·出版月、出版日。
"总比没有好"的细节，但可能没有持久的用处	·文档云资源的URL链接（如在ResearchGate、Academia.edu、Mendeley、Medium或相似网站上的作者或组织页面）。 ·所发起组织的临时URL——未来可能会变更（通常最好给出URL的简短形式）。

选择研究和出版的模式

> 我认为学生不会理解做研究有多么困难，尤其是做重大研究……让研究变得困难的是有太多的未知。我们只是不知道自己在做什么。
>
> ——马丁·施瓦茨（Martin Schwartz）

不同创作形式的扩展，以及灰色文献、期刊论文和著作项目相关应用研究的不同研究动态和时间安排，也扩大了研究员的选择范围。当 h 分值和引用分析越来越多地主宰着学术评估和晋升时，一篇接一篇地在期刊上发表文章（即使没有人读）的建议就太过陈旧简单，已经过时了。REF 评估以及澳大利亚影响力和参与度审计，均对学术资助影响力研究进行了重新排序，这意味着选择更加多元化。

在团队、多作者或单一作者研究和出版之间进行选择的复杂性同样很突出（见第三章）。从博士学位期间的"初创公司"发展到与志同道合的同事"合作创作"，或在中等规模的研究团队中正式工作，或加入真正的大型项目和工作计划，这都需要仔细的考虑。选择不同路线的研究员需要确保他们能发展和保持独特的研究影响力和出版形象。

基于所有这些原因，对于任何学者或科学家来说，为初创企业开发被称为"商业调查模式"的分析框架或许是有用的。无论处于职业生涯的什么阶段，这个框架都可以帮助研究员更系统地思考如何将精力投入其他可能的新项目中，并建立出版物组合。在商业中，"附加值"是指产品或服务如何对消费者的福利或幸福产生积极影响（收益），或者如何消除/减少消费者所经历的问题（痛苦）。

表 6.5 将这种方法用于审查和评估投资特定研究项目对学术生涯的利弊——可能是智识回报。当然，我们在这里关注的是学术和研究价值，这些价值将由既定学科或子领域的同行评议、受众接受程度、受众引用程度共同决定。因此，我们希望读者能容忍我们暂且使用"商业"术语，如附加值，这是严格意义上的中立（请不要简单地把这种做法定性为"新自由主义"，事实并非如此，见后记）。

表 6.5　学者和研究员评估出版组合的"商业模式"模型

8.主要伙伴	6.主要活动	1.附加值	3.用户关系	2.细分用户
谁是你的合作研究员或共同作者？你能从资助机构获得这项研究的资助或财政支持吗？你能获得其他专业知识吗，如从部门/实验室同事、研究助理，或技术支持单位那里？出版商会提供有用的额外支持吗？	什么样的工作？用于开发这项研究的费用是多少？多久能够获得可供出版的成果？	这个项目或研究最有特色的方面是什么？你的方法如何给其他学者和研究员带来"收益"？或者，你的工作如何消除"痛苦"或为他们解决问题？	用户或更广泛的群体如何看待这个子领域中的你？ · 你是权威？先驱？批判者？落伍者？是否处于主流？	使用和引用你的研究成果最主要的研究员是谁？ · 第二主要的群体是哪个？ · 是否有其他群体使用了你的研究成果？ · 是否有群体应该使用或可能在将来会使用你的研究？
	7.主要资源		4.渠道	
	你在这项研究中有什么优势？ · 是否拥有积累的资产（数据库、档案、子领域的专业知识或经验）？		（潜在）用户如何了解和获得这项研究？ · 通过会议 · 通过期刊论文 · 通过著作/评论 · 通过博客/推特/研究推送	

9.成本结构	5.引用和学术认同指标
你在这项研究中投入了多少时间、精力和资金？ · 就引用的流量而言，这项研究的时间效益或成本效益如何？ · 在促进更广泛的专业认同方面，它的成本效益如何？ · 不进行这项研究而采取替代研究路径的"机会成本"是什么？	这类研究是如何产生学术"回报"的，比如： · WoK和GS/谷歌图书等数据库中的引用？ · 下载或使用的度量？ · 专业批准或认可？

表 6.5 的中间，是商学院分析师所称的这类研究的"价值主张"（因素 1），即它对知识进步的独特贡献。有时，这一贡献可能会被学术界同僚忽视或拒绝。但是，只要研究员自己能够洞察一项研究的附加值，就有充分的理由继续进行这项研究（我们在此强调的，不是只有最可能产生影响或被广泛接受的项目才值得做——这主要是因为预测非常困难）。相反，表 6.5 仅列出了框架，我们可用它来评估创作期间坚持投资特定类型研究所带来的利弊（可能的智识回报）。

许多学科的工作都存在"认可延迟"的问题，这是众所周知的，批评家可能会认为无法在这样的情况下进行超前思考。学术机构可能会忽略并"忘记"许多有价值的东西，在多年甚至几十年后才重新发现其价值。然而请记住，我们每个人都会过度乐观甚至自我陶醉。因此，如果专业的同行能够接受（表 6.5 中的因素 2），那么早期研究员确定潜在用户就是很重要的。因素 3 建议你考虑并尝试预测这些群体将如何定义你的研究。想要打破或改变什么是重要的这种既定专业判断很难，将注意力转移到不同的方法、主题或研究链上也很难。

用户或潜在用户能够了解研究的具体沟通渠道也值得详细列出（因素 4）。以前那种古老的三位一体渠道（会议/研讨会、期刊和著作）最近发生了很大的变化，特别是有了多种数字化选择（见第七章）之后。因素 5 是模型右侧的最后一个因素，它考虑的是研究项目可能产生的学术回报（科学或智识"收入"）。例如，该项研究实际能产生多少引用？是否有其他指标表明该研究受到了好评（如有利的替代计量学），从而提高你的专业地位？

　　模型左边重点聚焦在特定项目或工作流程中的消耗或损失。在实验、实地调查、档案研究、图书馆工作或理论化时间分析方面，开发这一流程（因素6）涉及哪些具体活动和时间成本？抵消这些成本的可能是研究员已经拥有的重要资源（因素7）——如方法上的优势，掌握的独特理论、主题、宝贵的经验或在该个人领域的工作经验，合著者、研究团队其他成员、研究助理或研究生的贡献（以及所需的资金支持）——都会产生影响（因素8），所在院系或实验室的支持、同事的主要投入或贡献的专业知识也会产生影响。将这些考虑因素在评估项目或工作流程的净成本（因素9）时加起来，以抵消其收益。出版流程所需的工作量需耗费多少时间或精力？放弃其他对你开放的课题选择和途径，选择这一研究路线的"机会成本"是什么？

　　有效评估出版组合中的要素意味着你要牢记：预测哪篇文章或著作会成功很难；在吸引引用方面存在障碍和普遍的延迟；需要（如果可能的话）避免添加不太成功或未被引用的出版物。STEMM学科中，关键决策主要围绕的是与其他研究员或团队的合作，参与不同的研究项目。在这里，研究的成功前景可能相应更难评估，很多时候都取决于同事及是否有拨款或资金。应用和咨询工作通常会产生即时的灰色文献成果，但考虑到时间上的竞争，从中产出期刊论文或其他正式学术成果的机会有多大？STEMM学科的资深学者不太可能会考虑在其领域内撰写教科书、科研著作，甚至是"科普"书籍，而更多的是考虑写期刊论文。

　　在许多社会科学和所有人文学科中，学者需要思考如何将其精力最好地分配到期刊论文、著作章节、研究著作、灰色文献和教科书等几种不同类型的出版物上。平衡期刊和著作成果与外部活动和灰色文献成果之间的关系，这对于应用型社会科学家或那些从事咨询的人来说很重要。一些资深或公开参与的作者还需要考虑是否写"畅销"书——其中一些可能会销量大增，并有助于加深公众对学科的理解。

选择基础研究、应用研究和出版物的正确组合取决于不同出版物在科学或学术上的价值有多大，但这也可能会因你所处的职业生涯阶段——你在学术上是否已经有高价值的文章、终身教职、新想法——而有很大不同。很晚进入社会科学和人文学科领域的学者可能会想避开期刊投稿的坎坷，因为有可能遭到拒绝和批评，很丢人，因此有可能过分看重有较大把握的出版成果，如著作章节或灰色出版物中的应用研究。

相反，早期就进入该领域的职业学者往往错误地认为，职业发展完全取决于能否发表大量有声望的期刊成果（或人文学科著作）。这些成果难以实现且耗时甚巨，却一直都是晋升终身职位的先决条件。但这并不意味着只应追求这种形式的出版，而将其他形式排除在外。仅仅拥有几篇不太鼓舞人心的、没有公开发表的、很少有人阅读或访问的期刊论文（而且太新或太深奥，没有被引用过），可能对获得终身职位没有什么帮助。同样不可避免的是，你会和其他拥有类似或更好论文的人竞争，而他们的论文已经被引用了（也许是因为他们在博客上发布过）。鉴于目前几乎所有领域都存在着对理想学术职位的激烈竞争，我们最好假设就业市场上的竞争对手既拥有核心研究成果又拥有完善的在线论文集，而这些正显示着他们专业活动和知识交流的广度和技能。花一点儿时间达到同样的广度可能会是有用的投资。

小　结

在许多不同的科学和学科中，我们有充分理由认为，"纯"研究（发展抽象和概括的知识）和应用研究（探索多个因果过程的复杂情况，或产生例外的和有变化的结果）之间存在某种辩证关系。从应用研究和咨询中产生的灰色文献成果，其构想和加工所涉及的写作形式本身也是有价值的。摒弃或贬低这种形式的学术工作，或视其（有很多人这样认为）为偏离"纯粹"研究或"真实"写作的无聊或"官僚主义"工作，这是一个错误。相反，学术工作和创造性生产的多样性需要得到承认，并被纳入我们学术研究和评估选择中——尤其是在数字化时代。

第七章　▽

数字时代的学术

变化一旦发生，就会发生得很快。

——马丁·韦勒（Martin Weller）

事情发生的时间往往比你预想的要长，发生的速度则比你预想的要快。

——拉里·萨默斯（Larry Summers）

正如萨默斯在上面指出的，从处理模拟性物体到处理数字化物体的转变让现代社会生活的许多领域产生了变化，这些变化影响深远，有时滞后，往往难以预测。去中介化（"裁掉中间人"）改变了整个工业部门，并以颠覆性的方式重塑了许多行业和市场。随着明显的"免费"服务和商品的出现，经济学家一直在努力重新定义价格和成本。"数字时代治理"的两波浪潮对政府和公共官僚机构的既定概念提出了根本性的挑战。在文化领域，数字变革已经改变了博物馆、画廊、展览会、档案馆、音乐会和各种演出。因此，看到学术科学和学术研究也面临着快速累积的转变，不再是沟通和存储信息、接触受众以及与外部力量和机构互动的"传统"模式，就不足为奇了。正如韦勒评论的那样，数字学术最近也在迅速发展。

目前有六种变化影响着学术研究和实现外部影响的方式。第一，"大数据"信息量已经上升并趋于汇集大多数学科的有效研究标准。第二个"更大的"方面是搜索能力改变了找到相关文献和资源的能力。第三，数字化交流加强了更优学术写作这一现代趋势。第四，简短的出版物（如博客文章和推特文章）既能减少学术界的学科孤立，又能吸引大学以外的读者。第五，许多研究和出版过程已经加快，减少了时间上的滞后，特别是在社会科学以及其与STEMM学科的重叠领域，以及人文学科的某些部分。第六，学术知识开始向世界上任何感兴趣或有资格的读者免费开放，这是知识方面一次强有力的再民主化。

丰富的数据

> 我们可以对数据进行分析，而不需要对可能显示的内容进行假设。我们可以将这些数字计入世界上有史以来最大的计算集群中，让统计算法找到科学无法找到的模式……相互关系取代了因果关系，即使没有连贯的模型、统一的理论，或者根本没有任何机械解释，科学也能向前发展。
>
> ——克里斯·安德森（Chris Anderson）

"大数据"的出现对很多学科产生了巨大的影响。一些评论者相当尖锐地评论道：这意味着归纳推理的胜利和学术界所有理论的死亡（如上文安德森所说）。然而，尽管变化的速度比不上现在，但许多 STEMM 学科（如天文学、天气预报、高能物理学、电子学和基因分析）几十年来一直在处理大量不断变化的数据。社会科学的少数领域（如金融市场的数据建模）也是如此。对于这些领域的研究员来说，数字技术的变化只是扩大了现有的分析能力。存储容量增加了，内存几乎不受限，而且计算的速度也迅速提高了。设备和分析成本的下降符合"摩尔定律"——一个预测芯片的处理能力将每两年翻一番的经验法则。尽管这种转变的覆盖范围广泛，但它们并没有从根本上改革这些学科的信息基础或它们进行研究的方式。

但在社会科学以及人文学科的某些部分，以及比过去应用数字技术更为广泛的 STEMM 学科中，更多的变化已经发生。数字技术的变化意味着：

● "行政数据"已可用于大规模分析。这些数据是客户或公民在商业或公共机构中，通过数字的方式进行购物或交易、询问或填写表单时产生的信息，尤其通过"实时"方式产生的。这些数据大多被固定的数据字段高度结构化。但是，如果它可以链接到客户或公民 ID（就像超市客户 ID 将编码产品的每一个购物篮链接到特定的客户会员卡），那么其他数据也可以索引到它。在线商务和交易系统特别适合于以前只有在复杂的科学协议中才可行的那种探索和实验。商店的数据库实时显示顾客正在购买什么，需求预测改进了，灵活的采购便可以避免仓储短缺或过剩。这类数据库也是研究许多其他现象的潜在财富，例如与吸烟、饮酒或食用不健康食物有关的健康行为。聚合大数据可以不为人知地对最初看似五花八门或难以分析的行为进行编码和建构。

● 大量数字化文本（以及日益数字化的图像、语音或音频和视频）由各种形式的人类活动产生并被大量存储，留下"数字足迹"。这些痕迹现在是有关社会行为的主要信息来源，并且是非结构化的或自由文本。在自由文本分析中，基于计算机的搜索引擎可以很容易地搜索和统计使用特定词汇或短语的每一个实例，并且可以穷尽地查找组合。多个模式可以以一种清晰和量化的方式浮现出来，而以前只能凭借直觉注意到这些模式，并以定性的方式进行评估。文本数据库也会做出递归响应。因此，从 STEMM 学科中的医学或软件工程，到所有社会科学和"数字人文"领域里研究人类行为的学科，寻求新的模式并得到不同的答案往往是可行的。

● 通过应用程序编程接口（application programming interface，API）下载大量信息的新技术可以自动获取数据。"机器学习"和人工智能方法如今已经发展到可以处理复杂数据和缺失数据的问题。通过对算法的不断重复和试验，"机器学习"和人工智能可以自主学习并快速地分析改进。

在研究人类行为的每一个学术领域和许多 STEMM 学科的应用领域，"大数据"已经以一种全新的规模和普遍性出现了。为了充分发挥作用，"大数据"需要一个严格而具体的概念。下面的表 7.1 显示了基钦（Bob Kitchin）认为"大数据"应该同时具备的九个特征。除了拥有大量的数据之外，尤其要拥有完整的数据集或人口（而不仅仅是样本）的记录，以及高频率的更新。许多以前存在的非常大的数据集并不符合"大数据"的条件。例如，传统的全国人口普查数据力求具有包容性（因此数据量 N= 全部人口），它通常体量很大，可以链接到其他数据，并且在空间上有非常详细的参考，但它不能算作"大数据"，因为它的更新速度非常慢（通常每十年才收集一次），而且它是高度定义的，几乎不能回答变量原始规范中没有涉及的问题。许多其他社会科学或商业数据集都是海量的，并且经常更新，但它们仍然是以抽样调查为基础，因此即使它们的数据量 N 很大，它们的覆盖面也从来不是包罗万象的，缺少了一个关键的"大数据"特征。

表 7.1 "大数据"的九个主要特征

范围详尽，所以N=所有情况。	大量的数据，有兆字节或千万亿字节。	高速、非常频繁地变化，实时或接近实时地被创建。
数据变数很大、非结构化、有时间和空间作为参照。	非常高的分辨率、细节多，并会对质疑做出反应。	在多个方面具有唯一的索引。
具有关联性，与其他数据集共享字段。	灵活，从而可以很容易地定义新的字段。	可扩展性，从而使规模得以迅速扩大。

在很多情况下，企业或政府机构都急于利用"大数据"来优化他们与顾客或客户的沟通方式。这些组织可能会通过对不同的互动子集使用

不同的网页或表格格式或措辞来进行试验，这实际上是创造了一个类似于在线随机对照试验（randomized control trial，RCT）的东西。在巨大的规模上，通过良好的分析引擎，可以通过调整 RCT 来探索一个群体行为的多个不同方面。一系列新的回归技术意味着，以控制为导向的方法或许可以从单纯的"工程"或"营销"用途（提高系统的可预测性，或使销售最大化）跨越到揭示更精细的潜在因果关系网络。

然而，同时满足表 7.1 中的所有标准实际上是非常困难的。因此，本节的标题故意只提到"丰富的数据"——我们指的是处理大量（但仍然是有限的）信息量的运动。在社会科学、人文科学和 STEMM 学科的重叠领域，关于人类主导的系统的大部分信息不符合上述要求苛刻的"大数据"标准，有时是由于固有原因，有时是由于后来的限制。然而，与这些学科以前的方法（基于收集反应性或报告式的小样本调查）相比，更大的数据研究仍然在三个方面存在差异：

- 它们使用的信息量比过去大得多。
- 它们力求全面（或类似普查），包括所有可能的数据点，而不是依赖样本。
- 它们大多基于更为客观的数据或行为数据，由远程或隐蔽的方法收集而来。作为研究对象的人不能（轻易地）对研究员收集到的信息进行调节或重塑，这与反应性方法的情况截然不同。

表 7.2 总结了"更大数据"研究中要求较低的属性，与前面的表 7.1

最明显的区别在最下面一行。例如，"更大"规模的数据量这一项就不是兆字节或千万亿字节——相反，它们可能会被容纳在一个 Excel 电子表格（当前最大为 1048576 行乘以 16384 列）上。此外，数据更新的频率可能低于大数据的"实时"变化。表 7.2 的中间一行显示了"更大数据"中更接近于真正"大数据"的三个特征，即关联性、索引性和灵活性。最上面一行则是与"大数据"完全相同的特性。

表 7.2 "更大"的行为 / 客观 / 非反应性数据的主要特征

范围详尽，所以N＝所有情况。	数据变数很大、非结构化、有时间和空间作为参照。	可扩展性，从而使规模得以迅速扩大。
具有关联性，与其他数据集共享字段。	灵活，从而可以很容易地定义新的字段。	在多个方面具有唯一的索引。
追求完整，有一些细节，对质疑有一定的反应。	周期性速度，频繁的变化。	大量的数据，但可能不是兆字节或千万亿字节。

□ 与"大数据"的共同特征　　■ 中间类别　　■ 与真实"大数据"不同的特征

这种"更大"的数据与纯粹的"大"数据的区别对于准确评估学术工作如何产生广泛影响方面同样重要。技术爱好者声称，大量的归纳数据分析，特别是在机器学习的驱动下，可以寻找关联、异常、小问题和相关现象的子类别，而不需要任何先验理论。算法可以提供更强的"控制"能力，取代早期数学和 STEM 学科领域对演绎理论的构建和因果过程的重视，即使是在制订初始假设时也是如此。做了 X 却得到最终结果变量 Y，所以可以再做一次，这样的立场被广泛批评为是天真的。批评者认为，数据挖掘只能产生并证实琐碎、平庸或显而易见的"假设"。在许多"大数据"方法共同收集大量潜在影响时，控制方法可能无法分解同时运作的有效因果过程。

大多数批评家提供了大致相同的论点：即使有大量数据可用，现代研究所做的也不是简单的归纳，即仅仅从观察到的模式或统计关联到一个假设或解释。相反，它是"归纳推理"或"推论"到最佳解释。这里提出的假设包括对解释性因素的需求，通常在学术工作中是明确的（但在日常推理中往往是隐含的）。例如，基钦认为：

> 数据驱动的科学有指导方法来挖掘数据，利用已有的知识和归纳法来指导所采用的探索性分析。所得数据被用来形成假设，然后用传统的演绎方法进行检验。在这里，科学方法被做了修改，在开始和检验之间插入了一个新的阶段。通过使用指导方法，采用一种受控制的、有语境的方法评估数据中的模式是有意义的、随机的或微不足道的，并且可以对照现有的知识或理论来评估新出现的假说。

强大的搜索

> 当今科技行业最有价值的资产是什么？大概是……谷歌的搜索索引？
>
> ——马特·米斯尼克斯（Matt Miesnieks）

数字化变革也改变了我们对"再搜索"的理解。搜索引擎使更多的知识比前数字时代更容易获得，为它们的创建者创造了巨大的价值（正如米斯尼克斯在上面指出的）。在学术界，这种影响在人文和社会科学领域特别明显，这些领域的知识数据库以前不如 STEMM 学科发达。数字化变革和在线资源在医学等领域的作用可能较小，这些领域的专有数据库（如 PubMed）已经发展得很好，并以全面覆盖为目标。然而，我们从前文可以看到，在所有学科中，更好的搜索方式极大地增加了前十名期刊以外的文章的引用。

浏览现有的文献，彻底熟悉已经写过的东西，对所有学术研究都是至关重要的，这有助于避免重复已经被完成的工作。结合理论分析，一次彻底的综述还可以发现一个领域中的空白或未解决的问题，从而产生新的想法、问题或研究计划。在解释研究结果时，对文献的了解也是必不可少的。任何一个实验或档案的研究结果都可能有缺陷或反常，或在某些方面被曲解。个人的研究结果总是需要得到现有证据和该领域其他研究员所持"最佳实践"意见的支持。

当然，较早的工作或其他地方的研究并不一定正确。有时，对一个问题的独特或明显反常的看法却被证明是正确的——这是一个特别尖锐的"延迟识别"问题。然而，更常见的情况是，那些非常不一致的研究结果无法被其他研究团队复制。表面上不正常的结果通常是真正不正常的。因此，对科学或学术文献以及相关的"普通知识"有一个完整而准确的看法，对于确定可靠的研究出处总是至关重要的。

然而，对于什么是有效的文献调查，不同学科之间的标准仍有很大差异。STEMM 学科的引文数量远超社会科学，二者的引文数量又都远超人文学科，原因之一可能反映在文献综述的实践差异上。非正式的和结构松散的"常规"方法在非 STEMM 学科中普遍存在（见表 7.3 右侧栏）。在一些分支学科（如大多数的理论经济学和公共选择理论，或文学研究等以美学为导向的人文科学）中，研究员在参考文献时有意保持参考"权威"文献的主观偏好，这依然十分普遍。作者在引用时还总是死守特定的学科、分支领域或"观点"的界限，即便相关学科已经发表过许多分析实证或相关现象的文章。例如，经济学中的经验前提可能是"风格化的事实"，重点可能只是建立"玩具模型"，而且只涉及或主要涉及有利于作者自己观点的文献。

　　然而，在人文社会科学的某些领域，尤其是在历史学和政治学领域，文献搜索和呈现的某种综合性受到更多的重视。即便如此，搜索的界限也常常是模糊的，纳入或排除研究的标准可能只是主观上得到了证明或隐晦的解释。最后，在许多社会科学和人文学科中，进行系统综述的文章十分罕见，并且可能没有多少推动力来界定共同点或综合研究成果。使用旧式定性方法的学科尤其如此，它们要么在讨论何为有趣的研究问题上受到基本理论或"意识形态"争议的困扰，要么争论着什么是解决这些问题的根本方法。

表 7.3　系统综述与常规文献综述的区别

系统综述	常规文献综述
1."一套明确的目标和预先确定研究的标准"	综述的范围及目标通常界定得相当模糊,在某些方向上有"开放的边界",而在另一些方向上有限制性的规定。
2."一个明确的、可复制的方法论"	没有明确的方法论——综述通常是通过对一小部分可用资源的局部或浅层搜索"拼凑"而成。
3."系统搜索,试图确定所有符合标准的研究"	非系统性搜索,搜寻或实现全面性的程度各不相同。
4."对研究结果的有效性进行评估,例如偏倚风险的评估"	有时没有评估,有时只进行隐性评估。综述者经常强调支持自己观点的研究,同时排斥或批评其他研究。综述者可能通过明确过滤和解释他们自己的强烈偏见而使所涉及的研究(和选择标准)中可能存在的偏见更加复杂化。
5."对纳入研究的特征和结果进行系统介绍和综合分析"	许多被认为是缺乏说服力的研究的特点和结果只被非常简要地介绍。通常没有人尝试调和有分歧的研究结果,不同研究结果也往往因为争论而无法融合。

　　与之形成鲜明对比的是 STEMM 学科关于系统综述的观念,尤其是在医学领域。表 7.3 的左栏显示了由领先的 Cochrane Review 确定的"系统综述的关键特征"。分析人员需要明确综述的目的,在某种程度上包含所有相关文献(没有遗漏或空白),之后对所涉研究进行完全透明的质量评估。研究根据其方法的可靠性进行分级,使用预先定义好的、标准的(即不是临时设定的或可变的)实施准则。用倒金字塔形的程序,首先筛选出大量最经不住检验的研究,然后筛选出缺漏较少的研究。在

金字塔底部，集中关注在方法上最复杂也最可靠的研究。即便到这里，综述者也会努力发现并考虑到任何存在的遗留问题或研究结果的人为风险。最后，医学系统综述会查找所有最权威的研究，在研究数据允许的情况下，用精确的统计方式汇聚所有的定量研究结果（如效果估计）。

最近，随着数字方法的出现，不同学科间长期形成的差异已被削弱。传统的文献综述十年前可能需要六个月完成，现在却可以在六周内完成，而且能以更好的水平完成，尤其在使用 GS 和大学研究电子文献库等开放式访问资源时。数字变革往往使新的可能性成为通用标准，进而成为强制性标准。因此，博士生导师和评审，以及期刊和图书的审稿人，都提高了该领域能够算作综述的标准。系统综述的实践也从医学扩展到了健康研究领域和同源的 STEMM 学科，现在又越来越多地扩展到社会科学。更广泛的综述方法和途径使用已经适应于尝试、模拟或匹配这些领域中可获取的不同材料和证据水平。

在数字人文学科中，被认为可接受的、系统的历史（数字）档案搜索或文学研究中的文本档案搜索的标准有了很大提高。研究员现在规定了一致的数字搜索公式，在许多文件和资源中使用，以便计算结果。这种比较分析的发展催生了新的调查课题。哲学或文学研究中的传统实践，过去主要集中在对一个文本或作者的深入分析上，而且往往针对的是"伟大的思想家"。他们被认为脱离了同时代更广泛的、可能会对其做出反应，并受到其影响的"不太伟大的"作品。在文学研究或哲学等领域，转向多文本分析可以解决这些过去的问题，也可以更好地从时间上追踪模因和思想。

更强的搜索依赖更大的存储空间，以及更好的创建、访问和分配数据集的过程。基于全文搜索的数字记录存储原则上也可以更全面、更详细。数字数据集可以被无限期地存储、共享、重复使用或重新解释。研究员进行分析时的决策过程和方法操作也是如此。这里的部分推动力来自对 STEMM 学科、定量社会科学和数字人文学科对复制的重视程度大大提高。现在，其他研究员应该能够以可比较的方式重新做分析，检查在收集和分析（大的和小的）数据集时所做的方法决策。

流畅的沟通

> 与音频的亲密体验，以及更加非正式的、以问题为导向的内容……出现在学术博客圈中，这开启了新的可能性。
>
> ——艾米·莫莱特（Amy Mollett）等人

糟糕的学术交流的典型刻板印象是，在一个挤满了人、声音杂乱的大房间里，一个研究员正试图解释一张幻灯片，其上有大约 100 个数据点（显示到小数点后 7 位），字体的大小连前排的观众都看不见，更不用说后面的观众了。"我知道你们不太看得清这些，"他结结巴巴地说，"但数据显示的是……"学术界的大多数人在某个时候都有过类似的交流实践经历。但是，这种陈词滥调无论多么令人沮丧，在那些严肃或专业的论坛上却越来越少见。仅举一个有关这一变化的例子：如莫莱特等人在上面指出的，播客实现了个性化。

特别是 STEMM 学科的科学家，他们已经开发出越来越复杂的"科学交流"实践。他们的目的是向不同类型的受众解释研究方法和研究结果。在学术界，他们向其他分支领域或邻近学科的专业同行进行解释；向外则延伸到资助者、政府机构、企业主管或民间社团成员；当然，他们还会通过（"大众"或传统）媒体和大型互联网站和网络向大众传播。许多技术都可以在这里提供帮助。如今，有效的数据和过程的可视化在报告和外部演示中比在出版商控制的教科书和专业期刊中更加常见。专业的可视化有助于对复杂现象进行非常有用的直观展示，特别是使用在线方式演示时间或行动上的演变。另外，它们也是在更多受众中获得"影响力"的必要条件——尤其是使用视频、播客、博客文章、网页、电视节目或访谈。

因此，科技传播和科学新闻学在美国、英国和欧洲的 STEMM 学科中都各自成为一个重要的分支领域。大多数资助程序，以及许多专业和行业咨询机构，现在都要求研究团队制订完善的"传播计划"，以便将关键的研究结果传播给尽可能多的相关受众。过去，这只是一项由主要研究人员以业余方式承担的义务，但现在，它由专业的大学资源和人员来推动。推广的成功和科技传播上的努力，可以为学术部门或实验室带来更多的声誉和资金支持。

在 STEMM 学科之外，专业交流的标准也得到了提高，尽管专用资源少得多。一些在关键学科（如文学、历史和一些哲学领域）从事有趣课题的有成就的作者，总是从学术市场"跨越"到更大的商业非虚构市场。正如雷吉斯·德布雷（Regis Debray）所说，大学知识分子的"黄金时代"可能是 19 世纪晚期。在他的"教师、作家、名人"序列中，他指出了随后的两次浪潮，首先是 20 世纪中期作家作为公共知识分子的霸权，接着是从 20 世纪 60 年代开始的精通媒体的"名人"占据主导地位。尽管发生了这些转变，学者一直是重要的作者群体。可以说，他们在数字时代变得更加突出，因为在 20 世纪 60 年代和 21 世纪前十年，他们又重新回到了文本。

最近，早期"学术"和媒体角色的僵化分离开始以多种方式被打破——通过更专业的在线新闻、资源的数字化访问、"大众科学"书籍的兴起、TED 讲座和视频或播客的增加、新的信息图表和动态可视化、视频和音频在实地工作中的普遍使用，以及博客等简短形式的公共宣传的兴起（见下文）。衡量（大多是次要的）"名人"的标准已经扩展到了一些直观可及或极具话题性领域的学者，其中既有 STEMM 科学家，也有人文社会科学学者。

我们在上文讲到，对写作拙劣和令人厌烦的学术成果（学术腔）的批评大大增加。然而，进入 21 世纪以前，研究型大学的学术和科学工作的基本模式在超专业化的轨道上几乎没有变化，他们广泛使用过于复杂的文本，并坚持对其辩护。网络上有普遍可用的知识，通过博客之类的数字媒体可以呈现和发布知识（参见下一节），而随着这些转变和新机会的出现，传统的做法才开始真正瓦解。大多数（如果不是全部的话）研究员已经开始把更多的精力放在更好的写作、从根本上改善科学和学术的交流上。开发新的简短出版物，使用不同于文本的媒体，也是使博客变得可行的重大变革。

便捷的出版

让人厌烦的秘诀就是什么都说。

——伏尔泰（Voltaire）

推动学术交流的关键是简短、快速、即时发表和广泛阅读的学术交流形式的增长，尤其重要的是个人和多作者博客，以及推特、脸书和Instagram等社交媒体。通过日志、照片存档包、YouTube视频和视频广播、播客等方式，研究的"展示"（而不仅仅是"撰写"）得到发展，并且可以通过博客、期刊档案和大学资料库获得，极大地提高了不同背景下研究报告的丰富性。总的来说，这些发展如此之大、如此之快、如此之富有"变革性"，甚至连最正统的学者现在在出版过程中都额外增加了一个步骤。这些还引发了关于调整甚至取代长格式出版过程的基础性问题。

到目前为止，最关键的元素（其他社交媒体变革的核心）都涉及博客，维基百科对此有很好的定义：

博客（blog，是weblog的简称）是在万维网上发布的讨论或信息网站，由不连续的、通常是非正式的日记式文本条目（帖子）组成。帖子通常以时间由近及远的方式显示，因此最新的帖子首先出现在网页顶部。在2009年之前，博客通常是一个人的作品……偶尔是一个小团体的作品，而且通常涉及一个单一的主题……21世纪10年代出现了"多作者博客"，其特点是由多位作者撰写，有时还经过专业的编辑。来自报纸、其他媒体、大学、智囊团、宣传团体和类似机构的多作者博客在博客流量中占了越来越多的份额。推特等"微博客"系统的兴起有助于将多作者博客和个人作者博客整合到新闻媒体中。Blog 也可以用作动词，意思是维护博客或向博客添加内容。

（一些学术读者看到这个研究可能会大为恼怒，但我们保证——我们知道这篇文章是可靠的，邓利维已经与人一起写过许多这方面的文章。）表 7.4 显示了三种主要博客——个人博客、群组或协作博客，以及多作者博客的特征和操作的更多细节。

表 7.4　三种主要类型博客的特征

	个人博客	群组或协作博客	多作者博客
博客类型和作者	博客所有者撰写所有的文章，除了极其特殊的"客座博客"。	通常是2～10个作者或编辑负责全部（或绝大部分）的内容。偶尔由投稿人撰写的"客座博客"可能更有规律。	核心编辑小组委托或整理不同作者的文章，对其进行专业编辑，有强大的出版价值。在学术性多作者博客中，每位作者通常一年只写一篇或几篇文章（如用于展示新书或新的研究，或他们对当前关注的主题具备专业知识）。在多作者博客以外，文章可能由记者或其他获取报酬的投稿人撰写。

续　表

	个人博客	群组或协作博客	多作者博客
内容	个人作者或管理者感兴趣的话题。	涵盖了一个领域相当多的发展内容。	系统地涵盖某一特定主题或新闻领域的所有重点或主要发展。
供应链	个人作者的文章流量是保持博客活力和读者参与的唯一因素。	保持博客活力的要求被集中了起来,但编辑和大多数作者仍须频繁、定期地投稿。	由几十个,或最好由几百个作者组成,以保持流量。每个作者可以不定期发布文章。
编辑	自己策划,自己编辑,所以总是极具个性化,通常是异质的。	轮流编辑或集体编辑,团队成员之间分担编辑工作。	专业编辑,有强大的通用格式,如文章的标准长度、明确的风格和论述惯例。
典型内容	内容混杂,长短不一,往往是强调个人观点的短文。	内容的重点更加一致,但作者的写作往往超出了他们的专业知识。	所有项目均来自具有该主题专业知识的作者。文章更注重证据。
读者如何找到博客	个人作者的身份通常是唯一的"品牌"。作者身份非常多样化,读者很难追踪和评估。有时,为个人博客设定主题所需的努力更多。	群组博客大多有限定的主题或子学科身份,有时会有更多的品牌效应。	所有的多作者博客都有强大的企业形象或主题意识,并有发达的品牌效应。它们常常与大学或媒体渠道相连。一些学术博客在其大学身份中发展了强大的主题子品牌。专业、科学、学术机构的博客,或与现有期刊相联系的博客,也有明确的身份。

	个人博客	群组或协作博客	多作者博客
博客如何宣传或推广	有限的宣传，也许是发电子邮件给订阅者（有价值，因为新文章的发布是不定期的），还可能通过作者自己的推特和脸书推送。只能通过转发推广。只有少数文章被大量关注，引起作者的注意。从没有发表在GS上。	中等程度的宣传。核心编辑有合理的想法，知道内容的接收方式。拥有强大的大学或专业联系的群组博客可能会被归档在他们大学的电子存储库中，从而被纳入GS。	极度专业的策略，通过多种社交媒体、管理良好的推特和脸书的运营，最大限度地扩大文章的受众。内容档案的"长尾"定期自动"重新归档"。转发和模因传播受到监控。编辑团队会监控所有文章的接收情况（如改进"搜索引擎优化"等）。他们对读者的需求有充分的理解。在运行良好的学术性多作者博客中，所有文章都会被永久存档在大学或其他电子数据库中，因此也被收纳在GS和Altmetrics的数据库中。
单一学科的意义	定期发布文章的资深学者或科学家可能有大量受众，但绝大多数的个人博客只有很少（或极少）的关注者，因为内容只是偶尔更新，读者只能零星地查看（名人作者可能吸引大量受众，但他们的"个人"博客实际上是由庞大的专业团队运作的）。	大多数群组博客有受众，可能很少，也可能中等规模。一些群组博客获得了良好声誉，可能被公开发表的文章、书籍等引用。专业社区的新闻推送或时事通讯已经存在多年。他们中的许多人现在以博客的形式出现在网上，但（书评一类）几乎从未被引用过。	读者定期（如每日或每周）到多作者博客上查看。受众规模从中型到大型不等，并可能达到目标学科的相当的份额。作者重视学术性多作者博客大量受众的曝光率和良好声誉。这些文章也越来越多地被引用。

	个人博客	群组或协作博客	多作者博客
交叉学科的意义	通常在他们的主学科外不会引起注意（除非作者博学多才，是学术权威或公共知识分子）。除非你已经知道正确的作者或博客名称，否则不可能找到他们。	有时在主学科外会引起注意，但除非你有正确的博客名称，否则往往很难找到。	运行良好的多作者博客在核心和邻近学科中广为人知。它们的受众较多，这意味着它们很容易在网络搜索中被找到（即便只输入一个大概的名字）。

过去，许多人认为所有的博客都是个人博客，由研究员自己创建和维护，以便对他所写的内容和节奏进行完全的个人控制。不借助期刊、报纸、记者或评论员，直接将研究成果传播给更广泛的受众，仍然是学术博客背后的一个绝对核心驱动力，特别是它能使研究员从媒体人员的偏见或假设中解脱出来。为了寻求受众的最大化，记者或编辑经常希望学者和科学家歪曲或者过分地简化他们对研究方法或研究结果的表述。然而，有了博客，学者们可以用自己的方式让困难的问题变得容易理解，并建立自己的受众群，边发布边学习什么策略有效、什么策略无效。

一些个人博客不相信多作者博客的可靠性。在美国，多作者博客有时被称为"网络"或"集体"博客，其输出长度更加标准化，编辑也更加专业，纯粹主义者认为这与直接、无中介交流的理想不符。然而，这一立场付出了高昂的代价。大多数个人博客不定期发布新内容，这使他们难以吸引固定受众。许多个人博客要么成为不经常更新的"僵尸"网站，要么由于作者忙于应付其他事情而长期荒废。又或者，作者会定期更新他们的博客，但可能很难持续保证其写作的质量。

另一边，多作者的博客（以及较小程度的群组博客）在过去十年增长迅速，这主要是因为他们可以聚集更多受众。多作者博客：

● 制作和维持有规律的新内容（如每天发布新材料）。

● 开发可信赖的"品牌"，以维持和增加固定受众的关注。

● 利用广泛的社交媒体运作手段大大增加其内容的受众。

同时，任何学术上的多作者博客（以及其他群组或协作博客）作者总是对所说的内容和方式有完全的控制权——这通常是因为只有他们拥有所涵盖的专业领域内的专业知识。学术性的多作者博客仅在作者具有及时或最新的专业知识，或拥有已发起的新研究（例如总结新发表的文章或书籍）时才会在主题中自称作者。因此，多作者博客内容的质量通常比个人博客更高、更一致、变化更小。与你工作相关的多作者博客是建立外部影响和认可的最佳选择（如上文表 7.4 所示），因为它们已经在该领域聚集了大量的专业受众，并且在质量方面享有盛誉。经常试着在多作者博客上发表来自期刊论文和书籍的内容，是有意义的，因为多作者博客已经有大量的受众或忠实的追随者网络（在知识共享许可下，你也可以把博客文章转发到个人博客或项目博客上）。

在可行的情况下，用博客来交流项目的研究进展也是明智的。外部的受众会期望看到与时俱进且定期更新（至少每月更新，最好每周更新）的在线内容。由于研究团队中的任何人都可以很容易地建立、修改和编辑博客（不需要专业培训），因此博客（和相关的社会媒体）更容易进行修改和更新。这与通常只能使用内容管理系统（content management system，CMS）进行编辑的项目网页形成了强烈的对比：网页最终不可避免地变得比预期的更加静态。如果人们只能读到几个月或几年没有更新的网页，他们就只能对这个项目形成模糊的看法。博客还会以便捷的"时间流"格式呈现，将人们的注意力集中在研究团队的最新发现或发展上。

在各学科率先使用博客和社交媒体的研究员，往往面临着来自较为保守的同行的大量怀疑和批评（与伏尔泰在第二部分的引言一致）。怀疑论者认为博客没有有效的学术目的。个人博客只是"虚荣的发表"，或者反映了学术上的自恋；多作者博客则是试着减少严苛的期刊同行评议程序，制作不拘一格的、未经验证的内容。事实上，学术博客和相关的社交媒体，特别是推特，已经被证明可以为多个完全不同的目标服务。它们最重要的作用也许是作为写作和研究过程中的发展工具。它们是一个可以尝试早期想法的地方，可以解释某种方法的工作原型，并且可以经常利用社区评论和专业知识来完善它们。这在 STEMM 学科和花费多的社会科学中可能特别有价值，在这些领域，低成本的原型制作和早期（开源）反馈或批评可以使作者免于犯下代价高昂的错误或遗漏，并帮助他们调试复杂的过程。

在写作型学科（主要关注你如何说话，比如所有的人文学科和许多定性的社会科学）中，博客文章允许作者构建新论点的条件框架，并用充足的时间加以完善。他们可以从多个不同的角度考虑反论点或评论。博客作者和读者也可以撰写和阅读更多的文字，更频繁地练习如何写得更好。在许多专业（"工匠"）技能中，花时间练习是关键。在进行耗时的正式出版前，以低成本的方式不断交流思想并获得经验，这对任何作者都大有裨益。

　　短格式，特别是学术博客的发表，并不是一项孤立的活动，而日益成了常规学术出版的一个关键步骤，如下图 7.1 所示。在学术界的多作者博客中，来自作者的博客文章比例很高，他们以易于理解和简短的方式宣传他们最近发表的期刊论文或学术著作中的关键信息。在这里，长篇幅成果生成了短篇幅成果。因为研究员自己写博客，他们可以准确、负责地控制研究方法和结果的表述，避免出现大学公关部门经常撰写的夸张声明和错误描述。

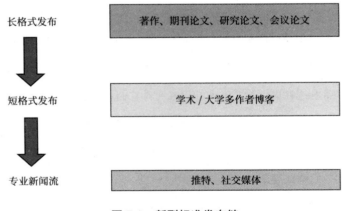

图 7.1　新型标准发布链

　　在广为阅读的多作者博客中发表解释研究的文章可以增加访问、阅读或下载该期刊论文的人数（运作良好的推特和脸书也是如此）。即使是在较小的个人博客上发表文章（和相关的推特文章），也可以通过接触专业受众，发生转发和网络效应而产生积极的影响。最好的多作者博客会在他们的推特档案中将之前的推特文章进行转发和"归档"。当然，这些内容的影响比最初发布的要小，但它们仍然可以在访问和了解研究的人数上获得重要增长。一些数据表明，扩大付费存储库和大学存储库（以及社交媒体）的影响，部分是为了将读者从访问出版商或期刊付费网站转移到使用开放获取的材料副本。但是，与仅通过出版商网站发布和主要通过专有搜索引擎（如 WoS）访问的"普通"版本相比，博客和推特文章访问量的净增长仍然是一个巨大的积极收益，它建立了学术社区，加快了思想传播。

这并不是说单独开一个个人博客（还有像推特之类的社交媒体）总是值得的。坚持使用多作者博客或者类似的群组博客可能会更好。这里要考虑的问题包括：

- 你的个人博客能吸引到相关的受众吗？

- 你能定期或以可预测的方式发布足够的新内容，从而吸引一批固定的读者或访问者吗？

- 如果不能，你所在的领域是否有多作者（或群组）博客，让你可以不定期出现却能接触到更广泛的受众？

- 你想利用你的专业知识及时或持续地评论时事或科学与学术发展吗？学者通常在某一突然变得更有话题性的科学领域拥有专业知识。在一个热门话题中挖掘能激起公众兴趣的博客文章，对于扩展知识和对多作者博客或群组博客展开辩论是非常有帮助的——这种方式对于需要耗时几个月的长篇学术成果来说是行不通的。

● 你能通过短文本输出构建作品组合、被引用或增加替代计量方面的关注吗？群组博客可以帮助项目在取得里程碑式的成就和重点出版物的出版前创造公众兴趣，帮助其以数字的方式"总结"活动（如会议和研讨会）。例如，它们可以像提交的论文、提供的幻灯片集、数据集、播客和视频广播那样保持持久的在线输出，这些内容在未来都可以被重复使用。

● 经营个人博客或其他博客的一个关键问题是，你是否热衷于策划或汇集他人的成果或评论，而不仅仅是你自己的作品。如果社交媒体采取"水涨船高"的策略来加强特定领域的知识交流，而不是仅仅致力于"企业"的自我宣传和"明显的"公共关系（大学媒体办公室仍坚持这么做），那么社交媒体就会更好地发挥作用（对个人和院系或实验室都是如此）。

● 你有"使命"或明确的观点吗？你有希望你所在学科中的其他人认识或做的事情吗？具有明确和持久的"品牌"定位的个人或群组博客往往比那些只提供不固定的、个性化的或关注点经常变化的博客更成功。

● 你能用博客描述新的研究以吸引更多的读者来关注你的长篇文章吗？在脸书上被转发和被点赞是很容易的。

向期刊的出版商或编辑展示读者对开放获取文章的良好反应的证

据，可能有助于说服他们为你的付费论文提供免费访问权限（至少在一段时间内）。同样，这也有助于请图书出版商让你提供一两章可以免费下载的样章。

最近几年，运行个人或群组博客所需的时间成本也显著减少。通过两个非常容易上手的博客包，可以免费或以低成本获得高标准的专业外观产品：

● Wordpress 有一系列比较简单的博客格式，很容易学习。要做复杂的事情，至少需要一些 HTML 编程的经验或能力，但是 Wordpress 提供了越来越复杂的模板并让你在如何设计个人或群组博客的"外观"方面具有高度的灵活性。你可以跟踪关注者和订阅者，并以自动化的方式更新电子邮件和社交媒体提示。

● 由两位推特创始人创建的主要免费替代方案是 www.Medium.com，作者在这里撰写和发布"故事"。这个网站使用起来非常简单。完成一个快速的注册表单，创建一个新的账户或论坛，开始指南会引导你"敲一些文字"。创建者最初的设想是 Medium 主要用于小说写作（因此，这里的博客文章 = "故事"）。事实上，大部分内容是非虚构的，如邓利维的 www.Medium.com 或 @Write4Research 的博客。要开始一个新的"故事"，只需要开始写，并在写的时候使用 Medium 特意提供的简单格式化选项，你的所有内容会被即时保存到云端，这样你就不会因为分心或保存故障而丢失任何原稿。你可以写草稿，并在你喜欢的多个时段编辑它们，直到准备好发布为止。

Medium 可以出色地统计访问每篇博客文章的人数，以及阅读至文末的人数。将 Medium 与专用推特账户相结合，世界上任何地方的研究员就都具备了写博客所需的技术，几乎不再有什么学习难度。

● Medium 也有一些缺点。其中最重要的一点是你不能改变"故事"在你账户中的呈现顺序（最新的故事总是在顶部）。对于更多的演示控制、分类和优先级设置，你需要使用 WordPress。它也没有评论功能让你获得很多信息（尽管你可以把推特账户链接到博客获得简短的评论，这样，读者就可以添加一些留言，你可以选择接受或不接受）。

　　有个人或群组博客的话，你能把自己创建的学术内容存入你的大学电子存储库吗？如果可以，GS 会自动找到并列出这些成果，并且说明它们属于你。其他许多从学者那里获取内容的服务也是如此，比如 ResearchGate 对新材料的自动扫描。你也许可以直接用 GS 注册一个群组博客，但大多数大学的电子资源库不会从个人博客获取学术内容。因此，这类博客一般只能通过谷歌网络搜索找到，通常需要一些确切的地址。图书馆可能会同意将 800 ～ 1000 字（或更多）以学术方式写在大学网站上的实质性博客文章存档，但他们可能不喜欢更短的留言或评论——所以尽量让你所写内容的质量和长度保持一致。大学也可以为你的实质性内容上附上 DOI（只需向他们支付少量费用）。这为博客文章分配了一个永久地址，并确保以后总是可以找到它（只要电子资源库还在运行）。然而，除了那些富裕的美国大学（如斯坦福大学），到目前为止，大学图书馆向学术博客提供这种服务（或其他有价值的策展服务）的速度一直很慢。

较短形式、快速出版形式的发展，对出版商在产生学术影响方面所扮演的传统角色提出了一些有趣的问题。一些主张取消出版商／期刊的中介角色（降低他们在学术知识交流中作为"中间人"的重要性）的人，对他们声称的为研究员和同行评议的免费工作"增加价值"的说法表示怀疑。表 7.5 显示了传统出版商传播功能与通过博客和社交媒体实现的传播功能之间的对比框架，框架灵感来自杰森·普里姆（Jason Priem）的一个论点。基本上，数字短格式出版物可以克服以前访问和再访问学术内容的许多问题。

表 7.5　出版商和期刊的传统功能与替代方案
（使用开放获取、多作者博客和社交媒体）的比较

出版商/期刊的功能	开放获取、多作者博客或社交媒体的方案
储存、搜索、识别	大学在线资源库的机构承诺为每个项目维护一个永久URL，或为其发布一个DOI。为所有大学研究员设置ORCID注册码也有帮助。
准备、编辑、制图和"展品"	发布者被锁定在"传统"印刷流程中（如在期刊发表时进行黑白印刷）。多作者博客经过精心编辑和设计，但它们也可以制作全彩图像、视频、普遍的URL引用、富媒体，更正和即时更新——这些与大多数期刊不同。
标记/认证	目前，期刊吸引了追求终身职位的年轻学者，但重要的博客品牌在这个市场才刚刚起步。
出版	博客发布迅速（如第二天发布）、及时，通过社交媒体可以更好地扩大影响，并获得更多响应。

出版商/期刊的功能	开放获取、多作者博客或社交媒体的方案
市场营销	出版商可能有"影响力"、长期建立的品牌和声誉，个人博客无法与之媲美。但来自知名大学的多作者博客已经可以与小型出版社比肩了。
搜索	博客在网络上的任何地方都是开放的，付费期刊则不是。GSC和哈金的PoP现在扩大了搜索范围，覆盖了作者的全部作品。
反馈	STEMM学科期刊上的任何内容都是数月以前的。对于社会科学和人文期刊来说，几乎所有的文章都是"抵达时即死亡"——反馈针对的是两年多以前的事，但此时世界已经发生改变。

当谈到最大限度地扩大高校以外的影响力时，多作者博客（和播客等）以及在推特、脸书等社交媒体上的运作也起到了关键作用（表7.6）。

表7.6　不同类型的博客如何确保研究的外部影响

特征	多作者博客	群组博客	个人博客
受众规模	大量的、既有的读者群。	小规模到中等规模的读者群。	典型的小规模读者群（有些"明星"学者例外）。
这类博客吸引的是怎样的外部受众	广泛的从业者和专业人士，以及"一般兴趣"的非专业读者。	对博客主题感兴趣的从业者或专业人士，通常与学术界有密切联系。	少数从业人员或专业人士，是博客作者的个人联系人，或者偶然发现了博客。

特征	多作者博客	群组博客	个人博客
外部读者访问博客的频率	读者定期（理想情况是每天或每周）访问内容。当涉及热点问题时，频率还会进一步提高。	不经常访问，通常在周末或在读者的空闲时间。获取信息有很长的滞后性。	偶尔访问，通常只有在特定博客有大动静时才会被访问。许多文章不被注意。
读者的行为	博客内容可以构成主要媒体"时间流"的一部分。具有即时性。	特定的博客可能会引发深度思考或长期的回应。	
社交媒体被认可和被转发的潜力	一些信息会周期性地传播，博客积极的社交媒体政策通常会产生一定程度的转发和后续交流。	信息可能会在博客读者中传播，但社交媒体的规模不会扩大。	博客上没有太多社交媒体策略，因此信息很少获得更广泛的认可（"明星"的个人博客除外）。
以往内容的可见性	最高。因为一个好的多作者博客会定期在社交媒体上"归档"过去的内容，并在大学电子存储库或其他开放访问形式中为子孙后代存档，通常在谷歌上有较高的知名度，反映了更多读者和指向它的网络链接来自不同机构。	低。虽然旧的内容通常在博客网站上存档，并且有一些搜索功能。	很低。读者必须专门搜索才有可能找到。

专家用户大多希望快速访问关于项目的有用和可靠的信息，这些信息详细程度不等，并以基于证据的方式处理——既不是"炒作"的新闻稿，也不仅仅是个人意见（这些意见很难评估，而且可能很"怪异"）。通过创建一系列有趣的材料和一个稳定的声誉，多作者博客对高校以外的专家和非专业读者来说有很大的优势。要想吸引"回头客"，可预见性和频繁更新很重要。同样，转发和点赞在决定作品的"成功"方面也起到了很大作用。受众越多，博客在某种程度上传播的概率就越大，也就越有可能被精英决策者看到。群组博客具有中等的外部认可，但大部分个人博客变化太大，难以评估（少数学术"明星"的博客除外）。外部专家读者通过谷歌或推特访问博客内容，通过可访问的文章评估研究的价值，并点击访问看上去直接相关的全文（由于大学外的读者一般不会订阅期刊，所以对付费文章的跟进会少得多）。广大公众中的"非专业"读者需要信息和叙述性的文章标题来引起他们的兴趣（"上钩"）。标题可以像信息型的推特那样翻倍，但最多不超过 280 字，而这比常见的推特长度要短得多。

快捷的研究

> 你必须开拓（别人未曾涉足的）新的领地，才会有创造性的发现和收获。
>
> ——W. 萨默塞特·毛姆（W. Somerset Maugham）

为获得新发现而进行的竞争是"快速进步或高度共识"的 STEMM 学科发展模式的命脉，这种模式从 19 世纪末开始发展起来，在 20 世纪 70 年后达到顶峰。科学家们绞尽脑汁想成为第一个做出同行评议发明的人。在创造性的艺术领域，创新和新的探索形式也很重要，正如萨默塞特·毛姆在上文所表明的那样。那么，在这样的领域，数字时代有什么改进的空间？这里有两个关键的答案。

首先，即使在 STEMM 学科领域，围绕核心研究工作的辅助程序也有很大的改进空间。与私营或政府管理的研究实验室相比，大学的科研机构和实验室在某些方面进展仍然是缓慢的，特别是在争取拨款或建立跨学科研究团队方面的时间较长。然而，他们现在正在以其他方式快速发展。搜索和扫描的改进显著减少了时间的滞后，并提高了文献审查的一致性。确定有前途的研究课题更快，监测研究前沿也更简单。在 20 世纪 90 年代的电子邮件和列表服务新闻推送中，STEMM 学科通信网络在同行评议之前就已经得到了很好的发展。从那时起，数字和基于互联网的联网带来了更显著的即时性和便利性。它从根本上提高了预印内容生产的质量，降低了网络成本，并为交换各种不同的媒体和数据集创造了更简单的方式。

数字出版的变化也开始解决许多导致出版前同行评议过程延长的问题，特别是难以找到专家评审员投入大量时间来检查技术含量极高、数学化程度极高的论点。较新的"出版后评论"期刊，如在生命科学领域如今规模庞大的 *PLOS One*，在接受文章之前，故意将出版前审查要求（"这一次通过的是否算优秀学术成果？"）降到最低。出版后专家读者的反应和评论（加上阅读、下载、点赞、引用等替代计量学指数的证据）有助于筛选出哪些文章代表了更重要或原创的进步。就实现有效的同行评议而言，结果似乎是可以比较的，但成本却大大降低了，公布速度也快得多。研究中问题的提炼和呈现看起来也是有效的，而"传统"同行评议的问题却变得更加突出。在整个 STEMM 学科中，期刊"影响因子"（其本身是一个无用且有争议的平均数）与其他作者随后被引用之间的相关性在 2011 年降到了 40 年来的最低水平。

　　数字时代加速的第二个主要领域是 STEMM 学科之外的社会科学和人文学科。此领域的研究进度向来较慢，及时开展工作的意愿也较弱。事实上，这里有一种对"慢学术"的崇拜，它明确地重视反思和长期项目（长时间不发表），而不重视被贬低的、"快餐"式的应用学科文化。这些学科的引文积累的准备时间很长，通常在出版后 3 ～ 5 年，而且出版过程也需要更长的时间。例如，在社会科学领域，同行评议可能需要 4 ～ 6 个月的时间，而在主要的经济学期刊上，从投稿到公开发表的总时间可能长达 3 年以上。在线出版减少了一些延迟，但这些学科的一些学者不会访问（更别提引用）在线作品。我们中的一个人（邓利维）最近等了 18 个月，才让一篇已经在网上发表的论文被放到相关期刊的特定印刷版上。

　　相比之下，简短的博客文章和社交媒体在这些曾经不发达的领域促进并形成了持续的、实时的学术网络。思想的传播以跨越国界的特定主题模式得到了改进，并以互动的方式汇集了现有的知识。这是对以前只有在社会科学和人文学科中通过会议和原始新闻报道才能获得信息的复制。有了志同道合的学者迅速加入，思想的传播就加快了——创造了一种"有组织的偶然机会"，其为知识交流提供了场所，并为表达、形成思想或论点创造了一个强有力的发展氛围。数字媒体和社交媒体的速度更快，远离了长篇出版的评价环境，对待年轻或初级和高级学者也更加平等。

开放的获取

> 发表科学理论——以及它们所依据的实验和观测数据——允许其他人识别错误，支持、拒绝或改进理论，并重新使用数据以进一步促进理解和认识。科学强大的自我修正能力来自这种接受审查和挑战的开放性。
>
> ——英国皇家学会

在某些方面，我们可以发现当代的"博客共和国"（以及相关的社交媒体）与17、18世纪的"信件共和国"有相似之处。当时，由于许多国营大学的知识腐败（以及宗教教条的限制），一个由通讯员组成的网络重新连接了一些学者，否则他们就会被孤立，陷入资源匮乏的境地。以某种类似的方式，新的网络跨越国家和学科界限，并吸引任何有好的想法和为正在进行的辩论做贡献的人的投入。大学的高学费、占主导地位的企业或政府资助研究环境，以及研究期刊的收费，破坏了为社会提供无私服务的学术理想。新的"共和国"削弱了所有这些趋势。

它还将一个更广泛的"开放获取"和"开放科学"运动紧密联系在一起，这一运动旨在让任何一个通过智能手机、平板电脑或笔记本电脑连接网络的人都能立即免费阅读所有学术成果。到 2000 年左右，期刊论文被封存在很高的付费门槛后面，只有那些拥有大学图书馆或大型企业订阅的人才可以访问获取。"开放获取"运动试图确保任何出版费用在过程之初就得到支付，或者确保被封锁的研究可以通过其他方式获得，包括可行的免费途径。由于大学里的大多数科学工作是由政府或基金会资助的，研究员出于公共利益而将成果无偿提供给期刊，但这些却成了出版商的私有财产，并以很高的价格发行，这是完全说不过去的。

确保"免费阅读"的一个选择是"作者出版收费"（author publishing charge，APC），即作者在其文章被接受出版时向期刊支付一次性的预付费用。这保证了它的数字出版和未来的永久可用性——所谓的金色开放获取。随着越来越多的文章被开放，期刊的订阅费用理论上也应该降低。这种方法在 STEMM 学科中是最可行的，因为大多数研究都是由基金资助和团队合作完成的，顶级付费期刊目前将 APC 成本设定为每篇文章 2500 美元。至少在富裕的西方国家，这对 STEMM 学科的科研资助申请来说可能是一个可控的补充。然而，在社会科学和人文科学领域，政府和基金会的支持少得多，许多研究根本不是由基金资助，而是由"自由"学者或几个合著者进行的。在这些学科中，相同的成本排序是实现开放获取的严重障碍。

另一种方法是由政府和基金会严格限制"禁阅"期，在此期间，他们资助的研究基金的文章只能通过付费期刊获得，在此之后，作者可以更容易地分享这些文章。通常情况下，研究员必须在出版前将同一篇论文的免费版本直接存入他们大学的电子文献库（或许还有 ResearchGate 等其他文献库），在适当的时候，该研究就可以从电子文献库中免费获取。在英国，这被称为绿色开放获取。

在 REF 的 2021 年的资助中，遵守金色或绿色开放获取成为英国大学获得政府研究支持的一个条件——因此，至少在英国顶尖的 52000 名研究学者中，遵守开放获取是近乎普遍的。一些大型慈善基金会，如威康信托基金会，提出了更严格的要求。欧盟部长们将 2020 年定为"地平线"资金开放获取安排到位的时间。在美国，政府和他们直接支持的研究基金会正在讨论更宽松的安排。但在这里，他们正受到更强大、更有抵抗力的出版商的强烈反对和侵蚀。大型出版商与国会议员有许多联系。"开放获取"运动的第三条主线包括各种倡议和运动，这些倡议和运动旨在通过转向低成本的现代替代方案，迫使既有的有付费门槛的期刊降价。这些新的纯数字期刊从一开始就是开放的，可以避免许多与实体印刷出版相关的"遗留"成本。这里的主要创新者，如 *PLOS One* 和开放人文图书馆，避免了密集的出版前或出版后的审查费用，不需要昂贵而烦琐的印刷生产方式，没有实体期刊需要的仓储或管理，也避免了向图书馆和转售代理商提供印刷本的分销成本。因此，他们的目标是实现从根本上降低金色开放获取的价格。经估算，长期而言，价格应稳定在每篇文章 600 美元左右——也就是说，不到目前"传统"出版商寡头垄断的开放获取价格的 1/4。

然而，科学界、人文和社会科学学术界以及顶级研究型大学的学术界的保守主义总体上仍然令人印象深刻。2013年底的一项调查显示，每十位 STEMM 学科科学家中就有四位仍然坚持传统形式的同行评议。总的来说，他们仍然高度重视既定的期刊等级制度，并对新的开放获取期刊持怀疑态度。致力于开放获取但又想在顶级期刊上发表文章的雄心勃勃的作者面临两难境地，这使他们有可能被指控"虚伪"。大多数人文学科和社会科学学者采取了同样的态度，在满足开放获取的 APC 费用方面困难更大。年长的学者会继续将过时的文化和一套标准传递给进入高校的新一代年轻学者。抵制这种对开放获取的消极社会化可能需要很多年。

知识的开放也极大地促进了研究数据集作为学术产品本身的价值。它们不再被看作只对它们的主要研究团队有用，而是越来越多地成为可以独立存储和被多个研究团队访问的知识产品（尤其是用于复制工作）。在数字时代，公共领域的信息可以被访问、分析，并有可能与其他可比较的信息聚集在一起，以便个人、专业人士和企业产生新的见解。考虑到多种格式，这就需要创造"使数据向更广泛的公众开放的现实手段，其需要确保与公众最相关的数据可访问、可理解、可评估和可用于非专业人员的可能目的"。开放数字化知识也有助于扭转研究以还原主义的方式集中于更精细的主题的趋势。伴随着数字通信的即时性、规模和质量的提高，开放获取和开放科学的变化推动了几十年来跨学科知识的快速发展。

小　结

当知识发展驶入新的和不熟悉的道路时，我们对已经发生转变的认识可能会有很长时间的滞后。正如艾伦·刘（Alan Liu）所评论的：

> 要想诚实地处理数字化知识，需要……放弃对既定的现代知识观念的固执坚持……（如）"启蒙运动"。这些观念与哲学、媒介（印刷品、法典）、机构（学者等专家）以及"公共领域"配置紧密联系在一起……这些配置共同演变为现代知识体系。但是今天出现了新的知识体系、形式和标准，包括一些反驳性的或使上面提到的每一种现代配置变得无法识别的体系、形式和标准，例如：

● 算法知识而不是哲学知识。

● 多媒体知识而不是印刷法典知识。

● 自主学习或群主学习而不是来源于机构知识。

● 自相矛盾的是"开放的"与"私有的"（甚至是加密的）而不是"公共领域的知识"。

　　这里有双重危险。一方面，一些极端主义评论者认为，随着数字革命和互联网的出现，我们人类能力的发展已经进入了一个新的、全球性的阶段。这似乎有些异想天开——但另一方面，正如刘所提醒的那样，固执地以过去的眼光来看待知识变革的新时代，也会使我们的理解产生明显的"学术"偏见和盲点。日益增长的影响也扩大了研究机构和大学对组织学习的需求，我们接下来将讨论这一点。

第八章 ▽

提升研究机构和大学影响力

许多研究机构已经开始尝试新的制度结构，旨在加强研究对政策和实践的影响力。

——玛丽·洛夫（Marie Löf）和

克里斯·克维塔诺维奇（Chris Cvitanovic）

　　获得更好的学术和外部影响力通常意味着院系、实验室和（几乎不朽的）大学的组织文化必须改变其传统结构。尽管这一改变很重要，但这里的关键是不仅需要逐步重新评估应用研究价值，以使其在整个研究组合中具有重要的平衡作用；而且发展影响力通常还涉及积极破除强大但功能失调的价值观和态度，这些价值观和态度目前维持着在社会、经济和文明方面的对学术影响力的盲目崇拜。

　　我们首先研究了完全致力于"知识交流"（knowledge exchange，KE）方法所涉及的内容，而不是早期各种不真实的替代方法，如公共关系方法的"传播"或过时的"知识转移"（knowledge transfer，KT）观点。第二部分探讨了大学组织如何最好地发展数字通信战略以获得最广泛的受众（并帮助教师和博士生更好地开发在前一章所讨论的"数字奖学金"范式）。在现代，创建合适的博客可能是成功的知识交流战略的关键部分，但这需要院系、实验室和大学的仔细考量。在第三部分，我们着眼于院系或实验室层面分散的知识交流和数字活动而非进行更集中的专业研究这一关键问题。最后，我们考虑了高层领导在多大程度上能够通过解决一些长期存在，且阻碍了大学发展的外部影响力的信息问题来实现总体收益。

致力于知识交流

> 共同的意义构建过程是所有参与者之间知识生成和交流的重要组成部分。
>
> ——路易丝·格里森（Louise Grisoni）

学者和科学家都熟悉"深度学习"等概念。这一观点强调，完成任务不仅涉及明面或"表面"的事情，还需要洞察复杂成就的深层成分。大多数研究员认识到，在他们的学科中获得学术影响力具有相同的特征，即需要坚定地致力于更深层的哲学和价值观，以便与其他学者进行真实性的交流。

然而，许多高校机构针对在行业外取得影响力的工作仍浮于表面。他们制订"传播"或"影响"目标，但通常只是出于政府、基金会资助者或企业捐助者的要求。另一方面，像许多其他组织一样，大学认为有必要在其关键领域表现得"现代"或"积极"，并经常回应他人的研究进展。为了满足这些要求，人们通常会采取代价高昂的行动，但这是一种基本上具有业务类型或"公共关系"理论基础的传统方法。其操作方法总结在表 8.1 的第二列中。大学新闻处的记者向研究员简要介绍了特殊用途的通讯，它可以用非常明确的方式向广大受众"讲述"，并为他们这些外行人提供对专家研究成果的高度简化的观点。这些新闻稿几乎通常会被一字不差地复制，或者稍加改写，因为自 20 世纪 80 年代以来，数字时代的媒体组织越来越多地失去了科学或专业记者，并越来越依赖通才记者进行科学报道。

表 8.1 与"传播研究"的"传统"方法相比，知识交流的独特性

方面	传统"传播"方法	知识转移	知识交流
关于外部受众、联系人和客户的假设	公众人士或政府/企业/公民社会只有"常识性"知识，这可能常常是错误的。	人员可能经过专业培训，但仍然只有"普通知识"，对进一步研究没有价值。	人员具备专业资格或在应用问题/议题上具有高水平的专业知识。这些知识可能无法在学术界/科学界层面得到直接验证，但在为问题找到新的解决方案方面具有强大的附加值。
该方法的主要特征	以"沉默"的方式展现学术研究的公共关系。	知识、专业技能和技术从学术界到政府/企业/公民社会的单向向下流动。	知识、专业技能的双向流动——从学术界到政府/企业/公民社会，再从他们反馈到学术界。

续　表

方面	传统"传播"方法	知识转移	知识交流
主要目标	增加公众的"通用知识"或联系：（1）加强公共或官方对学术/科学的信任；（2）扩大对未来研究资金的支持。	通过科技传播或其他提高可访问性的特殊方式，接触者/客户只能学习特许/更高级别的学术知识。	进行对话或对话式讨论，让研究员和外部联系人/客户可以相互学习。
关键产品或成果	研究的"炒作"新闻稿、研究员的主流新闻文章、网络电视纪录片、公开讲座、展览。	学者以博客、短文、播客或TEDx视频形式进行特殊目的的解释、公开的研讨会或会议（仅限观众提问）。	为学术界/从业者的混合读者群和相关社交媒体撰写的博客；学者/从业人员的联合研讨会、活动和会议；"公民科学"和"公民社会科学"研究项目；联合/"合作"研究工作与联络。

这种传统模式很容易导致科研报告只能达到最低标准，艾伦·多夫（Alan Dove）的一般性报告很好地体现了这一点：

科学家说："单分子决定了复杂的行为。"

一些大学的科学家发现，在开创性的新研究中，单个分子可以驱使人们执行复杂行为，这些都是我们观察到的。虽然其他研究员认为这个结构错误的小实验具有误导性，但是一篇好的新闻稿确保了他们的批评只被埋在大多数新闻故事结尾的简短引用中，如果有这样的引用的话。

指导这项研究的著名博士沃纳毕·费摩斯（Wannabe Famous）说："在我们理解这种复杂行为时，游戏规则在改变，这种行为已经影响了很多人的生活。"费摩斯博士将这一结果描述为"某领域内，几十年来一直试图将单一分子与复杂行为联系起来的圣杯"。这一结果在《科学》期刊上发表之前，曾被记者疯狂地炒作了一周。

尽管费摩斯博士警告说，这些研究结果过于粗浅，无法作为任何具体建议的基础，但他仍说针对该单分子的药物有朝一日可能对治疗有这种复杂行为表现的患者有帮助。"这是一个有争议的问题，因为复杂行为使我们成为人类，或者至少是动物。但对于那些处理这种复杂行为可能导致的婚姻破裂、不明智的购买行为和厨房瓷砖污损的人来说，有一种可行的解决办法毕竟是件好事。"费摩斯博士说。

然而，对于专业受众而言，这样的报告会产生意想不到的后果，往往会增加受众的怀疑，而不是建立可信的信念。任何受过教育、懂信息技术的人都可以即时获取数字化知识，公众越来越习惯于接受简化的信息。过度的说明现在可能适得其反，特别是在科学和医学领域。

第二个简单的例子表明追求"企业"影响力可能会出错，这可能有助于揭示影响力扩大的微妙之处。哈佛大学经常使用其图书馆的图片，上面挂着长长的鲜红横幅，标有大学的校徽、毕业典礼等。然而，所取得的效果相当"法西斯主义"。图书馆庞大的新古典主义建筑加上横幅及其中心标志的尺寸、形状和颜色，与 20 世纪 30 年代末和 20 世纪 40 年代初纳粹的宣传风格惊人地相似。这显然不是哈佛试图唤起的文化基因，但这是他们最终的结局。在数字时代，公关专业人士开发的"不真实"的沟通模式现在已经不像以前那样有效，而且可能会产生反作用。

传统的大众传媒仍然是高校管理者青睐的培养对象。然而，当主流媒体报道一项他们不擅长处理的研究时，或者当研究结果引发争议或负面评论时，也可能存在巨大的风险。随着时间的推移，媒体变得越来越成熟，现在在某些方面已经接受了不同科学观点共存的想法。记者仍然倾向于以更明确的方式报道 STEMM 学科的科学研究——即研究员"发现"或"揭示"的成果。相比之下，社会科学或人文研究的成果大多以不太明确的词汇呈现——研究员以特定方式"论证"观点或"做出总结"。在其他方面，媒体对学术争议如何运作的理解仍然只是表面的。科学或学术观点中微小或不对称的巨大差异（现在更容易通过搜索引擎检测到）很可能被校准，但并不准确。通才记者可能经常致力于"条件化"的知识，这些知识实际上是被广泛接受的，有可靠的证据基础，而不是夸大相对较少的、在任何领域都很突出的剩余"难题"的重要性。

社交媒体也可以提高公民的警惕性，因此大学现在面临着与政治家或名人一样的持续性、批判性的公众监督。过度炒作研究、迎合受众、研究方法缺乏公正或彻底缺失，现在都可以很快被内外部受众发现。大多数"倡导联盟"① 现在都拥有快速反驳能力的智囊团，能够批评竞争

---

① 由对政策持有相同看法的行为主体所结成的联盟，他们协调讨论，向政府提供具体问题，并对决策产生影响。

对手倡导联盟所使用的研究。信息自由条款现在也适用于大多数公立大学，迄今为止，内部文件也可以公开。例如，在 2009 ～ 2010 年间，东安格利亚大学（University of East Anglia）高级气候研究中心的一些电子邮件浮出水面，（从不利的角度看）可能揭示该大学的科学家采取了一致行动，压制期刊中的反全球变暖的研究结果。反全球变暖运动大肆宣扬反科学的偏见——尽管后来大学内部调查没有发现关于这一点的证据。在两极分化的辩论中，当学者们似乎在象牙塔里说教、与更广泛的公共辩论隔绝时，这种"侵入性"发展可能突然出现，并具有很大的破坏性。

表 8.1 第三列显示了一种专注于知识转移的更好的方法，这种方法在 2015 年前后这段时间很流行，而且在许多大学仍然存在。这里的交流仍然被设想为从大学、院系或实验室到外部非专业受众的单向流动，但是科技传播有了更切实的进展。院系或大学认识到，更好地交流思想能吸引外部受众（和其他学科的受众），这些受众包括许多具有专业资格和智慧的读者。特别是在 STEMM 学科领域，他们可能成为企业或国家部门中从事专业工作的同僚。因此，他们赞赏通俗易懂且合理的研究解释。

知识转移采用了一系列不同的报道模式、风格和媒体。有些版本会对读者、听众或观众的智识要求很高，而另一些版本则会更直截了当地进行总结。通常，在知识转移中，信息要么直接由学者或科技传播作者自己生成，要么由研究员直接与熟练的专业记者或学术交流作者合作生成，并且通常会解释关键方法和局限，并考虑其他解释。因为院系或大学不再迎合受众或"低声下气"，这会给人留下更好的印象。然而，外部受众仍然被视为看戏的人，他们被动地坐在舞台之外的黑暗中，除了在结尾处鼓掌之外，不与演员或情节发展互动。知识只能以一种特定的、预先包装好的形式传递给他们，受众要么接受要么无视。

表 8.1 最后一列展示了一种更具互动性的知识交流方法。在这里，科学家和学术界承认，要使研究信息有效内化或真正有用，知识必须始终被企业、政府或民间社团的外部从业人员调整并应用。这种调整过程被认为是重要的，它要求大学或院系积极参与双向交流。与解释研究结果的单向讲座或独白不同，知识交流是一种更具互动性的对话，通过研究演示生成问题、评论和反应，为（应用）研究员提供有价值的信息。可访问的博客和与社交媒体相结合的播客或视频是主要的数字化形式。它们更容易创建兴趣社区，这对所有参与者都有价值，并能在这个过程中引导学术界和科学家进入对他们工作有用的更广泛的网络。

研究员花费时间和精力来了解公民或外部专家的观点，以便从一开始就以经过仔细考虑且易于理解的方式表达研究结果。作者回应评论并与评论者互动、澄清误解、提炼信息，考虑反对意见并增加经验。致力于知识交流范式使研究员能够认识到，看似"天真的客户"问题实际上在质疑理所当然的问题和提出潜在原创观点方面具有价值。简化研究演示可能是痛苦的，这不仅仅体现在选择不太复杂的语言方面，而且体现在产生更直观易懂的观点和理论陈述所需的努力方面。然而，这些通常不是真正的实质性成本，因为它们主要涉及的是暂时破除学术自恋和蒙昧主义的机器——无论如何，这项工作通常有助于研究员写出更好的学术论文。

在此，怀疑论者认为，大多数科学和专业知识的极端特殊性与大多数普通公民的能力或兴趣之间存在着巨大的鸿沟。这些知识是用超级浓缩的词汇写成的，到处都是数学符号和公式。但是随着大学学位的普及以及研究生和专业教育的扩展，这仍然意味着高等教育研究的潜在受众比任何特定专业的大学研究员数量还多很多倍。这些潜在用户可以用不同类型的专业知识来解决问题，从对现代研究进步至关重要的机械和设备的技术掌握，到信息技术系统编程，再到应用中经常出现的"纯研究"知识，以及从科学或社会科学角度对商业项目进行的创业开发。开放是一种心态，它积极鼓励对学术工作做出超常的贡献。

"公民科学"和"公民奖学金"运动也已经证明，将表面上深奥的物理科学研究开放给更广泛的"非专业"人士，可以调动资源，使重复性研究任务更轻松。数以百计的人已经帮助科学家检查天文照片的有趣或异常特征，其效果超越了自动检查协议。将大量未翻译的文本拆分成多个较小段落，由数百名业余翻译人员处理，可以极大地加快学术工作的进展。同样的，开放源代码软件社区的分布式知识库推动了 Unix 和许多其他类似开发软件包的快速发展——开辟了整个"基于公共资源的同行生产"领域……同行生产的优势在于将人力资本与信息输入相匹配，以生产新的信息产品。

选择博客平台和数字化战略

> 记住，观众是不耐烦的。网络上的内容不像书本或期刊那样能让读者（几乎）全神贯注。有证据表明，绝大多数读者根本不会将任何网络内容——网站或博客——读到最后。
>
> ——艾米·莫莱特等人

　　尽管性价比很高，但开发一个最能代表院系或大学工作的知识交流活动组合模块仍需要投入资源。停止或减少旧式的公关活动和前数字化的"传统"活动也可以释放一些资源。当今世界，任何院系、实验室、研究中心或大学都可能需要运行"企业"博客（以及相关的推特、脸书，也许还有 Instagram 或 WhatsApp 等社交媒体），并为其活动提供窗口期。

　　这种博客很大程度上取代了以前在组织内传播消息的方式，如时事通讯。表 8.2 显示了第二列中涉及的设计选择。这里大多数主要问题我们已经很熟悉了。谁来提供博客内容？谁来管理发布的内容并加以宣传？通常情况下，主要问题是院系学术人员（可能还有博士生和高级研究生）非常渴望建立博客，并且最初承诺会投稿。但投稿承诺随后被证明是难以捉摸和难以保证的，特别是在假期、繁忙的课程或考试期间，或者在拨款或会议截止日期之前。次要问题是要确保至少一名员工在博客和社交媒体软件方面接受过足够的培训，并在中央信息技术或网络员工的协助下保持博客的无故障运行。这两个问题都需要精通博客的教员的支持，他们可以鼓励并劝说同事提供帮助，还可以宣传博客对学术交流的重要性和相关性。从本质上讲，企业或公关关系博客的受众吸引力相当小，仅限于员工、学生、应届毕业生和忠实的校友。

表 8.2　企业（或公共关系）博客与学术博客的主要设计差异

设计选择	企业或"公共关系"博客	学术博客（多作者博客或可能的群组博客）
博客的"使命"是什么？它如何建立组织声誉？	直接的"宣传"、广告或炒作的公关模式，聚焦优质新闻和成就。也可显示教职员工和学生"人性化"的一面。总是展示乐观或"美化"的内容。	其使命是加强博客话题或主题的知识交流。在可直接访问的学术博客中展示院系、实验室、大学的研究质量，以及该组织如何在更广泛的领域占据中心地位。所有多作者博客都表明了基于证据的论证承诺，以及对知识交流和高校外部参与的承诺。
主题化或品牌化如何？	院系、实验室或大学名称和身份是唯一印记。	博客在该院系、实验室、大学当前优势（或增长）领域有着明确的主题，这些主题与院系、实验室、大学一起成为新的主要印记。
吸引的主要受众？	现有的学生和教职工，加上刚毕业的或忠实的校友。可能还有潜在的研究生或本科生。	组织内和许多大学（可能是国际大学）的学者和博士。其他学科的学者认为多作者博客是监测辩论和问题的好方法。还有对博客主题感兴趣的外部从业者。潜在研究生在申请前经常阅读此类博客。
承载怎样的内容？	各种通才项目——任何能很好地展示组织良好形象的项目。文本长度较短且变化较大，文章可能只是照片或视频、音频摘录。	所有帖子都向学者或从业者提供了重要问题的论点，这些论点是实质性并基于证据的。帖子普遍具有标准化长度（通常800～1200字）。偶尔也会有长达4000字的"长篇"。社交媒体、照片和视频或音频摘录都可以链接到所有的博客帖子。

设计选择	企业或"公共关系"博客	学术博客(多作者博客或可能的群组博客)
谁是投稿人？	本质上仅限于组织内工作人员、学生或访客。通常由管理员组织输入和编辑。相当一小部分学术人员可能会说他们将作为作者产出内容，但往往会迅速消减，只剩下少数的"常客"。	院系或实验室的员工和博士生可以提供强大的"核心"(产生25%~50%的帖子)，其余的帖子由其他大学学者或主题领域从业者(或两者)投稿。该博客一年内可能有数百名作者。
谁负责编辑博客，他们的主要角色是什么？	一个或多个管理员会检查内容的公关效果，并可能会对内容进行重新措辞或"润色"。他们发布帖子并运行相关的社交媒体。	主题领域的合格博士生或毕业生是执行编辑。他们积极搜索和委托内外部作者，跟踪投稿，以一致的风格进行编辑，发布帖子并运行博客及其相关社交媒体。
需要怎样的管理安排？	系主任、学术代表或部门经理可以监督博客内容。学者们可提出发帖的建议。	资深学者担任总编辑，对执行编辑进行宽松的监管，就需要跟进的问题及是否接受帖子提供建议。一个由3~5名学者组成的小型咨询委员会进行协助。
有怎样的风险？	低风险，因为所有内容都经过审查。但不可否认，任何品味或判断的失误都会直接反映到组织上。	所有帖子都有免责声明，表明只代表作者的观点，而不是博客或组织的观点。有争议的帖子最初需要仔细评估，并进行适当编辑。如果出现失误，博客帖子可以立即撤销。

相比之下，表8.2右栏显示了为组织（院系、实验室、研究中心或大学）创建可行的学术博客可能带来的诸多好处。这样的博客需要做出

一些不常见的选择，远离公关内容，只关注实质性、高质量和及时的学术内容。博客要面向其他大学和其他学科的专业人士和研究员以及相关从业者（如政府、企业、媒体或咨询、专业人员）。它需要专注于一个主题或领域，在这个主题或领域中，它的组织拥有强大的研究背景，能够定期发布高质量的博客文章，并且能够证明它参与了不断发展的辩论、争议、方法开发和专业知识网络。

主题学术博客的作者最初将主要来自组织，但如果博客获得成功，那么投稿者的范围和数量也将远远超出这一范围，吸引来自其他大学的研究员，以及少数来自相关企业、专业领域、慈善机构或 NGO、政府或准政府机构、智囊团和专业媒体从业人员的投稿。从传统或企业公关角度来看，对这些外部作者的宣传似乎不合理——为什么我们要花钱为其他大学和组织增加关注度？但是，学术博客如果要想提高组织的声誉，就必须通过吸引有用的投稿来显示其在学术研究网络中的中心地位。它还必须展示与从业受众和社区有关的知识交流。这里的逻辑类似于外部活动计划的基本原理，即邀请来自其他大学的学术演讲者、当前作者和著名实践者进行客座演讲或研讨会。组织通过宣传这些活动，展示并增强其在学术和外部科学与实践网络中的中心地位，从而在声誉上受益。

选择学术博客的最佳主题涉及很多因素。院系、研究中心、实验室或大学必须在所选择的领域内有可靠的研究职位，并且能够按计划产出至少 40% ~ 50% 的帖子。选择的主题或重点必须合理地涉及院系或实验室大部分人员（例如，子主题应包括方法论学者或理论学者的领域，否则他们可能会感到被忽视或被边缘化）。更多教员级别的博客，或中央资助的大学博客，需要具有明显的跨学科性，旨在最大范围地吸引具有所选主题相关知识的投稿者。

认识并解决建立新学术博客所固有的一系列困境非常重要。首先，要调查某一特定领域内已建立的博客等短格式渠道，确保新的主题博客具有连贯性，吸引更广泛的作者。选择非常通俗的主题可能会产生混杂的内容，给读者留下不集中的印象，也吸引不了追随者。但是，如果选择非常专业的主题，则限制了作者的数量（以及受众规模），并且可能会产生过于分散或偶发的帖子流，从而无法吸引追随者。除非院系或实验室拥有强大的比较优势，使其具有"后发优势"，从而能够赶上和超越竞争对手，否则很难开设一个模仿现有的成功运营的"跟随"博客（"me-too" blog）。但是，定义和打造与现有博客完全不同的博客，也需要一致的愿景，在发布之前进行仔细的试点和测试，然后持续地努力实现。

主题学术博客应该为读者提供独特的内容增值。它需要更深入的分析，而不是《对话》期刊为普通读者提供的混杂内容。例如，博客文章可能会使用一两个图表或表格，或者对所使用的方法进行更多的介绍，或者包含对理论含义的总结讨论。由于学术性多作者博客中许多帖子都来源于期刊论文或书籍，并链接到其他帖子（尤其是在同一个博客中）和可访问的 URL 来源，因此给感兴趣的读者提供了更深入的内容，通常这都不是问题。但是，（总是）以一种容易理解和直观的方式进行这项工作，则是非常困难的，特别是在 STEMM 学科。

这里举个简单的例子，可能会有助于理解。LSE 于 2010 年 3 月建立了第一个博客，作为报道英国 5 月大选的临时手段。这项活动非常成功，选举结束后，我们决定将该博客转变为"英国政治和政策"博客，并发展成了英国最大的政治博客之一。到 2020 年 2 月，该博客已拥有 72000 名推特关注者。

第二个博客的例子来自"社会科学影响力"项目，这几乎是偶然的。我们获得了一大笔资金来研究这个课题，而从 LSE 的信息技术部门获得研究项目网站的队伍排得太长了，于是我们改为建立博客。这一点很快在 LSE 以外的广大读者和作者群体中流行起来。随着时间的推移，它发展成为 LSE 影响力博客（现在已经远远超出了社会科学领域）。由于 LSE 获得了创新资金的资助，一系列其他主要博客（在欧洲、美国、民主审查、LSE 书评和商业评论等领域）纷纷出现。所有这些博客都以知识交流为基础，约 40% 的帖子由 LSE 的作者撰写（但来自该学院的 18 个学科），40% 由其他大学的作者撰写，20% 由从业者、智囊团、慈善机构、政治家、商界领袖等撰写。

如图 8.1 所示，该模式被证明是非常成功的。到 2016 年，博客文章下载量每年超过 700 万篇；到 2019 年初，LSE 网站的每 11 次访问中就有一次是博客阅读。该大学也受益良多、不可估量。商界、政策精英、在世界各地的其他大学，以及潜在学生的外部认可度都有所提高。与此同时，图 8.1 显示，博客文章的引用增长从一开始就比较缓慢，在 Scopus（比 GS 具有更严格政策的专有系统之一）中保持适度水平。这可能是因为社会科学学者在引用实践中相当保守，时间滞后很长，而且并不熟悉博客文章有永久 URL 的情况（就像所有 LSE 的博客一样）；也可能是因为短博客类似于传统书评，很少在期刊论文或书籍中被引用，即使它们非常广泛。

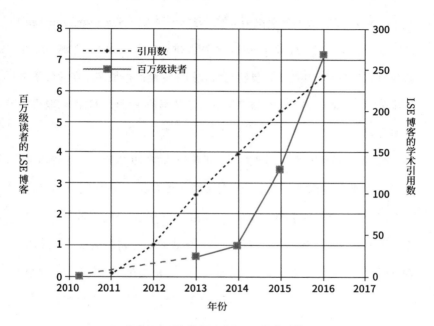

图 8.1 LSE 多作者博客影响力增长的两个衡量指标

年份	博客引用数	博客读者量（千）
2011	4	
2012	38	
2013	98	604
2014	147	955
2015	200	3402
2016	243	7177

　　然而，另外两条信息表明，引用可能才刚刚开始发挥更彻底的影响。我们首先看看学术影响力的替代计量证据。图 8.2 显示了 2011 ~ 2016 年期间，在 STEMM 学科和社会科学学科领域中，学者们在 330 万条推特文章中引用最多的是网络域名。这里链接的许多域名都是几十年来由大型学术出版商或特定学科知名机构［如《科学美国人》（*Scientific American*）或国家经济研究局］建立起来的。然而，排名显示，LSE 博客域名（在研究时只存在了五年半）在推特上被政治学家链接得最多，在社会学领域排名第二，在经济学领域排名第五。这些都是在很短的时间内取得的坚实成就。

　　关于外部影响力，表 8.3 显示了英国大学 2014 年提交给 REF 的 7000 个影响力案例研究中被引用最多的在线 URL，这些案例研究涉及四个广泛学科群中的主要小组（对应 REF 小组的 A、B、C 和 D）。有四个组织——英国广播公司、议会、英国中央政府"超级站点"（gov.uk）和欧盟（当时赞助了很多英国大学研究）——出现在排名前十的榜单中，而 YouTube 刚好错失了社会科学的前十名。另外，英国国家档案馆（在人文学科中缺失）和维基百科（在生物学列表中缺失）也出现在其中三个学科领域列表中。还有 LSE 博客和网络域名、苏格兰自治政府与伦敦帝国理工学院（一所领先的 STEMM 学科大学）这三个组织被列入了两个学科领域列表。在社会科学领域，LSE 是第二大引用来源（仅次于议会），超过了英国政府超级站点的引用数量。在人文学科中，它排名第六。在所有学科中，LSE 是 REF 影响力案例中被引用最多 URL 链接的第八大来源，考虑到其他竞争来源，这是一个惊人的成就。

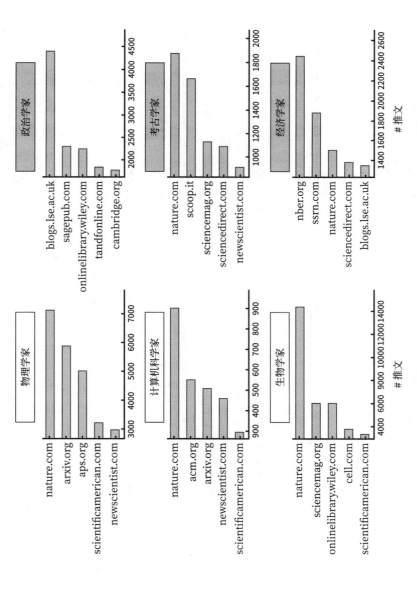

图 8.2 STEM 科学家和社会科学家在十个学科的推文中引用的首要研究领域

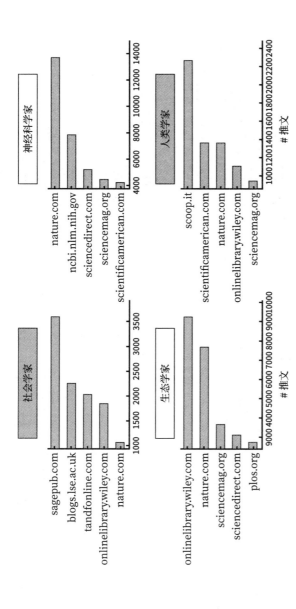

图 8.2　STEM 科学家和社会科学家在十个学科的推文中引用的首要研究领域（续）

注：学科的研究员样本量为 698 ~ 2073。推特的覆盖量达数百万。白色的学科框为 STEM 学科，带阴影的学科框为社会科学。

表 8.3　2014 年提交给 REF 的 7000 个影响力案例研究中所引用的 URL 来源

排名	医学和生物学			其他STEM学科		
	来源组织	引用	前十名的占比	来源组织	引用	前十名的占比
1	NICE（药物/治疗评估机构）	351	26.9	帝国理工学院（大学网站）	209	28.6
2	英国广播公司（国家广播公司）	181	13.8	英国广播公司（国家广播公司）*	133	18.2
3	英国中央政府"超级站点"*	170	13.0	维基百科（在线百科全书）	76	10.4
4	世界卫生组织（国际医疗机构）	139	10.6	YouTube（谷歌旗下视频/播客网站）	66	9.0
5	国家档案馆（公文馆）	125	9.6	英国中央政府"超级站点"	60	8.2
6	议会（英国立法机构）*	95	7.3	议会（英国立法机构）*	59	7.7
7	临床试验（官方网站）	92	7.0	《卫报》（报纸和网站）*	56	7.7
8	YouTube（谷歌旗下视频/播客网站）	60	4.6	欧盟（欧洲联盟政府）	27	3.7
9	帝国理工学院（大学网站）	53	4.1	国家档案馆（公文馆）	23	3.1
10	欧盟（欧洲联盟政府）	41	3.1	商业、创新和技术部（中央部门）	22	3.0
	前十名总计	1307	100.0	前十名总计	731	100.0

排名	社会科学			人文和艺术		
	来源组织	引用	前十名的占比	来源组织	引用	前十名的占比
1	议会（英国立法机构）*	376	22.1	英国广播公司（国家广播公司）*	411	33.8
2	LSE（大学博客/网站）	248	14.6	《卫报》（报纸和网站）*	233	19.1
3	英国中央政府"超级站点"	244	14.3	YouTube（谷歌旗下视频/播客网站）	211	17.3
4	英国广播公司（国家广播公司）*	200	11.7	维基百科（在线百科）	102	8.4
5	《卫报》（报纸和网站）*	157	9.2	LSE（大学博客/网站）	72	5.9
6	国家档案馆（公文馆）	132	7.8	《每日电讯报》（报纸和网站）*	70	5.8
7	苏格兰政府（自治政府）	107	6.3	议会（英国立法机构）*	62	5.1
8	欧盟（欧洲联盟政府）	101	5.9	欧盟（欧洲联盟政府）	21	1.7
9	维基百科（在线百科）	80	4.7	英国中央政府"超级站点"	20	1.6
10	商业、创新和技术部（中央部门）	58	3.4	苏格兰政府（自治政府）	15	1.2
	前十名总计	1703	100.0	前十名总计	1217	100.0

注：星号表示该组织具有两个及以上 URL。

　　在建立博客（就像建立数字基础设施一样）的过程中，非常重要的一点是要高度关注呈现的细节，这些细节累积起来形成了在线学术"品牌"。LSE 公共政策小组的创新博客团队首先开发出了高分 LSE 博客，他们用系统的方法来设想、规划、准备和提供全面发布的博客，莫莱特等人对此进行了有益的总结。他们建议的主要经验包括选择经得起时间考验的主题、不要有太多限制，并谨慎选择博客名称。由于人们通常也会在推特和脸书等社交媒体账户使用该名称，并且很难在保持关注度或"点赞"不变的情况下更改这些名称，因此选择的标题需要具有包容性，并且能持续很长时间（表 8.4）。

表 8.4　规划和发布多作者博客的主要阶段

计划发布前 2～5个月	创作发布前 1～2个月	介绍发布前 1个月	准备发布前 2周	发布
1.博客是关于什么的？ 2.为什么需要一个新博客来讨论这个主题？ 3.起什么名字最好？ 4.确定竞争者和合作者。 5.主题是什么？ 6.选择发布日期。	1.创建社交媒体推送：推特/脸书。 2.创建带有介绍、"关于"和联系方式的博客主页。 3.编写博客风格指南和评论政策。	1.联系其他博客的投稿人等责任人。 2.进行特定主题和期刊论文/工作文件的第一轮调试。 3.建立邮件列表，定期发送博客文章的清单。	1.用其他博客的内容填充博客网站，向读者和撰稿人展示博客的风格。 2.编辑并确定前两周的文章（5～10篇）。	1.博客上线。 2.新闻发布。 3.媒体报道。

当然，有多种可能的数字化战略，以博客为中心的战略并不是唯一的方法。其他大学已经转向以更昂贵或更传统的方式直接公开发表他们的材料。自 2001 年以来，麻省理工学院在网上免费提供所有课程大纲等材料。2018 年他们成立了知识期货小组，以推动麻省理工学院出版社与大学媒体实验室的融合。斯坦福大学等主要的美国大学在开放式在线课程上投入了大量资金（有的投入巨大，有的则不是很多）。许多企业也通过 Coursera 和 Udacity 等专业大型在线开放课程（massive open online course，MOOC）运营商提供了类似服务。然而，大多数非博客数字化战略资源需求通常比实际操作要大几个数量级。例如，MOOC 产品的生产成本很高；在英国，专业视频制作的录制和编辑成本高达每小时10000 英镑。MOOC 有时会接触到大量的重要公益受众（特别是世界各地的贫困学生），但这些服务通常不会提升研究影响力，也不会接触到与院系、实验室或研究中心相同政策或业务领域的国内或国际受众。许多大学早期采用了花费高昂的数字化战略，结果他们发现，在进入对他们来说全新的领域或技术时，很容易犯代价高昂的错误。然而，2020 年新型冠状病毒肺炎危机在全球范围内扩散，迫使许多大学以数字化方式授课，很可能使得这一情况发生重大变化。

与大多数组织创新一样，如果没有相关经验，通常无法很好地制订数字化战略，即如果没有深入到学术组织正在寻求影响力的外部技术、商业、政策或社会事务等领域，就无法很好地制订数字化战略。它们也不可能在一夜之间被投入使用，当然也不可能仅仅通过招聘几名员工来实现。相反，"有机"发展战略从低成本的选择（比如合适的多作者博客和相关时事通讯、社交媒体和研讨会或活动计划）开始，往往效果最好。从经营此类小型企业的经验来看，院系或实验室教员可以制订更雄心勃勃的战略。

研究机构和大学影响力的整合

每个组织都是其成员思考和行动的产物。进步的障碍是由成员的愿望、期望、信念和习惯造成的，其之所以存在，是因为在没有挑战的情况下，这些障碍变得无形、普遍，并被视为理所当然。

——彼得·加尔布雷斯（Peter Galbraith）

在不同的组织环境中，具有传统实践（像加尔布雷斯描述的那种）的组织必须面对创新这一任务。在培养科研影响力方面，关键的选择是如何在中央大学单位（收割一次性"收益"）和分散单位（在这里，人们有最好的关于外部受众、研究领域工作方式的专业知识）之间分配职能。表8.5显示了每个备选方案的利弊。面对这样的两难困境，对于不同情况，没有"最佳"解决方案。高层领导通常认为，对大学或院系的集中管理会节省成本，并促进他们更加密切控制最初看到的陌生的或危险的操作。但这种方法也可能导致产生影响力的政策无法有效地与多个外部部门的知识同步，而这些知识本来就是由各院系和实验室积极的研究员掌握的。分散的方法让这些单位各司其职，可能会鼓励更快、更广泛的创新，并在各个院系尝试和采用不同的解决方案。但是，这可能会导致每个单位犯同样的错；或者由于资源匮乏，他们的工作停留在不太成熟的水平，对新的知识交流技术和可能性反应较慢。

表 8.5　集中或分散职能的主要管理困境

影响力职能	收益、优势	成本、劣势
集中于大学或院系层面	· 规模经济。 · 避免重复工作。 · 充分利用稀缺人才与技能。 · 标准化/更多领导力控制。	· 集中的方法限制了创新或实验。 · 格式设计者对所涉及的主题缺乏详细的了解。 · 减少了对受众的了解。
分散于院系或更小单位	· 产出更接近主题的专业知识。 · 对受众有更好的把握。	· 对大学范围内或跨专业趋势与变化的应对可能不确定或滞后。 · 在欣欣向荣的起步后缺乏雄心壮志或停滞不前。

这些问题在影响力领域尤其突出，因为大多数大学仍有大量资金和中心能力锁定大学（有时是院系）的传统"服务"单元。通常，这些高级别组织都只处理整个知识交流和影响力任务的一部分。因此，一些关键任务可能无法以有效或联合的方式实施。表 8.6 显示了九种不同的单位，如果这些单位完全致力于现代形式的数字通信和知识交流，并与学术部门紧密配合，原则上可以在提高每所大学的学术和外部影响力方面发挥重要作用。

表8.6　可能参与影响力发展及其遗留问题的九个中央大学单位

机构	常见的"遗留"组织问题	通常所需的文化变革
大学图书馆	可能仍然表现出强烈的图书、付费期刊、印刷制品倾向，而忽略了其他来源；也可能专注于构建用户面对面的服务。数字化服务可能不足。无法建立数字化档案。	资金来源于用户。所有资料来源和档案都是数字化的。图书馆在使所有大学研究（包括灰色文献、学术博客等）可获取并尽可能开放获取方面发挥核心作用。解决院系和实验室数据集中归档中的关键问题。
开放获取资料库	往往界面频琐、内对搜索引擎糟糕、不能适应真正大规模的操作。报道可能过于关注期刊，而忽略了更新的内容出版形式。可能无法完全保证开放访问问与永久URL。所有存储都需要大量人工处理。	将所有员工和博士生的出版物以完全可扩展的方式求大存档。为没有DOI的成果分配大学自己的DOI（如章节、博客帖子、工作文件等），并与ORCID整合，实现了更好的搜索与可用性功能。学者可以直接将他们的研究成果以零接触的方式存档。
大学出版社	书籍、印刷刊物通常仍是唯一或主要的焦点。"传统"出版商（有负责质和印刷资产）的商业需求占主导地位。	开放获取和纯数字出版业应占主导地位。只有在销证明合理的情况下，才使用纸质版本。优先营销数字版本。大学应在数字出版地方建立低成本的数字化网络。

续 表

机构	常见的"遗留"组织问题	通常所需的文化变革
网站和信息技术服务	过去"关键业务"系统(如电子邮件和行政服务)的人员和资金配备充足,但鉴于博客与网络和需求在增加,运营资金可能不足。	所有大学都需要大型、可扩展的博客与网络业务,以帮助各院系与实验室发展数字化和知识交流影响力。有效的客户关系数据库可以帮助汇集各大学的外部联系。
媒体/传播部门	仍可能被视为印刷与广播的新闻业务。专注于为单个学者撰写新闻稿,并让他们在大众媒体前露面。过度关注公共关系内容和活动与人员的"外展服务"。单独的业务可能没有被整合。过度关注大学层面的品牌建设,会抑制数字化子品牌,使学术人员的"在线影响力"得不到支持。	数字化优先或纯数字化业务会使同一个中心索引产生不同效果的目的和文本,并提前计划对大量工作给予支持。社交媒体主管人员为部门提供了大量博客、预告博客、活动社交媒体和活动后的博客文章、预告视频广播。媒体运作对大学所有院系是非常透明的,可以在教员中塑造"在线影响力"。
政府关系部门	可能(仍然)过度关注对大学领导、管理层以及精英会议的支持(且不透明)。单独运行。	通过"高价值"模式定期进行精英的数字化联系,重新平衡线下和线上业务。

续　表

机构	常见的"遗留"组织问题	通常所需的文化变革
研究支持部门	可能只专注于确保政府或慈善机构的资助(包括学术经费)。只有传统研究的"传播"受到重视或帮助。影响力研究项目在单一资金资助过程中与研究项目竞争。	为开发影响力项目提供单独的资金。复杂的研究顺序和影响力受到重视。大学集中投资并支持跨院系与实验室的有前景的影响力项目。
筹款人/校友关系部门	他们唯一或主要关注的是确保大型的、面向整个大学的捐款。集中筹款摒弃了院系与实验室的单独资金。大学坚持"匿名捐赠,除非全额巨大"。募捐者和校友员工的数字化专业知识非常有限,很少进行数字化投资。	主要的筹资活动需要在各院系与实验室投入的推动下,通过开发庞大的资金来启动运营,并建立专业知识。该中心为各院系与实验室集资提供了大量资金筹集帮助。校友完全数字化地融入大学生活——例如,许多博客帖子来自校友。
咨询和业务发展部门	除了世界领先的大学,院系可能会过度关注能够立即产生"肯定"回报的活动(如许可证,付费培训课程)。院系可能会规避风险,忽视初创企业,组织分拆或"星爆"公司的"投资入股"机会。	需要长期的投资组合方法,专注于应用研究开发和应用项目以及企业风险投资——并非所有这些都能奏效。每所大学都需要有风险投资策略。

然而，其中有些组织拥有前数字化文化，这使得这些单位在一定程度上是向后看的，并且不愿意为数字化知识交流分配足够的优先权和资源。图书馆员可能仍然关注实体书籍和期刊，关注令人印象深刻的发展以及为使用这些发展的读者提供服务。他们可能拥有可以被数字化的纸质档案。新闻和媒体办公室可能倾向于产生旧式的新闻稿，或向大学高层领导提供危机管理方面的建议，或协调记者和学者之间的个人联系。他们还沉迷于举办精英面对面活动，很少或根本没有数字化的存在与残留。筹款单位可能只专注于寻求由中央控制的机构的大额捐款，以避免交叉或重复工作。因此，院系和实验室会小范围联系并锁定主要捐助者，而新的方法（如众筹资金或资助特定项目的启动资金）可能会被边缘化。即使是新的单位（比如大学的开放获取库），也可能在早期很快"冻结"数字化业务。他们可能不愿意根据不断变化的技术要求和用户需求来改进他们的方法（如大学电子资源库中内部搜索引擎的恶化），即使他们的资产已经在增长。不同活动可能会被孤立，因此，关键的新角色要么在部门职责之间被忽视，要么被列为次要优先事项，需要耗时的协调。

表 8.6 中突出了两个关键要素：

● 大学层面的单位需要坚定地致力于数字化运作模式，为其分配足够的优先权和资源，并重塑组织文化，以确保它们保持现代化和与时俱进。

● 中央部门需要寻求外部影响力以及学术影响力。

总的来说，这两个目标都是通过最大化受众数量和接收水平来实现的。这几乎总是意味着要以开放访问模式和最能吸引用户注意力的方式把东西放在网上。这需要制定复杂的战略，为精英和更广泛的受众寻求最佳的数字媒体方法，并以互补的方式整合个人接触、会议、数字文本和广播，提高前瞻能力，以便在精英和公众最感兴趣的时候及时开展研究。中央部门必须与各院系和实验室站在同一起跑线上，特别是要对具有新思想和创新的年轻学术人员做出回应。

中央部门之间进行有效合作，大学高层领导可以在让员工、院系和实验室扩大其外部影响力方面发挥关键作用。一般功能最好在全学科范围内得到支持（如运行先进信息技术、安全管理服务器或设计开发博客或播客的模板），但中央部门应强调切实帮助院系和实验室提高自身活动的影响力。然而，监管、检查、纯粹的咨询或其他"表格填写"并没有实际帮助。同样，大学范围内的限制性政策可能会阻碍各院系的基层影响力工作，这些政策需要与时俱进。例如，何时可以允许外部赞助或联合制作知识交流影响力的数字化外展。

有时，大学也会过度集中专业知识，当中央部门的工作人员缺乏特定领域的数字化或影响环境的必要的详细知识时，就会产生破坏性结果。通常，从事公共关系或企业关系、筹资和咨询支持单位的"通才"员工不像基层部门人员那样了解研究领域。他们可能会低估扩大外部影响力的中小型机会，特别是那些潜在的种子机会。同样，中央大学单位从老式融资方式转向采用数字媒介的"启动资金"的步伐也非常缓慢。然而，许多由 NGO 和社会企业家成功开发的小的影响力项目则是为这种工作量身定做的。

鉴于上述传统与前数字化文化和现代化与数字化文化之间存在许多矛盾，很少有大学能找到表 8.6 中能以最新方式有效工作的所有中央部门。各院系或实验室着手启动创新计划的方式往往是分散的，通常成本较低。它们可能会被更"先进"的中央部门接手，特别是在创新资金可以从拨款、捐赠者、大学盈余或内部成本节约中获得时。有时，更现代化或运行更好的单位可能会接管影响领域中其他落后的中心职能，从而重新安排任务。或者，更现代化和数字化的运作方式可能只从更先进的中央部门缓慢扩散到落后的单位。

即使是实践良好的渐进式创新，也常常会被那些惯于以传统方式行事的"强势"部门所抵制，他们的组织文化和行为方式似乎受到了新做法的威胁——特别是当这些部门对不同的高层管理者或大学委员会负责时。当然，所有中央部门的领导都向最高决策者保证，他们会为实现协同数字化或知识交流而竭尽全力，但不知何故，这似乎从未被落实。高层对现状的不满可能会促使他们定期要求政策在整个组织系统内贯彻执行。但是，需要获得上下一致支持的唯一战略可能没有那些想以更快方式开拓市场的现代化部门的战略那么"先进"。

然而，随着时间的推移，如何更好地培养外部和学术影响力（特别是使用数字方法）这样的知识将变得常规化，并在大学管理者、学者、研究员、院系工作人员中得到广泛认可——就像打字早已不再被认为是一种专业技能。组织发展一般都是图 8.3 中所示的 Z 形的曲折过程。新的和陌生的影响力任务通常从左上角的单元格开始，由中央大学或教学单位代表各院系完成大部分任务，其作用仅限于组织相关的材料或活动。然而，随着时间的推移，影响力任务中涉及的职能往往会被中央部门越来越多地常规化，以便它们可以移动到右上角的单元格。在这里，院系行政人员和较少参与的学术人员在中央的建议下获得了新职能方面的经验。当新任务被彻底分解，工作人员接受了完成任务的培训后，中央部门将退回到次要的支持角色，并切换到图 8.3 中的第二行。开发活动被授权给每个院系的特定员工（左下角单元格），中央支持仅作为后备，或被用于更复杂的问题。进一步的简化和学习可能会使任务在各院系内扩展，因此，现在所有或大多数员工都接受了培训，而不是只有专职的学者或专业的行政人员来处理任务（右下角单元格）。

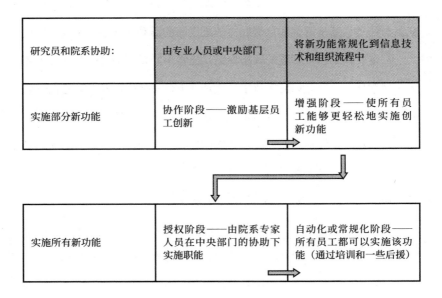

图 8.3 将新能力纳入部门和大学行政管理的可能顺序

大学领导力和信息流

作为数字化领导者，你必须认识到技术的力量，并能够将切实可行的计划付诸实施。

——丹尼尔·辛丁（Daniel Sintin）

对大学高层领导的研究并不多；即使研究了，在早期的研究中也没有提到管理组织中数字化变革的这个关键角色。然而，这些决策者却可以对知识交流的有效性和对外部用户的影响力产生很大影响，特别是通过建立（或不建立）适用于各种活动的集成系统——如人际网络、公众参与活动、基于博客和社交媒体的更广泛的活动和数字化呈现。任何大学都需要找到以下问题的解决方案：应将不同级别的网络和社交媒体运营摆在什么位置？如何在数字时代条件下最好地建立并管理它们？它们如何获得可持续融资，特别是如果它们无法产生稳定的财政收入流？比最高层低一个级别的第二级领导通常拥有关于知识交流影响力活动最佳位置的最多信息，那它们是"对外关系"的一部分吗？还是属于"研究"的那一部分？谁来管理特定的专业领域？

请记住，除了表 8.6 中列出的单位外，不同的中央单元还负责规范教学和鼓励创新。诸如开放在线课程（有些是大规模的，有些则不是），在新型冠状病毒肺炎疫情后将所有讲座甚至小组教学转移到线上，或者开发类似 TED 的讲座，这些举措都可以产生重要的影响力。那么，"混合学习"解决方案的开发、针对外部研究和筹款的 Zoom 会议以及视频、播客、音频制作的专业知识能否在校园内带来联合变革？如果不能，从事教学发展的单位中可能会出现新的空隙。

类似地，20 年来，院系和大学管理人员经常只通过电子邮件和张贴"公告板"（主要是静态或简单的显示）网站与学生和教职员工进行沟通。像 Moodle 这样相当有限的独立在线教育资源系统，已经成为管理的第三支柱。然而，学生们自己也生活在一个社交媒体发展更快、通用应用程序功能更强大的世界里。因此，所有这三个"主流"管理服务可能越来越显得过时和"闭塞"，学生必须付出额外的精力来检查或访问，因为这些服务都远离他们常规的数字化范围。

因此，许多大学管理系统的"节点性"正在迅速下降——并带来一系列后果，比如学生因为不经常检查电子邮件（满是垃圾邮件）而错过了截止日期。直到 2020 年新型冠状病毒肺炎疫情暴发前，将院系和大学管理流程转移到更现代的社交媒体解决方案上，都是多数大学多年来努力的方向。但是，一旦完成了这项任务，产生的影响力可能使落后的发展受益。然而，从本质上讲，使用新媒体不会创造出管理员渴望的"稳定状态"解决方案，而是要随着在线通信发展，不断采用新的解决方案。

另一个关键问题是如何一次获取多次用于不同目的的信息。信息不断被获取、使用一次或根本不使用、丢失或过时，然后被大学不同院系重新获取。学术部门在通过校友为学生提供实习建议时，可能不得不建立自己的电子邮件和社交媒体联系名单，因为校友信息不容易从筹款部门获得；或者，中央筹款人可能会向 A 公司的一位高管寻求捐款，因为他不知道 X 院系已经有学者与同一家公司进行了合作研究，或学生团队每年都在该公司做顶点项目（capstone project）[①] 或实习；或者，大学的部门可能会向 A 公司发起一项能产生少量资金的项目，而不知道另一学术部门已经与直接竞争对手 B 公司建立了更深入的关系，从而产生了潜在的利益冲突。

在过去 20 年中，大公司广泛追求的潜在解决方案是创建客户关系管理（customer relationship management，CRM）系统，使用信息技术系统来尝试并捕获关于既定联系人（客户）的所有信息，并促进组织学习。在大学环境中，这意味着要试图系统地了解校园里何人在何时与何种特定外部人士、企业、政府机构或 NGO 打交道。大学所有部门（院系、实验室和中央部门）的学术和行政人员都需要记录他们与既定组织的每一次互动或交易的简要细节，提供持续发展的关系的更多细节。其目标是要做四件事：

● 创建外部联系人的综合数据库（包括重要或复杂关系的全貌）。该系统应有"一次添加，多次使用"的能力。

● 实现所有邮件列表的共享和不断更新。

● 将隐私问题纳入 CRM 解决方案，例如，在不同法律约束下划分联系人；

---

① 为评估高校毕业生的专业知识、技能获得而展开的最终项目，相较于毕业论文，顶点项目更侧重学生的实际应用能力。

● 纳入系统"治理"规则，以自动提醒人们与既定外部机构可能存在的利益冲突。例如，学术部门可能不会从同为中央筹款人主要目标的特定校友那里寻求小额捐款——因为多个筹款申请可能会让潜在捐赠者感到困惑。

CRM 计划背后有可靠的信息技术公司供应商，通常包括大学现有的信息技术承包商。管理顾问还可能推荐 CRM 系统作为大学范围内"快速的解决方案"，以解决中央部门和学术部门之间在谁来领导外部影响力工作方面长期缺乏有效合作的问题。原则上，某种形式的 CRM 可以为大学管理增值，特别是在大型和结构复杂的大学。

然而，CRM 解决方案也是成本高昂、很难实施的。对中央部门或通才顾问所构思或委托的数据库和项目持怀疑态度是明智的，因为他们现有的专业知识与各学术部门的需求和能力是脱节的，有追求过度整合的危险。如果提供的系统过于复杂或耗时，员工无法使用（例如，由于单独的登录密码或不易理解的屏幕信息或导航），或它们没有明确和直接地帮助学者、研究员或院系项目工作人员完成日常工作，提供中心设施可能无法打破信息壁垒。

信息积累的方式或详细程度可能会让基层员工感到厌烦或缺少价值。CRM 系统的好坏（以及及时性和新近性）取决于输入的信息，而学术界和研究员尤其不愿填写表格，特别是在大学中央部门的要求下。

CRM 解决方案也具有内在整体性，因此经常被当作"大爆炸"项目来实施，这种项目只有在整个计划实施之后才能实现收益，是一种危险的做法。大型投资可能最终不起作用，也可能无法获得成功所需的员工支持。由于附带巨大成本和风险，大多数大学高层领导尚未认可这一方法。

现在，更好的解决方案可能是，大学可以在学术部门或中央部门内以较小规模采用更现代的模块化方法，但其设置方式应允许在后期容易连接其他现代 CRM 组件。可想而知，只有当这个概念被证明对所有参与的利益相关者都有效时，才可能实现跨大学实施。可喜的是，基于云计算的发展可以促进模块化方法，通过使用"软件即服务"的解决方案可以控制成本风险。新的机会正在被创造出来，使组织学习的机会与系统技术能力同步上升。

从更广泛的角度来看，组织是社会技术系统，具有强大的能力，能够在新的数字时代将最初花费高昂且以人为中心的技能常规化和系统化——如上文的图 8.3 中的 Z 形变化。然而，大学往往落后于新的组织方法和技术转型，推迟他们认为会产生高昂花费的决策。在以后的开发中，他们也可能试图在图 8.3 中的"授权"阶段过早地停止变革，因为他们担心创建过大的中央单元又会产生高昂的成本。具有讽刺意味的是，这可能发生在技术发展和组织学习帮助开辟最广泛的低成本创新应用之前。

小　结

现代大学中的组织和流程保守主义有些自相矛盾，如达维德·格林伍德（Davydd Greenwood）指出的：

> 尽管研究型大学致力于知识开发和传播，但他们在许多方面没有发挥知识密集型组织的作用，并且缺乏学习型组织的大部分特征。

同样，加尔布雷斯也指出：

> 新大学时代的团队合作是混合型的，似乎发生在两个层面。有些是非常有成效的，因为个人和团体找到了新的合作方式，例如为了实现更好的教学和评估实践，跨学科和跨机构的共享正在发生，这在以前是不可能的（如果不为人所知）。
>
> 然而，在另一个层面上，当环境变成对资源的竞争、同一个人在不同论坛上以完全不同的方式行事时，文化就会发

生变化……大学结构倾向于创建委员会而不是团队，成员是其行政单位的代表，因此是部门利益的监护人。

委员会和行政部门往往以不合时宜的方式将当前事宜和问题分割开来，不利于更全面地解决这些问题——在数字和信息技术领域尤其如此。最初可以设计预算公式（特别是建立"成本中心"），以便激励优秀的绩效。但是，即使有越来越多的证据表明这些组织正在产生反作用，它们也常常被拼凑在一起，如加尔布雷斯所说：

公式应用不够灵活，（通常）意味着学校或院系可以采取适当有力的行动，（例如）提高入学率和增加研究成果，但由于发现自己因为其他机构的变化而更加落后，因此产生了"这件事是针对我们做的"和"我们又来了——有什么用？"的感觉。

在这种情况下，促进更大的外部影响力和学术影响力仍然不容易。各院系和中央部门内部需要进行多种变革，而这都与学术成就、学生学习和大学管理的广泛数字化转型密切相关。致力于知识交流和建立有效的数字化战略是各个院系当前需要采取的关键步骤。在大学层面，关键问题仍然存在，要么围绕新的优先事项进行重组，将影响力发展的因素注入现有的部门结构中；要么说服不同部门不只是进行偶尔的合作，还要以集体战略意图推进知识交流影响力。改善大学与其他学术界和外部机构联系的信息基础，可能会发挥长期的作用。如果大学真的希望研究员提高其个人或团队拓展外部影响力的能力，那么我们讨论的支持性变革显然是必要的，这是下一部分将要讨论的内容。

第三部分
外部影响力

（学者们）带着自信、权威和尊严，从他们的狭小世界里走出来，来到开放的世界；他们用不屑和轻蔑的目光环顾四周，看着一群同样陌生、同样卑微的人。如果学者们想在这些人中快乐地度过时光，就必须模仿他们的言行举止，与他们保持意见一致。

——塞缪尔·约翰逊

学者、科学家和大学科研人员积极向外界精英和社会公众传播他们的知识，推动社会发展和进步，这是大学重要"使命"的一部分。继本书第二部分讨论的"双重功能"后，我们接下来的探讨更具争议性。更广泛的角色需要人们行为上的改变，约翰逊认为这对 18 世纪的学者来说是痛苦的，对今天的许多研究员来说，仍然有争议。在这一部分我们讨论了：

● "影响力"这一概念到底是什么，以及中介机构参与的影响有多大。现在从多方面来看，提高外部影响力符合了基本的学术目的（第九章）。

● 研究员与外部组织进行合作或应用合作的潜在制约因素有哪些。我们评估了这样做的许多好处，也评估了潜在的成本和风险，以及一些可以证明有助于避免意外或减少不利影响的策略（第十章）。

● 哪些因素决定了科研人员或研究团队能够在多大程度上为公众辩论做出贡献，并形成公众参与方案。我们再次探讨了所涉及的收益、成本和风险问题（第十一章）。

在简短的后记中，我们反驳了任何将影响力指标体系等同于"新自由主义"对大学的支配的说法。相反，我们论证了自主学术理念及其在知识获取民主化方面的价值。

第九章 ▽

影响力、中介与学术目的

学术影响力是学术研究对其他行为人或组织产生影响力的一种场景记录或查证……它与这种影响所带来的成果或活动的变化是不同的，更不是社会结果的变化。

——LSE 公共政策小组

正如学术引文只能证明它在初级阶段对另一作者或研究员产生潜在的影响，外部影响力也只是一个可查证的影响场合，一个可以记录和统计的潜在机会。我们可以"处理和追踪"这样的影响，并记录一些可能受到影响的人的情况。至于影响所带来的结果，暂且不在此讨论。大多数学术引用都承载影响力、敬重或卓越的正面指标，负面引用很少。我们希望，大多数外部影响也是积极有益的，但是我们没有办法确定学术影响力的相对权重，更不用说为它构建效用演算了。

这种怀疑立场与 REF 或 ERA 中政府研究审查员普遍采用的管理主义方法，以及工业或国防赞助商提出的"精打细算"要求相去甚远。相反，这种传统观点的根基有失偏颇，因为它提出了证明学术特定影响的不切实际的要求。本章第一部分将阐明此方法的"无效"，因为它的因果归因站不住脚。如果学术资助者坚持这样的要求，只会产生"童话般的影响"。我们的替代策略是集中精力为外部影响力的潜在场景制作索引，并使其与影响路径的有限"过程追踪"保持一致。然后，我们将探讨学术作为一个整体是如何融入更广泛的现代影响力、中介和学术目的中的，因为它们是应用创新和思想创新的关键渠道。最后一部分，我们集中讨论了一个不可回避的事实，即大学研究对企业、政府等的直接影响是很少的。这种影响主要通过大学与政府、企业、社会公众之间的"影响界面"来实现，研究员必须与之保持接触。

什么是外部影响力

影响力是指改变大学外部人士在思想和行动上的能力。

——大卫·冈特利特

把学术活动对高校外的人士或组织产生的影响记录下来，是一件相对简单的事情。例如，某公务员或企业主管参加了一个大学组织的研讨会，或阅读博客等媒体上有关学术研究的文章。或者，某公司委托大学研究小组提供一份技术、研发或市场报告。外部影响不断加大，可以佐证冈特利特概括的"改变行为或思想"。互动越多，发生改变的可能性越大。例如，如果某公务员与大学科研人员共同出席研讨会，或委托大学科研人员开展课题研究或撰写咨询报告，并在以后邀请他们来向高级决策者介绍他们的研究结果，由此产生影响的可能性就会增大。如果能够提供官方证明，证明双方接触有意义，或者后期政府（重大）政策的调整变化与大学科研人员所提交的研究报告有关，那么这个过程追踪就更能验证外部影响的作用。类似地，如果一个企业或政府机构直接支付给大学某部门 X 元的研究费用，我们可以大胆猜测，这项工作给委托机构至少带来了 X 元的价值。

　　图 9.1 白色部分显示了可查证或可衡量的影响。浅灰色阴影区域显示了其他（有争议的）影响，第一行单元格显示了总体结果，第二行单元格显示了过程或收益（更多的证据或更好的分析）。任何负责任的学者都会坚持认为，社会生活中没有什么是单一的原因，许多其他因素都不可避免地会对企业或政府组织采取的行动产生影响。

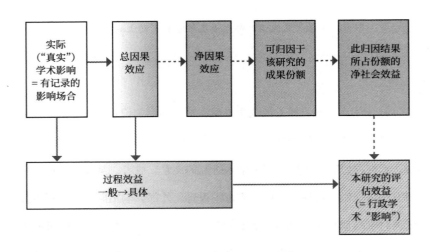

图 9.1　在具有多因果过程的经济、公共政策或社会环境中，
为什么学术影响力难以评估

对于为政府、基金会或企业研究基金提供拨款咨询的政府资助机构或企业高管来说，这样的实证分析几乎起不到决定作用。他们通常要求提供更多的证据，证明外部影响的潜在可能性确实已经实现，如图 9.1 第一行深灰色阴影单元格所示。在学术界有一些人坚持认为，即使有结果也不算产生影响，只有直接给组织活动或政策带来长期变化，才可以算做产生了"影响力"。由此，我们理性地认为，最初的影响力场合无法被轻易地或可靠地追踪到，甚至不可能达到总的因果效应。任何研究都不可能估计"净"（或反事实的）因果效应——这就需要了解其他多种政治、组织或经济因素的影响，而不仅仅是学术的作用。可以说，结果与最初的学术影响是一致的，但无法判断由科学或学术活动产生的具体影响（份额）。因此，对大学研究的决定性贡献进行社会收益—成本的分析是不可行的。此外，外部影响并不一定意味着积极的社会效益。所有社会变革都会有输家和赢家，并产生意想不到的结果，因此，要令人信服地将学术的净影响评估为积极的并不是一项简单的工作。

如图 9.1 第二行所示，通常可以证明某项证据有助于政策论证，或帮助企业或 NGO 就如何分配资源做出有理有据的决定。但是效果一般，几乎不能追踪到与外部机构的具体决定或活动有关的影响。因此，学者们可以追踪影响的唯一合理区域，是图 9.1 中的白色（可测量）方框，以及混合方框（灰白混合阴影）内的更多尝试性探索。

图 9.1 的最后一个部分（底部斜纹灰框）表明，对学术研究外部价值的评判，充其量来说是一种官僚与学术结合（或"官僚学术"）的做法，就像 REF 和 ERA 两家政府机构对大学提交的影响力案例进行的审

查一样。除了这些正式的官方程序之外，每个先进工业国家都会使用某种形式的混合委员会来评测学术影响力大小。委员会由科学家、学者和外部人员组成，在官方原则要求和组织行为准则范围内开展工作，对政府研究资金在各大学的分配、研究团队或学术人员项目投标等提出可执行的建议。提供赠款的各种基金会大多也以类似方式运作。

图 9.2 展示了影响力概念的形成过程。图左侧列出了大学研究的三种主要影响。首先，它（或多或少地）补充了现有知识和潜在知识储备，我们称之为"动态知识库"。目前没有被应用的知识很容易（以许多不同方式）被认为是没有用处的。但是，当社会、经济、政治和文化环境迅速变化时，那些看似非常深奥或仅与过去有关的知识，有可能会突然间重新获得极大重视。例如，9～18 世纪，伊斯兰哈里发国和土耳其帝国似乎只有历史意义，直到极端的伊斯兰圣战组织"伊斯兰国"突然崛起，宣布成立一个新的哈里发国，并在 2013～2017 年夺取并控制了叙利亚和伊拉克的大片领土。同样，如果将来某一天抗生素药物不再起作用了，抗生素发明之前治疗感染的方法可能会重新得到应用。

其次，学术研究可以通过决策者与研究员之间的直接接触，及出版物、博客、播客或其他远程数字渠道，影响企业或政府精英人士。任何数字的"影响力场景"（图 9.2 中的白色区域）都可以被精确地、客观地记录下来（在下一章中重点讨论）。这些信息也可以由一个独立的第三方核查。针对这里涉及英国社会科学和一些 STEM 科学的扩散过程，巴斯托等人进行了详细研究。他们强调，动态知识库中的内容，尤其是社会科学、人文科学和 STEMM 学科中的内容，会被反复访问和遗忘。

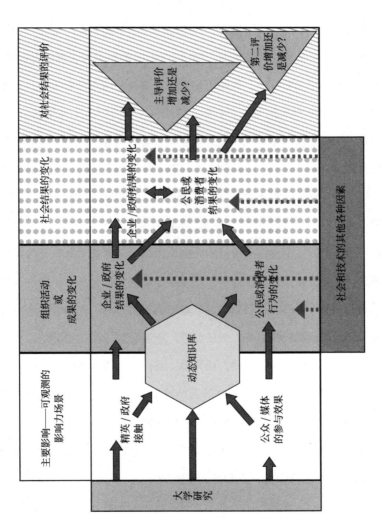

图 9.2　影响力追踪所涉及的阶段

　　图 9.2 中灰色阴影区的左边展示了如何便捷地进行"过程追踪"——比如基于证据记录学术研究如何影响企业、政府机构或 NGO 的行为。这种方法可以进一步演变成"逻辑模型",本质上看,它是一种阐明影响力是什么的算法或流程图。2014 年,REF 的影响力案例研究表明,该过程追踪基本可行。将"影响力场景"与企业产出或政府机构活动变化联系起来,有时作用更大。但是,将任何影响力归因于特定的研究,哪怕是一个作者多年累积的研究,也会出现各种问题。此外,尽管官方过度宣称"有所作为",大多数实践中的学者却并不认同。中介作用等多种因素的影响,意味着我们无法解释图 9.2 中的斑点灰色地带(结果归因),更别提斜纹灰色地带(证明积极的社会效益)了。

　　图 9.2 中的左下角箭头所指的是由市民或消费者等受众参与的影响力场景研究。公众舆论的动态性尤其复杂,是许多社会科学家的重点研究。因此,越过一些看似合理的过程跟踪是不可行的,例如弄清学术研究被公开的时间和舆论转变之间的联系,或者证明一个不明确的、源于研究的模因在公众或媒体中的广泛传播。然而,证明媒体或社交媒体对研究信息的报道规模(表明研究结果已被采纳),与随后的舆论变化之间的某种相称性是可行的。用户使用社交媒体(尤其是推特、脸书和阅读量很大的博客)的量化、时间流数据,特别有助于追踪潜在的学术研究影响力(图 9.2 中灰色阴影部分右侧所示)。

　　目前已经有人设计出了一些学术研究成果的评估方法。其设计理念先进,让人印象深刻,但似乎有点夸大其词,如"回报模型"。它们基本上就是分类法或清单表,旨在系统地找出不同类型的影响。用于医学研究成果的评估模式设计得最好，图 9.3 展示了加拿大开发的一个整体框架。其作用是全面追踪整个研究计划（包括不同的项目和资助年份）的结果。类似的分类法提供了一个节省时间的辅助备忘录，尽管它们需要进行一些调整，以适应每个学科实现影响力的不同方式。无论哪种情况，图 9.3 左边列举的要素最容易评估，它们是大学内部或整个研究系统的要素。从左往右观察图 9.3，你会发现影响效果的确定逐渐变得困难。这些方法最好是在长期分析整个研究系统的总体水平上应用。它们对分析单个组织的效果不太有用，对分析单个项目或研究员更不适用。时间越短，或者对研究的关注焦点越具体，这种方法的用处就越小。

我们衡量影响力的限制性方法存在一些争议。很多批评者（大多数是政治上的右翼人士）认为，该方法注重那些过于模糊的关联指标，在"现实社会"中不能算做有意义的"影响力"。大学和专业团体通常会不断夸大自己的研究影响，大肆宣称他们的研究在多因果关系条件下"值得信任"——事实上，他们的研究只是复杂影响模式中的一个要素。一些学术界观察员通过采用永远无法操作的证明标准对此观点表示认可。例如哈丁（Alan Harding）就辩称："结果和影响之间有什么区别？影响是结果的长期作用。"然而，在多因果关系环境下，这种主张永远无法得到实证检验。即使单个组织（如企业或政府部门）发生改变，也是许多不同的有因果关系的影响因素造成的。在这组影响中，大学研究的投入通常是很小的组成部分，决定因素必然是多方面的（如决策者的态度）。哈丁的观点是不成立的，对外部影响力的界定无法令人信服。

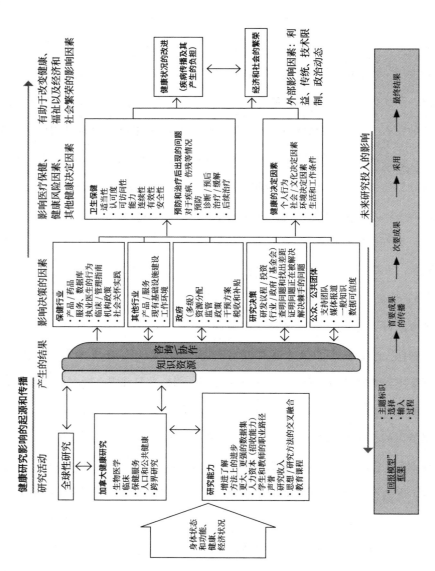

图 9.3 加拿大健康科学院制定的评估医学临床研究影响的顶层框架

此外，从根源上讲，"影响力"有三种内在对立的定义，它们分别规定了影响力的必备标准，并且累积起来是无效的。三者可能有些重叠，但各不相同，如下图 9.4 所示：

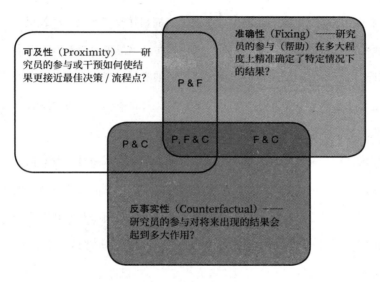

图 9.4 学术研究外部影响力的三个评估标准

● 可及性或福利性的定义认为，当外部组织的决策朝着研究员建议的方向转变时，就会产生影响——假设这样做会使组织（或整个社会，但不清楚是哪一个）变得更好。然而，对福利做出判断非常困难，而且大多有争议。例如，传统的经济增长方式是好事还是对环境的破坏？制造核武器，哪怕是廉价的核武器，给我们社会带来的是收益还是负担？在这种情况下，由谁来判断福利收益？

大学研究员采用的计策是只关注外部系统的最终结果是否接近"最

佳点"，从而使他们更多的建议得到落实。这就撇开了这个行动方案是否能以任何外部有效的方式被证明对社会有益。当然，因果链也没有被建立起来，尽管可能实施了过程追踪。

● 反事实性的定义认为，如果没有开展和传播某项研究，那么（当时）相应的变化就不会发生。在这里，福利并没有产生，尽管反作用的变化可能并不会（以某种方式）发生。这里的重点是没有开展研究的反事实的结果与传播交流研究后的实际结果之间的差异（假定至少是福利中立的）。然而，在任何复杂的环境中，想确定反事实的结果非常困难——因为根据定义，它并没有发生。

● 准确性的定义着眼于成果产出或结果的详细配置或设计，及它们的具体时间。由此观点得出，若学术研究以某种不同的方式或特定的细节塑造了外部组织行为，从而使企业活动或政府政策密切遵循研究员的建议，学术研究就被认为是有影响力的。研究结果的出现，可能会对企业活动或政府政策最终改变产生一触即发的或"颠覆性"的影响。

如图 9.4 所示，这三种方法中的任何两种都有可能发生重叠。原则上说，存在一个"黄金地带"，它可以同时满足这三个标准。

然而，我们能否举出一个同时能满足这三个标准的例子？公司最有权力的首席执行官，或者国家最有统治力的总统或总理，能同时满足这三个标准吗？邓利维和伯纳德·施泰内贝尔格（Bernard Steunenberg）在2006 年的一项研究表明了他们不能——即使是组织内部权力最大者，也只能同时满足其中两项标准，而不能同时达到全部三项标准。我们通过内部的仔细研究得知，美国联邦政府行政机构中的政策分析师也很少能够对公共政策产生直接影响，即使他们直接为掌握权力杠杆的高级政治官员工作。因此，我们几乎可以肯定地说，学术研究（只从外部对政府或企业产生影响，而且通常是通过多个中介机构）永远不可能同时满足上述所有三个标准。因此，引用这些标准中的一个或两个作为证据的影响力主张，总是有争议的，会遭到另外一个（或两个）标准的质疑。由于"影响力"的定义本身存在争议，因此，即使对外部影响进行了最详尽的描述，也有一种试探性的、概括性的特点。

基金会和政府通常知道，它们的资助机制有不完善的地方，资助了一些被证明不值得的项目；而许多有价值的项目（也许甚至是最具创新性和开创性的项目）可能遭到了拒绝。资助机构的现实愿望是广泛投资各种研究活动的项目组合，从而使它们在整个资助项目中获得合理的总体回报水平，并成功维持一些高产出项目。

遗憾的是，到目前为止，大学研究员、科学家、专业人员或其他急于宣称其工作具有广泛社会影响力的声音对这种推理并不认同。政府机关、财政部门、公司研究主管、基金会等评估机构也没有注意到这一点，因为他们急于从每年数十亿的研究投资中获得更多的"收益"。正如一些观察家所言，西方国家似乎出现了审查大爆炸问题，强制人们对（目前）不可评估的影响力进行评估。

研究员编造"影响力的童话"，只会进一步模糊和阻碍我们理解高等教育在现代社会和经济发展中发挥的有效的重要作用。大学、政府机构、基金会和学术研究赞助方一味夸大学术对个人决定性的影响作用，目的是帮助维持影响力的产生及其对现代社会发展所做贡献的天真的和虚伪的论述。2014 年 REF 收集了 6900 个案例，可以说来源广泛、研究深入，但其影响也不一定很有说服力——因为它们侧重于"最佳实践"案例，而不是更广泛的研究情况。

学术界与现代职业

> 当生产者与消费者之间固有的紧张关系通过以职业权威为基础的框架进行控制时，专业素质就形成了。
>
> ——特伦斯·J. 约翰逊（Terence J. Johnson）

首先，思想和知识如何从大学研究向外转移，是由现代专业（和其他职业社区）的运作方式所决定的。从 19 世纪（及更早）继承下来的经典模式侧重于私人执业的专业人员（如医生、律师或建筑师）。他们为"非专业人员"履行昂贵的职能，除非有保障措施，否则这些非专业人员容易被剥削。正如约翰逊上文所指出的，专业素质是在职业团体采取职业道德和控制措施、向客户保证不会被专业人员剥削时产生的。通过建立客户信任，他们充分利用了职业团体的服务。专业人员对自己的成员进行深度培训教育，对其活动严格管控，优先考虑客户的最大利益，通常是为了换取专业垄断或国家给予的其他保护。

然而，当今时代，私人执业的可行性已经减小。大多数专业人员目前都在国家或企业的"赞助"下工作（如图 9.5 所示）。他们成为企业或政府机构的正式雇员，在公司人力资源系统、等级结构和官僚文化背景下工作。这里涉及几种压力：

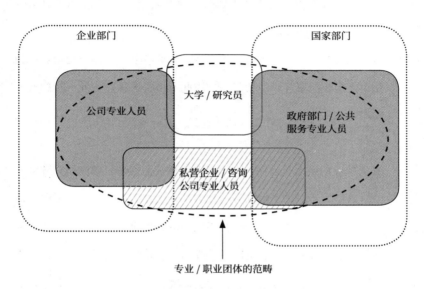

图 9.5　大学专业人员在现代职业社区中的作用

- 在"大科学"和大技术时代，合伙形式的私人执业在许多领域越来越不可行。尽管信息技术的普及带来了权力下放，但打造 STEMM 学科领域核心能力所需的巨额资金和设备成本，目前只有大公司、大学和政府部门能够负担得起。

- 理论上来看，许多大型私营企业还保留着"合伙制企业"形式，但实际上已演变为大型组织（也许还有一些剩余的合伙关系）。因为规模巨大，有些成了跨国公司。这种组织形式的变化，在面向商业的知识密集型领域尤为明显——如管理咨询或会计公司、国际或国家法律事务所、广告公司及建筑或设计公司。

● 战后"福利国家"的扩张也是基于政府和公共服务部门雇用大量的专业人员来提供个人服务（如医疗健康或社会保险），以及许多原有行政行业的"专业化"服务。

● 如果私人执业的专业人员仍然坚持，他们的公司可能只会得到少数几个公司或国家客户的帮助——因此不再符合独立专业人员的经典模式。

私人执业的残余化，使得大学专业人员成为许多科学和研究领域不可缺少的重要人才。由于国家拨款和慈善基金会的援助、相对不受官僚主义和企业赞助压力的影响，大学科研人员能将无私追求知识与获得大量资金、设备等资源结合起来。每个部门、实验室、团队，甚至每个研究员都致力于知识的积累增长，并为公众利益服务。他们的职业地位取决于同行的苛刻评判。因此，与任何其他人相比，大学研究员更接近以往个体、私人执业的专业人员。

当然，如上文表 5.1 所示，国家和企业普遍给予了专业人员和研究员以资助，这使大学研究员受到了影响。关于大学为什么要与企业或国家机构（特别是与原子核、国防安全和情报等有关的机构）签约，为他们进行秘密研究，一直存在争议。在私营部门的药物开发和制药研究等方面，以及在国防、安全和情报领域的政府承包中，企业的优先待遇遭到非常强烈的指控。许多社会科学以国家为中心，以政府、公共部门和监管机构为导向。

　　不可否认，西方国家的大学仍然是"强势"机构。他们的悠久历史往往使他们所面对的企业或国家机构相形见绌。他们制定了指导自身开展研究的道德守则，并在维护和捍卫他们无私的知识追求的声誉方面，对公众具有强烈吸引力。因此，大学的专业人员比私人执业专业人员、顾问或企业、政府内部的专业人员更加独立自主。他们是公共利益的重要代表。大学研究员常常能制衡那些既得利益者，即使他们的独立人格受到巨大挑战。

　　新药开发是一个典型例子，它说明了利益、监管、学术以及专业中介机构是如何相互渗透、紧密地联系在一起的。"大型医药公司"在内部研发、大学实验室研究和大学医院药物试验方面投资巨大。获得药物试验资助的医学研究员在设计研究、伦理审核、患者参与和方案实施等方面发挥了关键作用。如今，这通常需要大型医学研究团队在多个国家实施，以便日后获得全球监管机构的批准。

　　21世纪初，人们开始思考这样一个严肃问题：医学期刊上发表的关于药物和相关治疗方式的论文，有多少篇是完全由大学的医院医生撰写并署名的。大型医药公司经常雇用被称为"医学传播机构"的专业工作人员，他们由具有 STEMM 学科博士学位的作者和编辑组成。作者们从药物试验中获得原始数据，并按医学期刊所需的格式将其整理成文，然后，经验丰富的专业编辑利用各种手段确保论文在最有声望的期刊上发表。提交的材料按照期刊的等级顺序排列，如果被推迟，则对其进行修改；会被翻译成不同的语言；会根据不同国家的期刊风格和要求进行修改。有批评家指出，这些论文署着医学界知名学者的名字。实际上，他们只是在论文写作接近尾声、即将提交发表时才浏览一下，或做细微修改，审核签字发表。

这些医药公司雇用的作者和编辑，还经常为大学研究员准备各种会议宣讲报告和相关宣传材料。他们所赞助的企业高管和"医学传播机构"的撰稿人还经常陪同医疗专业人员出席会议，收集不同反应和意见，并即时地反驳他人的批评指责。

最近，医学期刊进行改革，强化了论文作者的身份意识。然而，一家有影响力的大型跨国制药公司，仍然会让它的"医学传播机构"维护一个数据库，其中包含成千上万篇研究论文、评论文章和研究记录，而且该数据库还在实时更新中。不得不承认，这是一个典型的学术研究正在被商业（或政府）运作所吸收的例子，但它凸显了在过去二三十年里，传统职业精神被挤压的强度、深度和明显的不可阻挡性。

影响界面

> 许多有影响力的国家教育政策报告所依据的不过是垃圾研究。
>
> ——美国国家教育政策中心

知识很少直接从最初的创新者（或发明者）转移到最终用户或"实地"生产的商品或服务。相反，现代社会培育了多种中介机构（专业人员除外），他们接收来自学术界等渠道的大量信息，并将其（成功）传递给最终用户和广大公众（实现价值增长）。中介机构在一定程度上依附于大学研究，或者他们本身就是从事应用研究的实验室或中心。他们的主要贡献是简化、应用、重新处理、重新安排、合并、重新聚合、重新组合和"混合"各种知识、技术和信息，以便有效地将其传递给目标群体。

中介机构为他们的成本、时间和投资寻求回报，这是顺理成章的。在第七章中，我们讨论了现代博客等社交媒体如何促进学术知识的"去中介化"（"裁掉中间人"），从而直接面对全体公众。除此之外，这里我们还要强调一点：与中介机构合作相比，高等学校、研究员和学术人员希望能够直接或独立地实现自己希望的目标。

高等学校和研究员一般不喜欢依赖中介去传播他们的思想——而且理由充分。在创新研究阶段，大多数中介机构不愿投入大量的精力和资金，或者没有这方面的能力。这使得实验成果、技术或数据的原始获得者（以及为此付出时间成本的人）总觉得是在被神通广大的中间人利用：为什么我们的研究成了没有为此付出任何代价的中介获得回报的手段？我们怎样才能取代这些中间人，直接与终端用户沟通？

还有一些中间人，他们从自己的立场出发诋毁思想和事实，随意歪曲理论和实证成果，并扭曲沟通界面。沉默寡言的学者不喜欢把复杂的材料简单化，因为这样容易形成误解，人文学科的学者则痛惜他们的作品被简缩成了单维度文化产品。媒体和其他科学或学科知识的普及，常常使自然学科研究员感到不安，他们重视概念、数据分析和方法的精确性。特别是STEMM学科的科学家，常常认为来自中介机构的"增值"信息不合理，因为这些机构把经过科学证明的结果或通过专业验证的知识与"普通常识"的观点和信息混为一谈，而这些观点和信息可能带有倾向性或偏见。

尽管学者们希望通过引用来谨慎地确认文献来源和影响，但一些中介机构（尤其是企业、咨询公司、政府部门和政客）往往不讲诚信，恣意获取和使用大学知识。某些智囊团和咨询机构把他人的思想和研究成果稍作修改（补充新元素）之后据为己有，再将其重新包装成更宽泛的知识集合体，似乎这就成了他们的私有物。

然而，大学需要对中介机构"动真格"。大学的作用是将新的研究成果与"普通知识"结合起来。林德布洛姆和科恩将"普通知识"定义为有根有据的但还没有得到（完全的）专业验证的知识或专业技能。普通知识并不是完全建立在"常识"基础上，也不一定具有简单、直截了当的特征。相反，它们大部分是高度系统化、深奥和完善的——能为决策和行动提供有用的指导。尤其当从科学上建立或从专业上验证一项知识时，我们必须在普通知识提供的总体框架内，发挥其社会或经济作用。单靠同行评议的知识来指导社会发展或政策制定，这是柏拉图式的梦想，必然一触即破，因为科学或专业构建起来的知识，通常（也许必然）只形成孤立的针尖，散落在更广泛的普通知识中。

还有观察家指出，即使在 STEMM 学科中，与社会决策相关的综合知识的形成和传播也是缓慢和不充分的，并依赖于科学共识的建立。关于如何把科学知识运用到公共政策的制定中，柯林斯（Hawy Collins）和埃文斯（Robert Evans）提出了两条悲观主义色彩的原则：

● 五十年法则：科学争议达成共识要很长时间，因此科学共识很少。

● 速度法则：由于五十年法则的存在，政治决策的形成速度通常快于科学共识的达成。

　　同样，关于新技术运用历史的研究表明，在整个 20 世纪，大多数行业的新发现的广泛工业应用有很长的时间滞后。当然，在两次世界大战和后来的冷战期间，许多政府主导的技术开发运用都加快了。紧接着，数字技术（"比特世界"）的发展更加迅速。相反，"原子世界"和物理技术的创新进展相当缓慢。

　　现代的影响界面十分强大、与目前大学学术联系紧密，其自身的重要性也让人无法诋毁。图 9.6 的左侧列举了博耶总结出的单学科学术研究的四个主要方面，非常具有说服力，在第六章中已有讨论。

　　这四个方面包括：新成果的发明（发现）；学科内理论整合以便探讨不同的实证研究；将学科知识应用于解决现实问题；专业的更新（博耶主要在"教学"主题下论述这一领域，但显然包含更多方面）。另外，这个图表增加了联合学术研究和跨学科学术研究的三种主要形式，对此我们把它划分在博耶的类别之外。它们分别是建立知识分子间的桥梁，跨越并影响多个学科；大学内部的跨学科融合；为公共生活提供学术服务（似乎能较少学术壁垒，更全面地解决一些问题）。

　　许多关于影响力的传统讨论仍然认为，研究成果的"发现"对影响力外部因素的直接形成起到至关重要的作用。但从图 9.6 可以看出，研究成果的"发现"，从未以无中介方式越过影响界面。从科学成果的发现，到其广泛运用于工业或技术生产间的时滞效应，证明了研究成果的

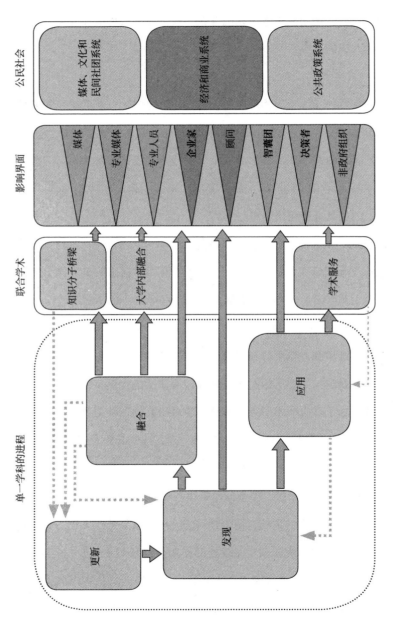

图 9.6　影响界面的内部考量

"发现"离不开产生广泛影响的中介力量。

相比之下，应用研究产生的效果比较快。大多数知识转移仍然是渐进产生的，特别是在物理科学，还原主义者的研究技术往往难以得到直接应用。综合研究的影响力可能会排在第二位，它能将发现的研究成果建立在一个完整的思想体系中。跨学科的三种研究形式中，影响力位居第三，因为大多数"现实世界"中的问题都是相互连接的，需要多学科知识汇集在一起，并在特定的组织或社会环境中发挥有效作用。

图 9.6 还显示，在商业与经济领域有许多不同类型的中介机构：

● 大公司经常赞助或委托大学实验室或院系进行技术和 STEMM 学科研究。公司的科研和专业人员（如在大学内部实验室工作）与某些科研和学术伙伴保持了定期的资金和人员交流联系。如果这些互动接触顺利进行，他们就签订利润分享和许可证转让的正式协议，使双方业务关系稳定下来。大公司与学术界的合作还包括企业必须遵守商业法规、消费者法规和环境法规，并对拟议的修订内容做出快速反应。

● 有大学背景的企业家（有的在大学期间就开始职业生涯）一般没有大公司所具备的研发实力。企业家、初创企业和风险投资人大多依靠个人擅长的细分市场的人脉关系，去创造自己独特的"竞争优势"。与大公司相比，他们的内部"影响力"小，决策成本低，运转速度快。因此，他们往往能最迅速地投资新技术，运用新发明，创造"先行者"的优势。

● 咨询公司种类很多，从高度专业化的科学技术服务公司，到帮助解决实际问题的小公司或"私人执业"专门服务部，再到全球规模的商业服务公司。他们既追求竞争优势的创新（以提升其专业服务能力），也广泛提供应用知识与见解、观点或思想等各项服务，凭实力说服企业或政府将业务外包给他们。在 STEMM 学科领域，技术咨询公司可以通过提供资金和设备、人员借调和实习，帮助专业人员、"顶尖"大学的院系开展研究工作。会计、经济、法律、营销、商业或政府等大型咨询公司收集学术"模因"，这些模因可以帮助他们在市场竞争中获得潜在业务或提高销售业绩。设计、营销、广告和公关等咨询公司借助媒体技术，轻松获得人文和创意设计方面的新作品，捕捉流行趋势或吸引眼球的"故事"。

● 在大公司不占主导地位的一些领域，如医学、法律、建筑和设计等，专业团体与大学研究员有密切联系。正如我们在上面提到的，作为知识发展的裁判员、仲裁者和传承者，这些学者具有一定的影响力。

● 贴近商业的专业媒体，如针对公司高管和专业人员的商业报刊、商业电视台和社交媒体，在 STEMM 学科以及商科、市场营销、经济学科和组织管理等领域的学术发展方面，能起到推动和促进作用。

在图 9.6 右下方的"公共政策系统"栏中，还有一些其他重要人员：

● 决策机构将政治人物、专业人员、政府官僚机构和利益集团紧密联系在一起。政策网络常常被"倡导联盟"的多面体集团所围攻，在是否支持监管方面，各个团体互相对立，企图给政府施加影响。认知竞争、知识与研究的"军备竞赛"，不断影响和干预政策辩论，这使学术人员成为竞赛中的核心人物。

● 公共部门的专业人员（如政府科学家、律师、信息技术人员、经济学家和社会研究员）扮演政府内部的中间人角色，为制定政策提供信息。他们在学者和高层决策者之间收集整理证据。官方咨询机构和委员会强大的网络为学者、专业人员和公务员面对面沟通提供了保证，在小地方尤其如此。

● 智囊团是一群越来越有影响力的思想聚合者。他们跟踪最新的、具有潜在应用价值的学术研究，并把它与内部数据集灵活地结合在一起。"智囊团"人员通常认识高层决策者和媒体工作者。他们利用对政策状况的详细了解，充当政府的对话者，为当前的政治辩论提供信息基础。智囊团已经内化了两点经验：任何特定政策问题的"解决方案"都有可能随着时间的推移而效果下降，因此，如果政策制定者和公众保持"有所作为"的乐观情绪，那么他们就需要不断更新、修订、修改或调整政策。

● NGO、利益集团和"政治"领域的压力集团不定期地利用大学研究成果，选择性地收集证据，以加强他们对政策调整的有力把控。他们常常依赖普通的新闻媒体或专门的政策媒体来提醒他们注意研究的进展；他们缺乏定期地系统追踪学术发展状况所需的工作人员或期刊订阅。

● "紧跟政策"的专业媒体对多数政府部门都很重要。近几十年来，他们加大了大学研究和大学思想方面的宣传报道力度，其中一部分原因是大学传播知识的专业能力不断提高。对思想的更多数字化访问也意味着，覆盖更多的学术主题可以更多地引起受过良好教育的公共服务人员的共鸣。

● 社交媒体增加了社会精英和广大公民获得与决策相关的科学和学术创新的机会。（见第七章）。

最后，图9.6右上方的"公民社会"栏展示了一些重要的中介机构：

● 与以前相比，现在的普通媒体、现代报刊和广播不再是"大众媒体"，而更多成了"小众"媒体（即更具个性化特色或细分市场特征）。它们的频道数量成倍增加，为较小受众服务的能力也提升了，而且成本下降了。像24小时不间断的新闻电视、YouTube这样的商业数字媒体，以及商业、科学、历史和时尚等专题频道的出现，大大增加了学术研究主题涵盖的广度和深度。越来越多的大学科研人员和科学家们被请来担任专家评论员，他们有的甚至逐渐成了节目制作人或主持人。

● 由于音乐、戏剧、电影与视频、绘画、雕塑、文学、创意写作和建筑等应用学术作品的大量涌现，以及博物馆、画廊、音乐厅和剧院的不断发展，创意艺术和设计及其相关的文化产业与学术界的联系比过去更加紧密。与 20 世纪 70 年代不同，这些领域的大学毕业生分布更加均匀。各行各业的艺术家、设计师和创新者发现，学术思想和学术理论在引发变革、推进辩论和艺术辩证（如后现代主义）等方面意义重大。数字技术时代需要记录、存档、策划、安全存储、传播和研究大量的艺术和设计作品，信息技术的保障是必不可少的。在这方面，大学图书馆和院系发挥了重要作用。

● 贴近文化产业的许多专业媒体，对大学产生的思想和内容越来越感兴趣，受众很多。

● 慈善基金会为许多 NGO 和压力集团提供了大量资助，特别是"反补贴"的资助者和支持者，他们的捐款加大了与贫穷和弱势社会群体之间的差距。在医学研究方面，一些大型的基金会对大学研究投入巨大成本，并与重点大学的 STEMM 学科院系长期保持联系。

● 社会政策的 NGO、慈善机构、基金会等的运作方式，比常规的压力集团少一些党派色彩，更有共识性。作为地区和地方的活跃分子，学术界人士通常在其全国性的控制委员会中占有重要地位。和他们的"政治"同行一样，NGO 经常缺乏内部审视的研究能力。但是，他们利用学术顾问和成员的无偿工作，来扩大对有用证据的搜索——尤其是社会科学、法律和健康方面的证据。他们还可能对政策调整研究资助少量费用。NGO 的媒体办公室会时常收集并宣传有助于其发展的学术研究，特别是关于社交媒体的研究。

小　结

我们定义研究影响力的方法，是刻意的极简主义方法。影响力的界定，需要以学术上可行的方式，从现实主义的角度加以考虑。在复杂的社会、技术和政策环境中，正如 LSE 公共政策小组所说的：

> 组织产出和社会结果的变化可归因于多种力量和影响。因此，在现有的知识水平下，我们无法对某位作者或某项工作与成果产出变化或社会成果之间的因果关系进行核实或衡量。

> 然而，学术研究的次要影响力的总体水平有时是可以追踪到的；而且对大学研究的经济净效益，也能够进行一些宏观评估。提高对主要影响力的了解，可以更好地帮助我们认识影响力场景。

形成学术研究的影响力通常意味着要站在专业的角度与中介机构合作，尽管这很费时，而且很费力。在许多职业领域，学者们作为独立私人执业的专业人士，工作中对保护知识开发、尊重公民利益发挥了核心作用。专业上的联系，以及现代生活中人类主导、受到人类影响而形成的系统的绝对优势，意味着其与大公司、政府、民间团体和媒体机构存在一定程度上的利益关系。要么"对权力讲真话"，要么"把它搞得一团糟"，对此要做出明智的选择。"置身事外"只是"一团糟"选项中的其中一个，而不是另外一种选择。大学必须认识到，即使某些社会发展进程的问题处理起来十分困难，但随着的时间推移，这些问题只会变得越来越复杂。

第十章

与其他组织合作

严重问题的社会背景激发了研究团队的雄心。幸运的是，人们对研究态度的改变，以及新技术的使用，意味着在研究项目合作中会取得新的突破。

——本·施奈德曼

施奈德曼认为，现代的主流观点是，如果研究员以团队合作的形式组织起来，以"大科学"的模式扩大规模，科学和学术研究将有助于解决社会问题。然而，由于颠覆性的技术和社会发展方面存在极大不确定性，外部影响力的实现会变得更加困难，甚至还可能会引起争议。

尼尔·斯蒂芬森（Neal Stephenson）在他的科幻小说《阿纳特姆》（*Anathem*）中描述了这样一幅场景：在这里，科学研究、科学活动、技术改进和学术研究不能作为日常工作进行——于是，大多数的社会活动和技术进展则长期保持不变。研究工作只允许在完全封闭和与世隔绝的"修道院"持续进行，修道院内的居民必须宣誓要坚守贫穷，并保证在这里待上十年、一百年或一千年，断绝与外部世界的联系。每隔十年，修道院会短暂开放，与外界进行"知识交流"。在此期间，修道院领导和社会统治精英要仔细商讨哪些科学、技术、社会科学和学术创新成果可以得到更广泛的应用。修道院的居民也会获得更新知识的机会，以了解外面广阔世界的变化。在斯蒂芬森的小说中，这个故事情节安排源自过去民粹主义者的做法，因为他们反对技术不断变革，反对怀疑论者对宗教和传统社会习俗的挑战，反对新技术带来的导致暴徒经常烧毁大学、实验室和图书馆的社会混乱和失业。

这种刻意限制学术影响力的寓言故事，拒学术和科学于日常生活之外，巧妙地利用过去学者成为隐士的趋势，让他们沉浸在大学世界中，甚至忽略向外界传播研究成果的基本职责。斯蒂芬森还强调，知识发展不断产生新的信息、见解和变革机会，使掌权者和不同结盟团体感到不安。它还能以颠覆性的方式改变市场格局、工作方式和日常生活，还会颠覆根深蒂固的世界观或社会习惯。因此，敢于走出学术生活圈的科学家和学者，通常更容易卷入政治和社会争论中。

与外部组织合作也需要时间、精力以及各种技巧和良好表现。这些恰恰是过去几十年科学和学术界在博士研究和早期职业发展阶段使新成员社会化的漫长岁月中所表现出的品质和能力。能够获得的促进工作、社交能力的培养或不受资助的独立"创业"能力，往往不被人们所重视。

本章第一节探讨了科学家和学者个人能力的哪些方面能使他们成为企业、政府机构和民间社团的最佳合作伙伴。在第二节中我们简要综述了大学研究与外部组织建立联系并（部分）得到他们支持或资助的各种方式。第三节中，我们概括了与外部组织建立联系可能为学术研究带来的能促进知识和专业技能进展的好处。与外部机构合作，还可以提升研究团队的业务能力、扩展他们的文化知识、改进他们的工作方式，并加快了解在不久的将来哪些领域可以找到潜在的研究课题。最后，我们总结了研究员与外部组织合作存在的潜在成本和风险，以及有助于减少这些不利因素的缓解策略。

哪些研究员能与外部机构合作

> 我知道，有些英国学者发现与工业界打交道的压力很大。这是一个发展迅速而又奇怪的问题——他们无法弄清楚到底发生了什么。我尊重此观点。不是每个人都需要参与其中。
>
> ——美国一家代表性信息技术公司高管

哪些研究员需要与企业、政府机构或 NGO 合作，并在这方面产生影响力？图 10.1 是一个"平衡计分卡"框架，内含八个主要因素。这八个因素可能决定研究员希望（以及能够）获得多少外部影响力：

1. 学术可信度通常很重要。在其他条件不变的情况下，企业和政府部门更关注和寻求与以下这些学者的合作和咨询：他们来自知名大学，有丰富的出版成果，或者公众形象良好。这通常有利于资深科学家和教授，因为年轻的研究员需要时间来积累自己的出版成果和树立自己的公众形象。但是，有才华的年轻研究员如果是在快速发展的知识前沿从事研究，或者掌握某种新技术，特别是 STEMM 学科领域的新技术，而且他们的成就能帮助企业形成比较优势，从而超越竞争对手，那么这些年轻人也能成为值得信赖的合作伙伴。

然而，其他因素的不足，有时候也能起到作用。例如，有些学者人际关系很好，有个性和魅力，尽管有时他们的出版物较少或学术证书相对薄弱，仍可以在有"关系"的公司、咨询机构或政府机构中获得不同程度的影响力。

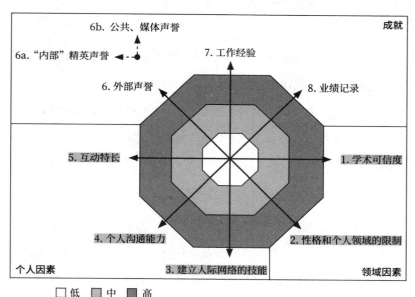

图 10.1 构成学者和大学研究员外部影响力的主要因素

2. 性格和个人领域的限制因素常常会影响学者或研究员是否积极与外部机构合作，以及他们这样做的可能性。"纯粹主义"学者受到其大学院系或实验室根深蒂固的"传统"影响，或者可能会受到仅通过支付

"全部经济成本"的政府或基金会拨款来进行筹资的制度优先性的影响而反对合作。受到传统话语和文化的鼓舞，一些学者反对外部干预。例如，2013 年初，富有影响力的学者工会（大学和学院工会）组织了一次请愿，批评英国政府利用 REF 评审小组对外部影响力的评估乱做决定。这次请愿活动吸引了 1.3 万人来签名，约占英国研究员总数的 1/4。

学者自身的个性和性格也决定了其寻求或获得的持续的外部影响力。那些最有可能成功的人往往表现出：

（1）具有广泛的科学和学术兴趣，能够发挥专长解决问题，正确掌握问题和外部组织的决策。

（2）超越一般的科学家或学者专长，创造性地回答问题或给出咨询意见，特别是能在尚未建立专业共识的领域做出正确的判断或给出明智的建议。

有时，人们对追求学术影响的厌恶程度，似乎可以由他们从事的个人领域反映出来。应用领域的研究员擅长建立人际关系网，通常最热衷于与外部机构合作，因为这与他们的专业知识直接相关，他们知道联合工作带来的研究收益会更大、更突出。相比之下，如果研究是在高深莫测的"偏僻"行业，远离应用，或仅与大学相关，可能会降低团队工作的可能性（现实如此）。

3. 建立人际网络的技能是个人诸多性格特征中最重要的一个，它很可能决定学者们与外部机构合作的成功与否，以及他们获得的影响力有多大。现在，对学者们而言，关键是让研究成果数字化，以及多参加外部学术会议和研讨会（如行业活动）。在商业领域，工作询价、征求建议书或招标书一般只发给已被列入投标人正式名单的学术组织（列入这类名单本身就需要事先获取大量信息并做好充分准备，通常还需要依赖院系和大学的实力）。人际关系良好的学者或大学研究部门很早就掌握了与他们工作相关的商业合同、政府研究与政策举措、慈善与 NGO 活动以及媒体焦点（如重大纪念日）等方面的信息。他们很容易获得选择权和优先权。对企业或政府合同中的各项要求，如申报截止日期（非常短）等典型规定，他们早已做好应对的准备。而且，他们还准备好了烦琐的"填表"工作，如在电子采购系统上投标、申请拨款或制订咨询程序等。

重要领域的顶尖学者常常是忙忙碌碌的。但是，建立人际关系非常耗费时间。一个月接一个月或一年接一年与外界人士进行接触、保持往来，或出席专业人士的活动，可能烦琐，还要花费宝贵时间。此外，成功学者和顶尖研究员的个人特征，不一定与人脉极广的人所具备的品行和能力相匹配——比如自信、外向、好客以及口才好，尤其是用简单语言表达复杂且权威性强的观点。

团队工作可以减少这些成本和麻烦。许多企业报告显示，如果创新者或发明家"极客"（geek）①单独行动，可能会让高管们（"着西装者"）感到不快，导致他们不予考虑或毫不犹豫地拒绝好的主意。相比之下，

---

① 一群以创新、技术和时尚为生命意义的人，这群人共同地战斗在新经济、尖端技术和世界时尚风潮的前线，共同为现代的电子化社会文化做出自己的贡献。——译者注

由创新者和"产品冠军"组成的两人团队（二位体）携手工作可能会产生更好的效果。"冠军"是有项目经验的人，他可以成为创新的公众形象，向投资者保证可实施的商业计划得到执行，从而为通过项目审批和融资铺平道路。这样的配对在大学院系并不常见。但在研究团队内部，培养专门的管理角色能促进劳动分工与合作。例如，作为"赠款企业家"的资深教授，通常会将团队中的大多数工作交给（技术能力更强的）年轻研究员来完成，而自己只需提供早已建立的关系网和积累的经验。

4. 个人沟通技巧和能力很重要。研究结果从来不会自己说话，而客户组织的决策者可能不会阅读冗长的学术报告。与企业或政府合作的学者必须擅长向精英人士迅速解释科学或技术概念，熟练地与研发人员就技术问题进行沟通，令人信服地拟订好各项建议。他们的"公众形象"在传达信念、展示信心以及学术或科学可信度等方面，往往显得十分重要。多年的教学经验、会议与研讨会上的专业交流经历，以及各种学术委员会的工作积累，往往使资深学者在自己的研究领域拥有相当的优势。博士生和初入职场的研究员现在也有更多"推销产品"和与人合作的集中培训的机会。

5. 上文图 10.1 中的互动特长是柯林斯和埃文斯强调的一种不同的个人品质。它表示在团队工作中与他人建立合作关系的能力。众所周知的"隐性知识"告诉我们，将学术知识转化应用于特定问题和组织情境远非易事。实验室团队成员不一定都理解不同实验室使用的精确技术，或明白如何重行实验。通常情况下，只有亲自访问其他实验室才能克服这一主要障碍，从而获得大量背景信息和"组织文化"信息，否则这些信息就会隐藏在正式沟通中。

在联合工作中，研究员必须了解如何将自己的专业知识应用到一个完全不同的企业或机构中。他们还需要理解和重视外部组织所拥有的知识和专长。除非学者之前有过借调或（在高层）做咨询的经历，或者有过带学生实习或有做"顶点项目"的经历（或在职业生涯的早期做过这些工作），否则与"外来"或外部的思维和工作方式的接触可能会产生"文化冲击"。隐性知识论还要求我们理解外部组织的企业文化和"官僚政治"，这可能是 STEMM 学科的科学家遇到的最常见问题。

6. 学者的外部声誉是图 10.1 中众多"成就"因素之一，在一定程度上不受研究员自身的控制，与内部人士、精英或"客户"声誉（图 10.1 中的 6a）有关。一些大公司邀请资深科学家、商业学者或经济学家加入董事会，帮助公司内部强化战略或技术思维以面对"挑战"，或提升公司谋划长远发展的能力。同样，政府的咨询机构也会招募相关学术领域的杰出人士，特别是那些向大学或研发企业划拨 STEMM 学科的研究资金的机构。

大多数的研究员会与企业管理人员或政府官员保持良好联系。他们被称作技术问题的"优秀裁判"，或"中层管理"的"可靠帮手"。这些研究员通常具有良好的人脉关系和令人佩服的沟通才能，时刻准备好与人合作，能够在最后期限内圆满完成任务。部长、政府官员和企业管理人员通常会挑选与他们政治观点一致或能友好合作的学者建立联系，而不是因为他们客观上是某一方面的"顶级"专家，特别是在牵涉的合同或委托书还没有公开的情况下。

在英国和欧洲，不与某个政党有联系，也不事先在媒体或 NGO 的活动中表达对重要问题的强烈看法，往往被官员和公务员视为中立的表现，在保密问题上值得信赖，以及具有较低的公共或内部风险。如果提出的建议或在委托报告中建议的解决方案后来没有按计划执行而被束之高阁，性格沉稳的专家一般不会大惊小怪。在企业中，中等声誉的大学研究员如果能够与公司在一定"范围内"密切合作，或者他们的观点与公司战略的某些方面非常吻合，或者他们让董事会成员或高层管理者觉得他们值得信赖，那么公司可能会优先考虑让他们成为学术合作伙伴。

7. 工作经验包括研究员知道在特定项目中需要怎样开展工作，以及如何与特定机构或"客户"保持联络。有些作者认为，工作经验是对科学研究及其实际应用或延伸的实践知识的积累。工作经验尤其包括专家开展跨学科研究（在下文中讨论），并在已知的技术基础上对可能的风险和未来的选择做出客观判断（通常在与其他人的互动中）的能力。所有这些都是政府或企业寻求专家意见的相关标准，用来弄清风险因素，以及美国前国防部长唐纳德·拉姆斯菲尔德（Donald Rumsfeld）著名的观点——"已知的未知"和"未知的未知"。

获得相关工作经验的最好方法是以前做过——也许是以相应或类似方式，或在较小规模与较低级别的背景下做过。因此，政府和现有企业往往依赖同一人来连续执行专业任务或合同。国防和科学机构实施命名制，其目的是"引进"一批合适的研究员，定期给他们提供相关指导，以在未来需要时填补空缺。学者如能向专业机构或政府咨询委员会提供各种学术服务，往往会获得连续委任。公司通常喜欢有内部分工的学术团队，里面既有由资深的、有经验的科学家，也有年轻（技术"新秀"）的研究员，他们会将集体的隐性知识与前沿思维和方法结合起来。

　　然而，颠覆性企业和初创企业却把重点放在了处在创新高峰时期、前程似锦的年轻研究员身上。风险投资家尤其对具有创造潜力、创新思维和创新理念的 STEMM 学科学者和科研人员感兴趣，因为他们可以创造比竞争对手更多的比较优势（通常是暂时性的）。在这里，外部经历并不重要。不断创新的公司通常是以民主的组织形式运作。他们可能认为经验是一种负担，因为有人思考问题时可能会陷入"经验范式"，而他们想要的是创新思维。将创新者与"产品冠军"（他们已经拥有"内部人"优势）结合，可能会延缓公司"正在出现"的业务问题（相比之下，公共部门通常要求外部专家独立开展工作）。

　　8. 业绩记录是详细记载的证据，证明了科学家或研究小组能够进行合理的分析并拿出规定类型的研究报告，或为解决当前问题开发某种程序、技术或产品性能，提升产品品质。外行决定是否信任某位专家的最好依据，往往是看他们过去相同或类似的经历中取得成功的概率（如看外科医生的病人存活率或律师的胜诉率）。这总比简单地看他们的资历或积累的经验要好得多。良好的业绩记录也让想要规避风险的政府或企业领导人感到放心，因为他们会有大量投入，或以后会有审查要求，以公布结果或证明所做的支出。

　　业绩记录还包括这样一些常见内容，如企业、政府或 NGO 要求高级研究员提交的材料，不必是长篇详细报告，而更像是一位知识渊博的对话者带着他们浏览那些有意义的部分，如丁克勒所说：

外部组织可能不太关心单一项目的研究。当掌权者向学者寻求帮助时，他们通常看中的是研究员职业生涯中由经验积累和专业知识带来的成果，而不仅仅是某项特定研究的成果。正是因为这种"明智的建议"，政府普遍让学者在咨询委员会、专家小组中担任见证人和小组主席。对这些职位安排的选择，往往基于长期的专业知识。事实上，这些"学术服务"角色，有时并不直接与研究员的核心研究相关；相反，可能是该研究员的专长提供了新的视角，或与小组中其他人的专长非常匹配。

类似的考虑也适用于议会或其他立法机构邀请专家证人出席听证会等情况。

大学与企业等组织联系的多样性

企业与大学之间建立合作关系的过程中，不确定因素起着重要作用。

——安德鲁·约翰斯顿（Andrew Johnston）和
罗伯特·哈金斯（Robert Huggins）

正如约翰斯顿和哈金斯所指出的，大学研究员与企业、政府机构或 NGO 的学术合作可以采取多种形式，其中许多形式并不是那么容易建立的。表 10.1 高度简略地介绍了 15 种类型的关系。在前 9 种类型中，企业赞助往往占主导地位，他们资助研究员探究他们指定的主题，希望能够带来可以货币化的具体收益——例如，制订一个明确的知识进步计划、解决某个具体问题，或为未来战略的选择提供建议。

　　从学术界和大学的角度来看，发展长期稳定关系或长期互惠关系，比无计划的或"突如其来"的即时请求更有意义。最好的做法是参与企业（或准商业政府机构）的研究和创新发展项目，尤其是那些能吸引外部捐赠的项目（列表中的第 6 项）。STEMM 学科领域的合作更是如此，双方联系可以是多方面的，如研究项目资助、客户咨询，以及专业人员共用、工作人员借调、设备捐赠或分享、不同团队跨学科方式合作。

　　如果研究员创建了由其工作衍生的派生式或星爆式（starburst）公司[①]，双方关系可能会变得十分复杂（表 10.1 中的第 7 项和第 8 项）。如果处理得好，这种联系可能会在合作最初为院系或实验室带来长期的回报（如大学获得了初创企业的股份）。另一种可能则是院系或实验室不想（或不能）继续合作；取而代之的是核心研究员离开了学术界——因为与大学关系处理不好，或者因公司所需投资规模或风险超出了大学的参与范围。

　　在表 10.1 的最后 5 项中，企业与研究员的合作联系较少考虑具体收益，更多是为了声誉或其他"企业"利益。例如，在社会责任方面，企业试图通过将自己与医疗研究、帮困扶贫或文化活动等"福利事业"联系起来，改善自己在客户和合作伙伴中的形象。

---

① 　指一些起步和发展很迅速的公司，通常这类公司都有很充沛的启动资金和很好的市场前景。

表 10.1 学术界和外部组织合作的 15 种主要方式

合作类型	外部客户	学术人士	成果	最佳结果	可能的问题
1.分期合约	企业、政府机构、NGO或其内部管理人员。	独立学者或大学院系，在STEMM学科、社会科学学科和人文/艺术学科中都有。	对某一明确资助研究项目，客户一次性支付款项（如从应急资金中）。	学术人员具备相关能力，能够快速完成足需求。客户付款涵盖了实际成本。	学术人员缺乏能力，或任务没完成。客户少付（如少算间接成本）。
2.全面委托	企业、政府机构或NGO。对于他们来说，预算投入需要高层批准。	大学院系（一般需要正式授权），在STEMM学科、社会科学科和人文/艺术学科中都有。	客户资助双方商定在几个月或几年内完成的项目。学术人员按合同约定支付研究成果。	学术人员和客户高度密切了解了双方的文化和需求，相互学习。学术组织技能，上客户组织能力加有助于提供跨学科的解决方案。	相互理解不够，因此关系令人担忧。学术人员缺乏相关能力。客户认为价值不高。关系提前结束。

续 表

合作类型	外部客户	学术人士	成果	最佳结果	可能的问题
3. 长期的伙伴关系	企业、政府机构或NGO负责资源的持续投入，并指派联络人。在STEMM学科领域，企业会分配设备和员工到大学工作。	大学院系调整其活动安排，以满足客户需求，并指定项目负责人。一些学术人员被借调到企业。在STEMM学科中会出现最多，社会科学中会出现一些，但在人文/艺术学科中很少出现。	学术人员和客户商定一个持续的项目合作，并达成深度的相互理解。	学术人员完全了解客户的重点项目、工作节奏。客户高管对研究流程非常了解。合作团队推进研究项目。	如果重点项目发生变化，公司被接管、部门被重组或主要高管被解雇，客户内部问题可能导致合作提前终止。学术人员的表现可能达不到客户的期望（有时即客户的期望不现实）。
4. 大学授权研究项目	公司，也可能是高科技机构。	大学院系或学术人员（他们的专利技术或发明拥有知识产权）。通常只在STEMM学科领域。	公司给大学支付授权费以使用大学的技术。	新技术给公司带来了可量化的竞争优势。	公司学会了绕开被授权技术，或内部开发出了替代品。技术被用于不道德或有争议的项目。

续 表

合作类型	外部客户	学术人士	成果	最佳结果	可能的问题
5.技术转让	公司，也可能是高科技机构。	大学院系或学术人员（他们拥有技术或发明的专有知识产权）。通常只在STEMM学科领域。	学术人员申请政府拨款，并为公司制订具体的研究计划。	技术开发为公司提供了可衡量的比较优势。	技术可能被用于不道德或有争议的项目。
6.螺旋式向上发展	政府资助机构和与官方正在进行项目合作的公司。	大学院系或校企分部。通常只在STEMM学科领域。	政府资助大学研究，获取创新技术，由"关系户"公司发一轮又一轮的融资和"翻倍"的项目。	国家对竞争前研究项目的支持，加上技术快速转化/商业化而形成的良性循环，促进了企业收益的提高，从而增加了国家的税收收入。	因能力有限，国内企业无法接收政府资助的研究技术；或者研究项目过于"宏大"，公司无法商业化生产。

续　表

合作类型	外部客户	学术人士	成果	最佳结果	可能的问题
7. 初创科技公司	风险投资家、投资者和股票市场参与者（针对新股发行）。	学术人员和校企分部。初创企业通常是源自现存合资企业或合伙企业的"星爆企业"。通常只在STEMM学科领域。	大学院系将研究成果和知识产权转让给合资企业，以换取股息和股权增值。	公司向大学/院系提供可观的资金回报，公平分配，互惠互利。	大学低估其知识产权的价值，或失去长期盈利的前景。初创企业可能不会蓬勃发展。
8. 离开学术界而成立的初创科技公司	风险投资公司和投资者。	拥有初创企业的首席研究员。通常只在STEMM学科领域。	首席研究员离开大学，独自创办一家新公司，与风险投资家共同分享投资回报。	初创企业创始人与大学保持联系，长期捐赠和支持他们原来的院系，成为有价值的校友。	企业创始人可能因侵犯大学知识产权，或隐瞒使用大学研究成果，或未付给大学正当收益而产生争议。

续 表

合作类型	外部客户	学术人士	成果	最佳结果	可能的问题
9. 特定的营销活动	企业、政府机构、NGO、智囊团、媒体组织及其内部管理人员。	独立学者或大学院系。STEMM学科、社会科学和人文和人文／艺术学科。	研究员帮助客户收集整理数据，提出观点，完善某项特定的商业或政策建议细节，以扩大大销份额或政策影响。	学术人员具备相关能力，能够迅速满足需求。客户的付款涵盖实际成本。成果公开，声誉良好。	研究成果达不到客户期望；或客户试图影响或阻止成果发表；或客户利益相关者与大学有关者（如大学生团体或校友）之间有冲突。
10. 公司营销活动或社会责任，或二者兼有	企业、政府机构、NGO、智囊团。承诺的长期预算需要得到高层批准。	大学院系（通常需要得到正式批准）。STEMM学科、社会科学和人文／艺术学科。	客户资助在道德、社会和政治层面有吸引力的学术研究——通过与研究员的有效合作，提高客户的声誉。	客户提供支持，但不干涉。项目研究自主进行，成果公开，声誉良好。	

续　表

合作类型	外部客户	学术人士	成果	最佳结果	可能的问题
11.咨询机构和委员会	尤其是政府,但也包括慈善机构/NGO,以及一些新领域的大公司。	学者个人,没有大学的参与。在STEMM学科,社会科学科和人文/艺术学科。	学者们担任名誉董事,就客户机构的政策或研究计划提供不带偏见的、专业性的建议。	学者们获得了洞察力和客户知识,从而促进了自己的应用研究,并提高了大学声誉和影响力。	研究人员的独立性受到"既得利益"者的影响。如果外部组织行事方式存在竞争议,担任董事会成员会存在问题。
12.长期的"公共设施"研究伙伴关系	政府机构或慈善基金会,偶尔有NGO。	大学院系(一般需要得到正式批准)。STEMM学科,社会科学和人文学科。	客户资助某项商定的项目后,学术人员在几年内对一个突出的问题进行部分"好奇心驱动"的研究。学术人员调整研究内容,以涵盖选定的主题。	学术界人士和客户高管密切了解双方的文化和需求,相互学习。客户重视学术人员的研究成果。	客户对收到的成果感到失望,或对工作节奏缓慢感到不满,或两者都有。提前终止合作关系由于外在原因,客户的重点项目发生了变更。

续 表

合作类型	外部客户	学术人士	成果	最佳结果	可能的问题
13. 政策制定的"营销"/解决方案	政府机构或慈善基金会/NGO。有时有其他"倡导联盟"的参与者。	独立学者或大学院系。STEMM学科、社会科学和人文/艺术学科。	学术人士将研究项目与方案/政策制定积极联系起来，成为某特定政策解决方案/公益事业的热心倡导者。	声誉卓著的研究员通过他们可信度的学术成果，提高了公众的辩论和推理能力，并促进政府监管部门对某一问题的处理。	学术成果遭到反对者的"政治"攻击。如果被发现研究方法缺陷或"过度承诺"问题，研究员/大学院系的声誉可能会受到影响。卷入这种斗争无休止的人让人不舒服。
14. 一次性的媒体合作	记者个人或媒体组织。	任意学科领域的学者。	学者与记者合作故事、文章或电视节目。	获得有效成果产出。合作关系得以持续（当有必要时）。	最终媒体宣传或电视节目错误地展示了学术研究成果或思想（如"降智"）。
15. 长期性的媒体合作	媒体组织——需要审核批准。	学者个人（和代理人）。可能需要一些部门的批准。	研究员编写或介绍整个节目，甚至是一系列的播放材料或文章。	节目或系列剧剧吸引了大量观众，得到公众认可。	学术研究成果或学术思想遭到差评、批评或引起公众争议。

表中第 11、12 和 13 项介绍了从内部（通过政府）或外部（通过 NGO）改进公共政策活动，很多 STEMM 学科的学者和社会科学家都参与了这类活动。表中最后两项侧重于介绍媒体合作，参与最多的是社会科学家和人文学者。然而，许多 STEMM 学科的研究员也会积极参与面向公众的科学交流（见第十一章）。

与外部组织合作对学术研究的帮助

> 关于大学或产业技术转移的传统观点认为，知识转移是单向的，即从大学科学家向企业转移。我们采访的几位科学家则强调说，知识转移是双向的……其中一个表现是，基础研究和应用研究之间所谓的折中，可能并不像人们普遍认为的那样严重。
>
> ——D. S. 西格尔（D. S. Siegel）等人

那些完全在大学内部工作的学者常常轻蔑地认为，与外部机构合作的同事都是为了增加额外收入。或者，他们是为了通过追求对公共政策的"政治"影响力，来推动自己事业的进步（以及获得国家荣誉）。参加小组合作的研究员对特定公共利益概念有真正的"意识形态"认同，但这些都与纯粹的学术研究相去甚远。如果所有这些额外的动机确实存在，那也绝对没有什么不妥。经验表明，这些担忧只是研究员承受外部工作巨大压力和负担的次要原因（将在下一节讨论）。

相反，多数情况下研究员都是相互合作，因为这样做往往能给学术研究和科学研究带来好处。下表 10.2 列出了与外部机构合作的 20 项主要好处。与外部组织合作可以帮助推进学术研究本身，使科学家和学者能够在其领域内的不同方面形成比较优势。相互合作可以获得额外资助，可以分享新技术和数据（不参加合作就不能使用这些数据），并有助于了解"超视距"研究的未来发展态势。相互联系的研究员通常可以更好地选择自己的学术研究途径，从非大学组织的项目运行和团队创建中吸取经验教训，并改变资助机构对大学院系或实验室的看法。

表 10.2 与企业、政府机构和 NGO 合作的 20 大潜在收益

潜在效益	评论
一次性的资助增加（"意外之财"）。	计划起来较为困难，进展较慢，所以不是很有用，但对完成分散项目或帮助需要应急资金的研究员有用。
大量或长期的额外资金。	可以有计划地提高大学院系或实验室的研究能力从而为其他活动和员工招聘提供支持。规模大且容易调动的外部资金，通常有助于创建新的数据源，如新的实验结果或社会调查，这些数据源可以为研究员的专业学科研究开辟新天地。
快速或便捷获得的新增资金。	企业和公共部门人员通常都很忙，喜欢快速行动。因此，与传统拨款申请所需的冗长时间和多种表格相比，获得合同研究资金可能更迅速、更简单，这在快速发展的科研领域具有极大优势。
资金来源多样化。	毫无疑问，这有助于提升大学院系或实验室人员的工作弹性。
获取和了解新技术或新设备。	对 STEMM 学科领域的企业开发或购置先进设备至关重要。

潜在效益	评论
获得专有知识和技术。	在许多领域，享用知识产权受到限制，这极大地妨碍了相关领域研究的发展进程。企业可以向与他们合作的大学研究员授予知识产权的使用权。
新技术的使用经验。	隐性知识往往是科技进步的关键，因此人员借调和团队合作方式对有效的知识转移至关重要。
了解应用知识的市场或政策潜力。	大学研究员很少认识到应用知识的经济性或实用性，除非他们在大学外工作。
改进项目管理的经验。	企业（和一些公共机构）在完善和创新项目管理技术方面的投资远远超过大多数大学。
开发大型项目的经验。	扩大创新研究项目，通常需要企业或风险投资，以及许多专业技术人员的投入。
跨学科合作和多专业团队建设的经验。	企业可以创建多学科团队，让他们专注某一项目的性和规律性远远超过学术界普遍现象的研究。
增强多学科知识的整合和应用。	企业（和一些政府机构）可能更善于利用和整合STEMM学科或学术领域的知识。
从各种各样的、有价值的组织文化中学习（如学习如何推动科学研究进展）。	企业重视快节奏工作、成本控制、竞争的应对和按时完成任务——这些优点在学术界可能较为少见。政府机构和NGO也致力于制订明确的时间表。
获得其他人禁止访问的数据集，如企业或政府的"大数据"集、非公开的调查和研究成果。	企业和政府拥有大量的交易数据，这些数据对研究员来说可能具有很高的价值，但非常难以获取（甚至是匿名的数据）。企业和政府机构允许与他们合作的研究团队使用，这样能确保数据的安全。这同样适用于企业或政府资助的私人研究项目。

续　表

潜在效益	评论
增进对企业、政府机构或NGO运作方式的了解。	与外部组织合作的学者,通常比不合作的学者更能洞察外部组织的运行方式。
有机会对研究员自己学术领域所在的组织进行"内部学习"。	当研究员的主要工作集中于他们所合作的组织时,这种影响尤其明显——比如企业管理学者研究企业行为、计算机科学家检测信息技术企业的发展、公共政策研究学者追踪政府方针调整动态。
获取"超视距"研发的最新信息。在社会科学、商业管理和STEMM学科领域,那些及时了解自己研究领域发展方向的研究员自然而然做了更好的准备。	应用学术领域中,收集研究情报信息是其中成本高昂的一部分工作。良好的远见卓识对选择研究主题和新方向、获取研究技巧或学会新方法,以及为外部事态发展做好准备(并不令人惊讶)是非常有价值的。通常,非正式的或聊天式的和体验式的互动,有助于了解到企业或政府的各种计划。否则就很难得到它们,因为这些计划在发布前都会严格保密。及时的项目开发往往也是提交精心设计的资助投标书的重要保证,这些标书会打动政府机构或基金会资助者。
大学院系或实验室学术研究影响力扩大,可以获得政府或基金资助者的信任。	政府和基金资助者非常重视他们资助项目的知识传播和应用。展示与外部组织的合作关系,有助于在将来赢得更多的资助。
大学院系或实验室学术研究影响力扩大,可以获得其他企业的信任(并吸引他们的资助)。	只要与竞争对手没有冲突,企业愿意提供资金支持给经验丰富的院系或实验室或与之签订合同。
(在英国)影响力案例研究实力强大的机构可以获得政府方面的资金资助。	2021年REF将通过评估以往外部影响力案例研究划拨超过25%的资金。

　　例如，企业主管或政府官员经常向作为顾问与他们一起工作的研究员提出一些独特而又有趣的问题，但学术界很久以前就习惯于将这些问题视为无法回答或永久存在的问题。然而，"天真客户"的质疑，加上研究员解决复杂问题的决心，可能会刺激并推动技术进步，从而找到创造性的见解和建设性的解决方案（或者至少限制以前问题的反复出现）。偶尔企业会特别组织一些跨学科的研究项目，其研究范围和预期目标远远超过大多数学者"自己动手"的能力。对于 STEMM 学科和社会科学研究员来说，参与具有"现实世界"意义的项目往往会给他们打开全新思路，同时引起他们对跨学科相互关联问题以及各种隐藏现象之间相互关联问题的关注，并引发他们新的思考来应对项目的执行难点。STEMM 学科的历史表明，基础研究的进展与新的测量工具运用或聚焦技术之间始终存在着辩证关系。同样，强烈的外部需求（如新产业领域的出现或战时的紧迫性）刺激了 STEMM 学科进步发展。这个刺激多次被证实是具有变革性的——尽管这个问题比通常的假设更为复杂、更有争议。

　　应用研究发展过程很少遵循 REF 最初的正统理论所假定的线性发展模式。官方最初预计的知识转移现象，是从研究员在期刊上发表纯理论、基础研究文章开始的。直到后来知识转移不断演进，应用研究（也在期刊和报告上发表）才问世。之后，学术研究中总结出来的经验教训，逐步被吸收运用到商业管理或技术实践上来。事实上，REF 研究的6900 多个影响力案例得出来的结果正好相反。研究员开始与外部客户就一些迫切的或新发现的问题进行合作研究。这些问题最初没有学术文献参考，也很少有理论上的见解。在与客户组织进行了广泛的应用实验和试错原型设计之后，研究员才开始懂得如何用纯理论的或基础性的术语来正确表达新见解。为了实现这一目标，STEMM 学科和社会学科的学者往往需要首先经历应用研究和外部参与阶段，尤其是在快速发展的关键数据或技术被企业或政府掌控的领域。

许多刚接触外部影响力研究的科学家和学者发现，很难事先设想自己在外部机构的动态决策和选择中发挥的作用。他们通常认为，只有当一套别出心裁的"合理"证据标准明确地证明了"什么是有效的"时，才可以做出决定。在给出建议时，他们往往过度回避自己的结论，或将重点限制在技术问题上，或要求进行更多的研究，即使客户的时间不够。没有经验的研究员也可能草率地认为没有高质量研究成果做支撑的决策不算是合理合规的，在科学上或学术上也是站不住脚或无法改进的。然而，即使需要谨慎操作，企业也必须将产品推向市场，而政府也需要根据其获得的不充分的证据或专家评估进行决策。直到新的研究成果完全支持采取的行动，他们才能享受到做决策的快乐。

外部工作也有益于一些非学术研究领域。例如，如果大学各院系详细了解了有关行业或政府机构是如何把大学的学科知识运用到他们的实际工作中的，这会给大学的教学工作带来很多好处。与外部组织保持联系的大学教师，通常更容易找到激励学生的教学项目，为学生提供求职的实际经验，给他们安排有趣的借调岗位，从而吸引学生选修自己的课程。在如何高效管理时间和任务方面，大学研究员通常也能从外部组织的影响力研究中学到了很多东西，特别是从与创新企业或公共机构的许多高度专业化部门的接触中。

从研究社会科学角度看，与 NGO、慈善机构和媒体组织合作开展的公益工作，对社会政策的各个方面都能产生十分重要的影响。与 NGO 和媒体机构打交道的研究员，总能发现他们做的事既有身份认同感，又有专业成就感。

与外部组织合作的成本和可能的风险

> 增进知识交流是一项长期性的工作，需要有耐心。
>
> ——艾伦·休斯（Alan Hughes）和
>
> 迈克尔·基特森（Michael Kitson）

不熟悉的问题处理起来会让困难加倍。它们将某种形式的困境或悖论（核心问题本身）与首次解决问题所涉及的不确定性、错误开端和延迟结合起来。弄清与外部组织合作过程中通常会出现的成本和风险，可以帮助制订减少成本和风险的策略和方案，让管理变得更容易，特别是长期性的管理。休斯和基特森上面强调的长期性，对与企业和机构广泛合作的研究员来说是至关重要的。

与企业、机构或 NGO 打交道的一些"交易成本"，需要从上文提到的可能的收益中扣除。表 10.3 列出了十项主要成本。前七项表明，与外部组织合作，主要调查人员或高级研究员需要花费额外的时间和精力，这在研究项目开始和结束时最多。许多合作项目需要大学院系或实验室利用客户的资助金雇用（或继续雇用）年轻研究员，他们将完成研究中最耗时的任务——例如做实验、调查或访谈、收集证据以及汇编和分析数据集。高级研究员与外部组织的合作研究，必须密切参与四个主要阶段：

- 首先争取合同。

- 项目一开始，与客户明确要做的详细工作。

- 利用以前的经验，迅速聘用合适的员工，并做好入职培训，告诉他们如何参与项目研究——这有点自相矛盾，因为对新员工来说，理解新问题通常需要"深度学习"，这需要时间。

- 做好首批"试运行"产品或样本，解决研究过程中的"政策"问题和错误，以便今后由更多的初级人员操作。

表 10.3 项目负责人与企业、政府机构和 NGO 合作的 10 大交易成本

潜在成本	缓解策略
项目研究和人际关系所花费的时间	建立关系后再与研究项目主管或其他有关人员谈论新工作或项目进展就更容易。参加"贸易"或"政策相关"会议和研讨会，吸引专业人士参加大学院系/实验室的活动，是进入该研究领域的两个重要途径，同时还可以通过博客、网站等提升数字媒体上的良好形象。与其他机构共享项目研究的联络人员，可以降低成本。
项目开发所花时间、合同谈判/达成协议所花时间	即使确定了一个十分可靠的负责人，或外部客户与研究员直接接触过，谈判和达成协议也需要时间和精力。

潜在成本	缓解策略
项目启动和新研究员入职培训所花时间	外部组织合同规定的时间通常很紧。然而，为了在短时间内完成新任务，项目负责人必须额外招聘工作人员，这些人员通常是该研究领域的新手。为了克服这种困境，资深研究员首先必须投入大量时间来即时了解研究主题，并让所有员工迅速进入状态。
合同期内汇报、联络和监管所花时间	在合同期内或咨询服务期内，与客户机构的管理人员保持联系，至少需要占用资深研究员10%的时间，而且必须由他们来处理。拥有自己的项目管理人员非常有帮助。
项目和研究员管理所花时间	从招聘合格人员，到向他们简要介绍情况，并让他们快速了解情况（因为外部项目研究时间很短），到项目完成后，能够留住他们从事其他项目，或者帮助他们成功地发展职业生涯等所花费的时间，对于任何项目负责人来说都是一笔巨大的成本。
结项陈述、相关媒体工作所花时间	提交一套完整的研究成果和结项报告，总是需要仔细准备，尤其是当产品要让媒体宣传或供公众消费时。
大学在项目清算上所花时间	大学规章制度和程序要求项目负责人做的项目清算会占用他们的清算和联络时间成本。拥有自己的行政人员会非常有帮助。
中央大学或咨询机构自动扣除的费用，用于劳务服务、设备使用、办公室租金等	大学通常对"市场渗透定价"或"低成本定价"合同持怀疑态度，并要求外部组织为其支付费用，包括可变成本（如员工薪金）和一部分大学固定成本。这项成本"税"至少占员工工资的40%，也可能是80%或100%的"经济成本"。利用经验丰富的咨询机构或大学的业务部门，可以确保各种费用不会被乱收，并涵盖赔偿保险费。大学可以利用有声誉的"慈善"活动或依靠未来可能会获得资助金或更大合同的"种子基金"项目，免除或减少间接成本。

潜在成本	缓解策略
项目的投标费用	合同、咨询或项目担保之前产生的成本可能高达投标金额的10%。
未遂项目的投标费用	与失败的投标一样，未遂项目的投标只会产生成本，不会产生回报。关键是要根据可靠的"市场情报"选择好合适的机会。外部招标限定了项目主题和（通常）非常具体的研究方法。经验丰富的团队可以按常规方式精心准备标书内容，节约时间，降低成本。投标竞争性的资助款通常比开放竞标的少得多。

在项目研究的开始和中间，与大学或院系的工作人员就项目后勤和财务问题打交道，也需要花费时间，尤其是在处理支付大学固定成本和人工服务费（通常会占用资金的很大一部分）时。

项目研究的中期阶段，大部分工作正在进行，高级研究员的工作可能不那么繁重。他们可以依照大多数项目管理中使用的甘特图，每周或每两周一次密切监控研究进度。这期间他们还要定期与客户联络，警惕性地预判可能产生的研究结果，以及如何理解这些结果。

结题阶段是项目负责人的又一个高强度工作期，他们要对分析研究成果做最后定稿。撰写结项报告时，选择哪些途径进行深入探讨，并确定对照哪些要素进行检查，都是很重要的工作。高级研究员还必须对关键研究成果做出详细描述总结，归纳启示和提出建议。如果最终产品要在公共领域应用，结项报告必须提交给客户的领导或他们的高级员工，这里同样涉及项目负责人以及"传媒"工作者。结项反思（部分与客户一起）产生的经验教训，可以为后续合作的研究提供借鉴。这是一个有意义的环节，但经常被忽视。

表 10.3 中列举的成本多数是不可避免的，但通过对原有学术圈的组织方式进行调整，可以将成本降至最低。在大学院系或实验室两个层面上，以下措施可以起到一定作用：

- 确保对外部项目和实际研究做出贡献的人员给予晋升和奖励，将产生影响力列入晋升（或赋予更多权重）的条件。

- 制定机构或院系战略时，根据重要学术项目优先原则，评估好外部工作。

- 将影响力计划纳入重要研究资助项目中，实现任务分担，可减少关系联络成本。

- 认识到参与外部组织工作是院系研究员职业发展中的常见经历，项目管理是博士生和初入职研究员应掌握的关键技能，参与这些工作将鼓励他们获得相关技能和经验。

- 在可行的情况下，为项目负责人提供灵活的支持，例如尽量减少聘用短期工作人员、取得项目批准而产生的费用和带来的麻烦，以及完成其他行政要求。

- 安装管理信息系统，以便记录所有影响力相关合同，明确项目开发和人员管理的时间成本，实时追踪和记录外部影响力。

- 利用影响力案例研究进行营销和宣传，特别是在大学院系所在地区和城市的社会精英人士中推广其价值，这样可以降低长期联络费用。

● 与外部组织建立关系有助于大学招生工作。

以下几项简单措施可以将外部联系工作常规化并帮助降低成本：

● 为所有研究员保存公司履历。
● 不断更新外部合同投标所需的各种信息。
● 建立资料库收集投标材料，其中包括以前的资助项目、合同申请等文件的副本。
● 以适合外部客户的文件格式保留最新的报告和演示模板。

通过低成本的网络数字技术保持联系可以节省费用，并有助于应对"联系人失联"情况。例如，你的联系人加入领英后，（希望）维护自己的电子邮件、地址和职务描述等详细信息，并以零成本"推送"已变更的联系信息给你。类似地，群组博客、电子邮件提醒、来自专业媒体和专业机构的电子邮件更新，以及个人定制的脸书或推特"推送"的社交媒体更新，均可以大大降低管理成本。因此，很多成本尽管具体明细，又不可避免，但可以最大化地加以控制和减少，特别是随着与外部组织合作经验的不断发展。

相比之下，表 10.4 所示的风险具有不确定性，但（原则上）还是可以避免的。这些风险看起来是无形的，却又广泛存在，对此仍然需要采取缓解策略。例如，长期与外部组织保持联系的研究员，无论他们来自哪个学科领域，都需要投入一些时间和精力去了解外部组织是如何运作的、需求是什么、组织文化是什么样的，以及权力结构、战略部署和内部政治如何等等。在建立关系之前，研究员需要了解负责资助的高管或部门有多大的影响力。这个影响力可以调节"政治上的"风险等级，即预估客户组织对该项目的把握程度。企业、政府机构，甚至慈善机构或 NGO 都可能更改他们的决策，这可能对和他们密切联系的研究员十分不利。培养"客户意识"，可以避免对研究合作产生"离奇古怪"或无关的不利影响。

表 10.4　与企业、政府机构和 NGO 合作可能产生的八个主要风险

潜在风险	缓解策略
外部组织的活动在道德上可疑、不受欢迎或可能有争议。	大学和实验室有明确规定的道德政策，以及认真审查各项问题和建议的各种委员会。在提案阶段开展的尽职调查，为研究员提供了重要的保障措施，防止他们参与边缘化或不明智的项目。
要求以更符合其利益的方式产生研究成果的外部组织压力。	各大学院系、实验室或咨询中心/业务拓展机构开展的尽职调查，应评估所有研究员的工作能力和经验。通常，经验丰富的企业和政府机构都有明确的规范，并强调学术独立性。一般只有刚刚接触大学的天真（或狡猾）的客户才会出问题。必须完全科学地、专业地独立记载研究过程的所有文献。如果只有学术人员参与这些项目，这可能更容易做到。如果是由合作团队完成，情况可能会比较模糊，因为团队内部的观点可能会有所不同。

潜在风险	缓解策略
客户组织对发表的研究结果施加了（预想不到的）限制。	企业和机构通常要求与他们合作的研究员签署保密协议，限制其使用专有数据或技术，并对合作过程中得到的其他商业信息保守机密。尤为重要的是，在一开始就必须仔细审查保密协议与合同，并尽最大努力保证研究员的研究结果能发表——可能有时滞期。对于政府机构（"信息自由"条款也适用）而言，强调研究成果的公开发表（因此被同行评价和批评），有助于为客户提供学术团队工作的质量保证。
"市场风险"，即为客户机构完成的研发项目可能不会在销售方面取得成功，也不会为客户机构带来积极的回报——在影响力评估方面成为"流产"的工作。	研究员希望他们承担的外部项目能顺利进行并取得成功，从而开辟潜在的新研究途径。然而，如果创新过程不顺或失败，将来就不会有必然的收益。大学研究员在决定是否参加某项研究时，要准确把握他们合作研究的产品或政策在未来成功的可能性有多大，这一点很重要。
因错误解读客户组织对项目研究所提供的产品/服务（企业）或公共政策（政府）的支持力度而产生的"政治风险"。	权力斗争、人事变动、战略调整和重点项目变更、内部组织变化等会严重制约合作项目或合作咨询的可行性。例如，新董事或新执行官可能会中止或削减其前任的"宠爱项目"资金；或者，一家公司被竞争对手收购后可能会导致某些产品线或研发线被切断；或者，因新上任的部长或新组建的政府不认可，公共机构可能会停止某研究项目或减少对其的支持。在与客户联络过程中，研究员需要警惕此类潜在的变化，以避免虽已承诺而实际上将被中止的项目。

潜在风险	缓解策略
如果大学院系或实验室过度依赖一个长期的外部客户，或与其过于亲密，可能会出现"过度依赖症"的风险。	一旦有了固定的资金流，就会有保持资金流动的压力（如初级研究员的工作依赖于续约或赢得新合同）。项目负责人可能会受到影响，承担毫无意义或没有任何附带利益的研究。将时间和精力分配给不太重要的项目，其他项目的进展就会受到影响。另外，如果研究团队过于贴近客户组织，可能会接受他们"世界观"的某些方面，从而有损于研究的独立性。这可能会导致学术团队无意识地调整其研究流程，使项目进程受到不利影响。
研究团队被迫忙于寻求客户资助，只有时间编写客户要求的报告，而没有时间整理自己的研究成果和撰写研究论文或著作，于是发生"跑步机"式的风险。	拥有在外部组织工作良好记录的、经验丰富的研究团队，可能无法抽出时间来"提取"表10.1中列出的潜在收益，因为他们太过专注于完成短期项目、寻求更多资金和再次开始新工作的"老鼠赛跑"。主要研究员无法找到时间思考和发展更多的理论或期刊论文/书籍中的基本研究经验。因此，团队人员的能力仅在"灰色文献"报告中可见，他们的学术进步或声誉可能会有所滞后。
外部组织与大学利益相关者之间出现意想不到的纷争或分歧，因此产生"纠缠"风险。	即使在STEMM学科中，前沿研究经常存在科学论点和观点分歧。如果外部组织借用大学战略调整引发政治或社会争议，相关研究团队也可能被卷入公共冲突和辩论中。

最后，在现有研究建议不全面、模棱两可或有争议的情况下，政治家、政府官员和企业管理人员必须做出全方位的重大决定，而且必须短期内做出承诺。商业公司有经验法则、操作程序和领导角色，这使他们能够有效地处理复杂或难以解决的问题，同时又能就行动计划达成内部接近一致的意见，并维持下去。在社会科学领域，争议的范围通常更

广。随着形势的巨大变化，社会经济辩论或公共政策变化速度飞快，变化幅度剧烈。因此，证明什么是有效的或基于事实制定政策的想法，大多无法实现，特别是在政治承诺和媒体兴趣十分强烈的领域。

同样重要的是，要向前看，预见研究成果突然引起政治或社会争议情况的出现，或因客户不满意研究成果而导致双方关系恶化，或高管试图"制作"已发表的研究成果。在公共政策领域，研究员的知识背景尽管充分，也可能与官方的"政策"路线发生冲突。例如，2009 年，英国政府部长解雇了一个关于药物滥用的咨询委员会主席，说对他的建议"失去了信心"，因为他的一份科学研究出版物认为大麻不会造成伤害，与政府的观点不同。反过来，该教授控告政府无视医学证据。这件事导致相关委员会的学者纷纷辞职。

要避免此类风险，研究员必须有批判性的自我意识，以保持学术和研究的独立性，了解客户的世界观，而不将他们的观点视为自己的观点，并认识到"过度依赖"客户资助或与客户的合作带来的危险，从而避免给其他重点项目造成危险。在项目合作研究之前，以实事求是的政治态度对外部组织进行尽职调查是最好的保障。这也有助于降低因高估研发途径能带来成功和长久收益而产生的"市场"风险。

小 结

研究员能否获得外部影响力由一系列因素决定，包括其学术可信度、个人性格和个人领域限制、建立人际网络的技能、个人沟通能力、外部声誉、工作经验和业绩记录。因此，通过与外部组织合作来开发自己的学术研究的影响力，并不一定是每个人的必备选择。然而，收获卓越学术成果和获得外部影响力之间，并不存在简单的平衡或对立。事实上，在应用研究领域，与企业和政府的客户密切合作，可以极大地推动学术研究发展，开辟新的数据资源或争取项目资金，为解决应用问题提供新的智识支撑，使学术研究更加与时俱进、切合实际。由于研究思路很少以线性的方式发展，与传统认知相比，这些积极因素更显重要。尽管有这些方面的好处，仍然存在一些实质性的成本和风险。研究员希望在可行的情况下，准确评估和减少这些成本和风险。浪费时间、过度承诺、偏离学术重点的潜在的研究扭曲以及误用研究等风险，都是严重的问题。

在不利于外部影响的大背景下，如果研究员单独行动，产生的成本和风险尤其大。然而，如果院系、实验室和大学精心组织、互相配合，以推动与外部组织相关工作的进展，就可以增加合约研究的效益，加强与外部机构的联系，从而降低成本，有效地减少风险。类似经验教训也适用于公众参与的项目合作，在下一章我们会接着讨论。

第十一章

公众参与和公众影响

对于哲学家专注或关心的明显无用的问题，许多人的自然反应是大笑而不是敌意。

——汉娜·阿伦特（Hannah Arendt）

正如阿伦特提醒我们的那样，学者所做的事情和"公众"认为有用的事情之间的差距有时会很大。大学内部的发展模式进一步加大了这个认识差距。在20世纪80年代大学过度专业化发展的黑暗时期，新闻办公室居高临下地向广大受众发布"傻瓜式"信息，这使得学者与"专业"受众的交流之间形成了壁垒。对外交流学术研究被看作一个自上而下的"知识转移"或"知识传播"过程。英国大多数名牌大学中，只有规模较小且日渐衰落的"外部研究"部门，承诺保留外联服务。美国大学的"社区"影响力要强得多，拉近了大多数大学与城市（或地区）精英和受众的距离。在美国顶级研究型大学里，除了偶尔有"爆款"书籍登上《纽约时报》的畅销书榜单外，学者也越来越多地只愿意同少数专业人士交谈。许多观察家不禁哀叹日渐衰落的"公共知识分子"不如媒体名人受欢迎，新闻报纸的专业记者队伍慢慢萎缩，"严肃"话题节目逐渐被真人秀取代。

然而，从那时起，特别是随着"科学交流"的发展，学术人员的公众参与作用开始不断扩大。现在，"科学交流"已成为 STEMM 学科领域研究员的关注焦点。重新关注"知识交流"又被视作一个互动学习和合作学习的过程。在英国和澳大利亚政府的学术研究审查报告中，公众参与活动得到越来越多的认可，还被正式记录（并被量化）下来，而且越来越多地获得了单独的资金支持。

许多媒体的广泛发展也促进了学术活动的复兴，吸引更多的受众和大众参与讨论。这其中，"大众"媒体市场的细分、廉价视频节目的制作、网络知识的爆炸式增长以及博客等社交媒体的迅猛发展，起到了十分重要的作用。

向大众解释学术研究的关键步骤，就是用"直观"的方式向他们解释什么是学术知识，本章第一节将介绍这一点。第二节简要分析了有利于研究员成功外联的要素。第三节讨论了公众参与的好处。当然，在公众参与中，也存在着不可避免的成本和潜在的风险，我们在最后一节中将分析如何降低这些成本和风险。

直觉解释、研究叙事与"数学恐惧"

> 为什么人们很自然地认为太阳绕地球转，而不是地球自转？
>
> ——路德维希·维特根斯坦

我想可能是因为看起来像是太阳绕着地球转。

——伊丽莎白·安斯康贝（Elizabeth Anscombe）

那么，如果地球看起来像是绕着它的轴心转，会是什么样子呢？

——路德维希·维特根斯坦

上面哲学家维特根斯坦的论述突出说明了"直觉"推理中的偏见：无论是在个人层面还是在社会层面，假设有一个组织框架，我们都会倾向于将自己置于关注中心，并视其他东西都围绕我们运转。所以直觉或广泛共享的"常识"理解不一定总是正确的，而只是容易接受和管理。

用"普通人"可以接受的方式来解释学术研究存在一个基本问题：很难找到对复杂和特殊现象以及用于分析其原理的"直觉"解释。

直觉指的是人类理解或内化知识的能力，而不需要经过仔细评估证据、校对或分析所获信息"来源"的自我意识过程。我们都有对某事豁然开朗的经历，"以前不知道的某些问题，在得到解释后就会立即认可"［正如约翰·斯图尔特·米尔（John Stuart Mill）所论证的这样］。《牛津英语词典》将"直觉"定义为"在没有任何推理过程的干预下，心灵对某一对象的直接领悟"或"直接或即时的洞察力"。直觉的解释在某种程度上是凭借经验和常识，"感觉"正确，不需要接受正规的培训或拥有先进的知识。真正的直觉是感官上显而易见的或直接可见的，而且是不需要他人帮助就可以理解的。

影响我们如何获得新知识的关键因素，实际上是我们的个人能力，即能否把它与现有信息（如我们在高中所学的科学或我们以前看过的类似主题的电视节目）有意义地联系起来，能否根据以前掌握的经验通过类比来理解现在不熟悉的东西。认知社会心理学表明，即使我们凭借的是未经验证或未充分验证的前提（见本节引言），也可以给出一定的见解和判断。

有些学科比其他学科更容易理解，因为它们所涵盖的领域被普遍认为是直观可及（且"有趣"）的，而且在学校里被广泛教授，因此大多数人对它们已经有了一定了解；另外，大众媒体也频繁对它们展开讨论。历史学、考古学、"流行"社会心理学和恐龙古生物学就是如此，在电视纪录片、触手可及的图书、期刊和报纸文章上都有它们的大量采访报道和专题讨论。涉及的某些领域包括一定程度的深奥知识和专业术语（如恐龙的名字），但这并不妨碍广大观众和读者对它们的钟爱。

在其他领域，如心理学和哲学，甚至是医学的"社会"或治疗方面，每个人都有自己的多种生活经验，他们可以把这些经验与学术研究联系起来，开动脑筋积极提出问题、思考问题并找到解决方案。丹尼特（Daniel C. Dennett）曾建议哲学家和研究员使用"直觉泵法"做实验——围绕一个简单问题或议题进行简单思维实验，让思考问题的人利用他们的直觉快速找到答案。

然而，对于大多数 STEMM 学科领域来说，情况要困难得多，因为这些领域侧重于精确测量、优步分析（uber-analytic）的方式进行研究，大量使用数学公式和统计数据，并且采用不为大家熟知的术语进行描述。STEMM 学科还侧重研究反直觉解释的问题，或者关注远离感知的细节层次研究，以至于很难找到有助于直觉解释的视觉表征、类比或比喻。有时，学校里使用的 STEMM 学科简化版教材，也很难帮助学生理解复杂过程在最小（亚原子）或最大（天体物理学）层面的实际运作。

无论是 STEMM 学科领域的科学家，还是在推理中使用大量数学或统计学知识的社会科学家，都想超越普通大众的"常识"理解，热衷于避免给出"傻瓜式"的解释。但对他们来说，这比历史学家要难得多。因此，他们需要在两个方面改变他们惯用的论述方法——一是重新找到直观解释方法，特别是叙述；二是应对好对数学的恐惧。

叙事（按时间顺序讲故事）在整个人类文明中无处不在，它们构成了我们所有人理解世界的核心：话语的叙述模式在人类事务中无所不在。因此，叙事是（大多数）人解释对某一问题的认识或见解的好方法。一些理论家把叙事的重要性定得更高，把它们看作解释自然科学的另一种形式。根据这种观点，叙事通过挖掘人们的信仰和欲望解释人类行为，使之与历史上发展起来的传统中的长期信仰体系相联系。

然而，STEMM 学科领域的科学家和定量分析或理论分析的社会科学家在他们的培训中经常被社会化，对许多"奇闻轶事"不屑一顾。因此，他们常常怀疑一个明显的按时间顺序发生的现象是否真的按照一个缺乏经验的观察者所看到的方式或某种原因在运行。为了弄清其隐藏的、复杂的因果关系，研究员深入观察以渗透到表面关联之下，这使得研究员开始质疑对"表面"的观察——以及基于这些观察的叙事阐释。例如，案例研究一直是精神病学的基础，但最近一些定性研究表明使用叙事阐述的某种回归可以捕捉更多"整体"或关联现象。但在大多数

STEMM 学科领域和许多社会科学领域，用叙事方式进行思考并不常见。

　　然而，让明显难以获得的东西更加直观的方法之一，是以叙事的方式重新描述研究。其关键步骤是将故事个性化，使研究员（或团队）成为一个按时间顺序排列的故事主体或"主人公"——一个有趣的扣人心弦的故事。表 11.1 列举了作家克里斯托弗·布克（Christopher Booker）划分的大多数叙事情节应有的五个关键阶段。他认为，这几个阶段是许多（也许是所有）创造性作品（小说、戏剧、电影等）的共同元素。尤其能引起读者兴趣的是故事中富有戏剧性的、跌宕起伏的情节描述：主人公为实现某个高要求的目标或愿景而奋力拼搏，历经千辛万苦到一个危急关头（不是成功就是失败之时）。故事结尾常常是主人公战胜了重重困难，取得胜利。

表 11.1　改编关键叙述阶段以解释学术或科学研究的进展

叙事的 关键阶段	研究环境中会发生什么
预测	研究员或团队（也就是主人公）确定未来的中心任务，并认识到其社会意义或确定知识发展领域中的重要作用。
愿景 （或"梦想"）	他们设想如何使用一种创新的方法或一种以前从未尝试过的独到见解解决这个问题。
挫折	研究员或团队发现，他们的希望在第一次真正接触问题时就破灭了——因为需要满足一些未被重视的前提条件，或者出现了隐藏的复杂问题。

叙事的 关键阶段	研究环境中会发生什么
危机/迫在眉睫的失败	经过长时间的、全面的/详尽的或紧张的/创造性的研究，严格按照外部组织设定的时间表，或与竞争对手对抗后，团队或学者面临危急关头，需要做出决策。尽管项目失败或不太可能成功，仍有可能挽回。
决心	研究员发现了某个关键的见解、线索、标记或方法；或者发现了以前隐藏的数据；或者以激进的方式调整方法，从而取得了知识/研究进展（不太常见的"突破"）。即使新的研究路径可能存在问题或出现后续问题，但最初愿景的各个方面现在都已实现。

可以充实上面的基本叙事框架并将其情境化，从而有效地应用于以研究为中心的故事情节创作，使其成为一个具体案例。布克论述了"七个基本情节"的重要性，这些情节在文学、戏剧和电影中以许多不同的表现形式重复出现。无论这一重要主张在文学研究中是否站得住脚或有价值，他的图表分析确实为叙事研究提供了一些非常实用的模板。还有其他一些有点类似的框架。在表 11.2 中，我们根据布克的情节类型，列出了科学交流和学术研究交流中九种常见叙事变体。我们列举了一些典型实例来说明这些模板在实践中的应用。这些实例主要来自 STEMM 学科，它们通常被认为难以用叙事形式表达。

对于描述自己研究的研究员来说，这里的前六种情节都很适合于描述研究进展，也能真实表达出学术和科学工作的困难和挑战。很明显，我们这里给出的例子众所周知、影响深远。但我们必须认识到，相同的

表 11.2 有助于学术知识交流或科学研究交流的

"七个基本情节"中的九种变体

基本情节	研究背景下会发生什么	示例
1. "战胜怪物"	影响人类社会的灾祸，或对不幸的小群体生命的破坏，都是被研究如何克服和战胜研究的对象。	经过1947～1953年的七年集中研究，乔纳斯·索尔克（Jonas Salk）发现了小儿麻痹症疫苗，这是战后美国科学界的一个重大胜利。索尔克出生于一个贫困的纽约移民家庭，最初因被太多身份被禁止进入美国重点大学，并在经历了学生涯的后期。他还遭受了对其疫苗的强烈无根据批评，并在经历了学生声誉，公众舆论和监管干预的攻抵后，他的观点才被证实。
2. "探索"	研究员或与竞争强劲对手的竞争中，开始尽管规模较小或能力有限，但仍然坚持使命——他们最后克服了一系列的最后的考验（障碍和困难），在逆境中或对手面前完成任务。	罗莎琳·亚洛（Rosalyn Yalow）在医学相关领域的职业生涯始于成为生物化学学者的秘书，随后成了速记员，第二次世界大战期间从纽约的一所城市学院毕业。当时，由于很多男士服役参军，物理教师得严重短缺，罗莎琳得获博士学位。之后她去了一家不受欢迎的纽约退伍军人管理医院，从事放射性同位素研究工作。在那里她遇到了所罗门·贝森（Solomon Berson）。他们合作开发了放射性同位素测定法（radio isotope assay, RIA），用于测量血液等液体中的微量元素，用于不同的医疗和生物化学目的。起初，他们的研究成果遭到了期刊的拒绝：1955年有评论文章指责他们的观点是"没有数据支撑的武断结论"。五年后（1960年），该期刊最终发表了他们的权威结论。亚洛和贝森拒绝为RIA研究技术申请专利，放

续表

基本情节	研究背景下会发生什么	示例
3. "大卫与歌利亚"版的探索	这种变体侧重描写与资源丰富、占明显优势的对手的直接竞争，最后取得胜利。	开了 RIA 可能带来的巨大回报，以防止其广泛使用造成任何障碍。八年后，她进入大学，成为一名医学物理学研究教授，后来因其开创性的工作获得了多项荣誉。1977年，她与另外两名研究员共同获得了诺贝尔生理学或医学奖（所罗门·贝森在获奖之日前刚刚去世）。
		2012年，托马斯·赫恩登（Thomas Herndon）是一名23岁的经济学硕士生，他的导师给他布置他的布置作业：重复研究一项有代表性的经济研究成果。他选择了哈佛大学两位著名教授卡门·莱因哈特（Carmen Reinhart）和肯·罗格夫（Ken Rogoff）极具影响力的文章《债务时代的增长》。这篇文章定义了影响国内生产总值90%的国家，都会遭受经济增长放缓的影响。该文认为，任何负债超过这个数值，但赫恩登试图重复这个研究结果。他从作者那里寻找原始数据集，起初遇到了巨大的阻力。最终，他获得了数据，并发现作者的电子表格具有严重错误：将一些国家排除在宏观经济政策的方式对不合适的案例进行了加权。他与同事一起发表了一篇具有争议性的评论，证明高债务与经济增长率为2.2%（非常可观），而不是哈佛大学研究中的-0.1%。该案例已成为证明重复重复研究在经济学研究中的价值的经典案例。

续　表

基本情节	研究背景下会发生什么	示例
4.航行和返回	单个学者或小团队开始了一段漫长的研究旅程，他们的远离本学科学术解释的主流。他们冒着被主流学者否定、遗忘或边缘化的风险。在很长一段时间内，他们不被认可，但仍然坚持不懈，最终确立了自己在"局外人"中的可信度。	在1972年美国的一次重委会议上，一位相对默默无闻的德国病毒学者哈拉尔·祖尔·豪森（Harald zur Hausen）批评了当时占主导地位的一个推断：宫颈癌是由单纯疱疹病毒引起的，而该病毒已被证明会导致一种癌症。会场一片沉默，与会学者漠视了他的辩驳，会议记录中也找不到他的发言。相反，当祖尔·豪森在两所小型德国大学任职时，他的团队专注于人类乳头瘤病毒，研究如何分离出两种病毒。1983~1984年，他们的研究小组（在一份中等水平的期刊上）声明，75%的宫颈癌中存在这些类型的乳头瘤病毒。这一发现为研制有效的抗癌疫苗开辟了道路。这项研究最初引发了一场激烈的质疑。"主流"研究员支持病因为单纯的疱疹的观点。这一争论很快很快祖尔·豪森因为祖尔·豪森的研究而结束。2008年，他与人共享了诺贝尔医学奖。吉利斯（Gillies）认为，祖尔·豪森当初遭人嘲笑的研究成果，节省了几千万美元的研究资金，并将该疫苗的发现提前了几年甚至几十年。

续 表

基本情节	研究背景下会发生什么	示例
5.白手起家——学术版	取得惊人的成功之前，研究员大多一无所有，或者鲜为人知。例如，某贫困博士生，起初寻术方向不定，前途渺茫。但后来获得名牌大学的职位，成为非常知名的学者，专业上十分受人尊敬。	乔斯琳·贝尔·伯奈尔(Jocelyn Bell Burnell)是一名天体物理学博士生，她发现了有史以来最早的四颗脉冲星。这些恒星旋转时，定期发射无线电波。1967年，她的导师安东尼·休威什(Anthony Hewish)新设计了一台面积大约1.6万平方米的射电望远镜(尽管看起来相当业余)，她的工作是扫描长长的(34米)一排排显示报告的纸张。在一段记录中，她注意到一个很独特的"污染"，似乎不像灵为"设计"的信号。后来复查时，她发现在其他记录的"污点"，它在同一区域重复出现。她告知了导师休威什，休威什起初不屑一顾。但贝尔决定(一如既往地)坚持观察和记录。休威什和马丁·赖尔(Martin Ryle,实验室负责人)召集了多个小组讨论分析这些结果，并拒绝让贝尔参加。他们评尽地讨论了如何解释公开信号来源，其中一个解释是它是地外生命的迹象。然而，贝尔很快论小组仍然不让她参与，该研究论文在期刊上发派驳倒了这种猜测。研究讨论天空完全不同方位识别到的第二颗脉冲星表，她被列为第二作者(休威什为第一作者)。1974年，休威什和赖尔凭这论文被授予诺贝尔物理学奖，贝尔·伯奈尔没有被列入在内。现在她凭借自己的努力，成了一位成功的物理学家，获得了一系列其他荣誉和公众认可。尽管贝尔具备受争议，但贝尔本人从未被批评过诺贝尔奖的评选。

续　表

基本情节	研究背景下会发生什么	示例
6. "喜剧/传奇故事"	尽管有标签，但情节主线并不是围绕祸关不是围绕祸关于事件，而是围绕失智多谋的研究员或团队对一系列困难或误解的应对。他们坚韧不拔，适应能力强，在行为或灵感来源上往往是古怪或独立独行的。团队拥有强大的内部动力。成员可能会从同伴或家庭成员中获得充分的支持和鼓励。	作为科学写作中的伟大经典，詹姆斯·D.沃森（James D. Watson）（尽管一些评论家认为他是一个"不可靠的叙述者"）的《双螺旋》（The Double Helix）密切遵循了这一模板。他诙谐地描述了他和剑桥大学的弗朗西斯·克里克（Francis Crick）如何争先恐后地成为第一个了解DNA复杂结构的人——尽管他们是该领域的新手，并且作为理论家，在过程中犯了许多错误，没有获得直接解开谜团所需的重要实验结果（x射线光谱仪）。1962年，克里克、沃森和莫里斯·威尔金森（Maurice Wilkinson，国王学院实证研究实验室负责人）获得诺贝尔生物学奖［主要实证研究员罗莎琳德·富兰克林（Rosalind Franklin）本应共享该奖，但在获奖前不幸去世］。

续　表

基本情节	研究背景下会发生什么	示例
7.悲剧(1)	学者或研究团队很早就获得了令人震惊的新或独创的研究的创新或独创研究成果,走向了成功。然而,他们的性格或研究方法(用于获取早期成果)出现缺陷,遭到批评,声誉突然大幅下降;或者他们的研究结果无法复制/被证明有误;或者最初设想的广泛应用前景并未实现。	2010年,社会心理学家艾米·卡迪(Amy Cuddy)的研究取得初步成功。她的实验结果表明,受试者被要求以某种"权力"的姿势站立或坐下——双腿叉开站或者坐着把脚踏放在桌子上,摆姿势后的"权力"比不摆姿势时更强烈,并产生持久影响。艾米被提拔到哈佛商学院的重要工作,并成为广受追捧的会议演讲者。然而,社会心理学中不断出现出现的失败冲击着她的研究成果,她的方法论因有缺陷而他受批评。卡迪的学术声誉在这些攻击下一落千丈,她离开了哈佛大学,在整个学术界消失了。

续 表

基本情节	研究背景下会发生什么	示例
8.悲剧 (Ⅱ)	另一个故事情节中，一个孤独的学者取得了重大突破，但却没有有效地利用、解释或传播他的见解。由于未能实现学术影响力，或或外部影响力，他的原创作品没有被认可；他甚至可能死于贫困或他个人失败。后来的研究员以同样错误地投予了果被错误地投予了名誉，并持续了一段时间。	基因遗传的发现者是奥地利天主教僧侣格雷戈·孟德尔（Gregor Mendel）。他利用修道院花园中的植物进行杂交研究，以先进的代数方式准确地计算出了遗传是如何进行的。他在当地一家科学协会宣读了两篇论文，并将40份（德语）印刷本寄给了他所认识的知名生物学家，但没有寄给查尔斯·达尔文。达尔文可能不喜欢这并讨论。孟德尔于1884年去世，他的研究成果在1900年之前只能被引用了11次。进化论花了20年时间才赶上并承认他的贡献。现在，孟德尔的贡献成了所有遗传学的基石。

393

续 表

基本情节	研究背景下会发生什么	示例
9.重生	拥有悲剧Ⅰ或悲剧Ⅱ故事（如上所述）的学者或研究团队的成果或获得了重生，其生前或过世后得到了认可。例如，一项发现或理论后来被重新命名，以赋予他们全部或部分名誉权；一个机构或专业团体以他们的名字命名；出版传记或对他们的学术/科学贡献进行重大重新评估；或者以其他方式对他们进行表彰或纪念。	数学家约翰·纳什发明了现代博弈论的一些基本理论。因精神健康恶化，他不得不离开数学和学术界，由他不离不弃的妻子照顾。在晚年，他部分康复了，再次回到普林斯顿原来工作的部门，并于1994年获得诺贝尔经济学奖。纳什的故事，因西尔维·纳萨尔（Sylvie Nasar）创作的小说和依据小说改变的电影《美丽的心灵》（A Beautiful Mind）而广为人知。

模板可以适当调整，以应用于更具体，甚至看似平凡的研究进展。而且，这里所有模板都能提供很好的方式，将特定研究与你的子领域的发展联系起来，证明最新成果能很好地推进领域的进展。

表 11.2 中最后三种情节（即两种"悲剧"和一种"重生"）对于以第一人称叙述的研究并不是很有用。但是，当以第三人称方式讲述他人的工作时——比如在许多科学通讯博客和文章中，或者在专注于你的个人领域发展的关键节点的讲座或报道中，它们都是非常重要的。在公众参与背景下，这类叙述往往具有优势。例如，它们有很高的"人情味"。它们表明了学者和科学家可能会犯错误，也可能会坚持不懈地在似乎不起作用的死水中投入时间，从而使得研究工作变得"人性化"。它们可以是一种有效的（非自吹自擂）方式，让非专业受众了解科学严谨和学术同行评议过程在实践中是如何运作的，以及专业认可的高标准。它们还显示了专业评估的局限和不足，以及研究员必须应对的不利压力。

最大限度地减少"数学恐惧"是构建直觉描述的第二项任务，也是更难的任务。随着时间的推移，大多数 STEMM 学科和定量分析的社会学科（以及越来越多的数字人文学科）变得更加"数学化"。他们大量采用数据分析，可以用简明的公式来表达复杂的因果过程。所以，C. P. 斯诺（C. P. Snow）在 20 世纪 50 年代提出的"两种文化"[①]问题，目前仍然在不断深化和扩展。现在，非专业人士要想了解学术领域的研究是如何进行的，所面临的障碍比以往任何时候都多得多。因此，无论什么

---

① 即人文文化与科学文化。——译者注

时候，当你为广大受众演示公式或数据时，必须改掉一些不得要领的表述，而这些困难往往是传统学术实践中固有的。为了向广大读者准确传递研究结果（或事物的运作方式），必须弄清楚哪些代数或数据是必不可少的，这是一个基本问题。只有特别努力地、最大限度地减少使用公式或数据，并采用合适的方式向他们解释，才能让更多受众接受所给出的解释（略为专业的读者也可以加快速度，提高理解能力）。

斯蒂芬·霍金（Stephen Hawking）在他的畅销书《时间简史》（*A Brief History of Time*）中讲述了该书出版商给他的提醒：书中所列的每一个公式都可能会使读者人数减少一半。尽管他的数百万读者中的许多人可能并没有仔细看这些公式，但他并没有理会出版商的建议，反而在书中增加了一些（解释得清楚的）公式。公式没有影响霍金向人们解释宇宙运转的努力，但对于大多数人来说，这些公式还是可能会严重阻碍他们对霍金研究的理解。因此，表 11.3 列出了一些处理公式的建议，让公式尽可能不引起人们的反感。研究人员需要站在"非专业"人士的立场上。研究的主题对他们来说已经很陌生了，对代数的不理解又会给他们带来困难。尽量用图表代替公式，使用直观易记的标签、"解释"符号和完整的公式，避免使用晦涩难懂的符号，解释代数的用法（如调整或取消排列术语），都能帮助"非专业"人士更好地理解。在这里，清晰交流的首要障碍往往只是学者们想要在专业论述中展示复杂的公式，以免这些为大众读者所做的简化让其他专业学者觉得他们缺乏专业度。

表 11.3　简化公式表述的方法

可以做的事	依据
能用图表替代吗?	你能否以图解方式(如使用箭头或流程图)传达公式给读者的信息?
考虑用最简单的公式。	再次想想读者真正需要知道什么。排除干扰项,尽可能简化公式(如写"误差项"而不写 ε)。
用最容易理解的公式,而不一定是其原始形式。	在科技传播中,如果需要更简单的方法,则不必受传统的、已建立的或现有的公式约束。
始终避免在公式中使用希腊字母或其他不常见的符号。	大多数人不会希腊字母或偏僻符号的发音,因此它们会成为人们理解的障碍,阻碍他们"解读"公式。
如果真的无法避免希腊或晦涩符号。	用普通语言翻译它们(β ,发音为beta),或者重新用普通语言标签来表示符号所代表的内容。
第一次引入任何公式后,立即给出直观解释。	重新描述每个符号的含义,包括参数。告诉读者整个公式的作用。尽可能用文字和标签写出公式,而不是符号。
转换公式后立即给出直观解释。	最初解释公式的研究员常常认为人们可以理解常见代数的转换。其实他们不能。因此在转换代数后,无论你认为它多么简单易懂,都必须做好解释。

只要把数据和统计问题讲得清楚,大多数人是能够理解的。然而,许多学术文献展示的图表(各种表格、图表和图形)是非常糟糕的——因为表格常常混乱无序,并且需要精心整理才能评估不同因素的显著性(如在任何传统的回归结果表中)。表 11.4 列出了几条清晰呈现图表的

原则，实际上也是成功的学术交流本身需要的原则。努力让广大读者理解研究数据，与提高专业学术交流并不冲突。它也不妨碍对数据进行深入、透彻的分析。相反，正如统计学大师约翰·图基（John Tukey）一贯强调的那样，"数据缩减"——比如简化过于精确的数字和非直观的基础数字——对于研究员自身来说，是进一步分析和理解研究结果的重要步骤。

出于公众参与的目的，将你计划提交的图表与《经济学人》（Economist）或《新科学家》（New Scientist）中的图表进行比较，通常是一件非常值得做的事情（两者针对的都是相对见多识广的读者）。如果你的表格或插图比他们的复杂，请做适当调整，让它们更简单些。反复整理简化图表，直到你的图表在直观性和可读性方面能够经得起比较。

表 11.4　如何避免数据和统计中不必要的复杂性

可以做的事	依据
确保图表标题清晰完整、便于理解。	学术界经常错误地标注和描述表格和图表——读者能独立看懂大标题和轴标题，而不必阅读上下文的文本。
标注好图表中的所有轴线。	图表和图形的横轴和纵轴都应被清楚准确地标记。科学家们尤其可能会遗漏那些从标题或惯例中看起来"显而易见"的轴标签。
使用的数字尽可能介于0～10之间或0～100之间（如使用百分比）。	大多数人认为0～10的数字最容易理解，然后是百分数或100以内的数字。如果你的数据很小（不足1）或很大（100以上），请重新确定基数。

续 表

可以做的事	依据
使用自变量的特定变化在因变量中的百分比来说明其他统计数据，如回归系数。	在多变量分析中，理解回归系数通常是不可能的，除非读者完全明白自变量是被校准的（例如，二分法变量与累进数值变量的影响）。用自变量的具体变化来表达这些影响，更直观、更容易让人理解。
使用中位数和中间部分（上四分位数和下四分位数之间）来描述数据。	平均数是一个不稳定的、有误导性的反映数据中等水平的指标，而中位数更稳定、更具代表性。添加中值范围（不要称其为"四分位数"范围）的信息。使用箱形图、线形图或抖动图展示所有结果，都可以帮助更多的读者理解数据是如何"构成"的。
尽量少使用表格，只关注一个（或最多两个）变量。	学术性的表格经常包含一些读者不需要知道的中间计算过程。
避免使用过于精确的数字。	出于对精确性的迷恋，学者们常常过分渲染数字的细节。但是读者真正需要知道多少信息呢？他们需要知道有1368452人失业，还是137万人就足够了？
你需要小数点后的数字吗？全部都需要吗？需要多少位？	即使在小数点后加上一两位数字，都会使表格变得混乱，并降低其可读性。你能重新设定数字基数来消除它们吗？永远不要有超过三个（或四个）有效数字。对大数字进行四舍五入或重新设置基数。
在表格或条形图中始终使用数字递增的方式。切勿呈现没有明确模式的杂乱无章的数据。	以字母顺序或某些习惯顺序（如官方统计中使用的顺序）呈现的数据，几乎都需要重新排序，使之以降序顺序显示表格列中的数字或条形表中的数字（随着时间推移的数据可能是一个例外，但这不应该是杂乱无章的理由）。

续 表

可以做的事	依据
对变化较大的数据集使用表格。	如果数据范围巨大，图形的展示效果可能不佳。对于这类有极端值的数据，要使用表格，或以某种可比较的方式重新排列数据流后制成类似表格（如使用某个数的对数。然而，在数学上进行数据"转换"，往往会给非专业读者带来理解上的困难）。
对"表现良好"的数据使用图表。	当数据易于可视化时，以图表的形式呈现可以自动简化一些不重要的信息（如消除数字混乱和避免过于精确的细节描述）。
使用正确的图表类型。	选择使用哪种便于理解的图表，请参见邓利维《博士生写作》(Authoring a PhD)的第七章提出的规则。你可能想用创新或独特的图表形式与公众互动，但陌生的表格在广大读者群中并不受欢迎。
图表应易于看懂。	许多学术图表因为一些小问题而影响读者的阅读——如为节省页面空间纵轴被挤压得太小，以至于很难发现或判断数据的变化。应留出足够空间，把重要内容展示给读者。

谁能进行公众参与

简洁的写作需要勇气，因为有可能被人忽视，被那些顽固地认为难以理解就是智慧的标志的人视为头脑简单。

——阿兰·德波顿

并不是每个人都擅长开展公众参与，正如一些研究员比其他人更容

易与外部组织合作。表 11.5 所列举的品质特征与第十章"大学与企业等
组织联系的多样性"小节相同。但在这里，它们的排列顺序是不同的，
对公众参与最重要的因素被排在最前面，而因素的总体显著性则被排在
表格后面。

表 11.5　影响学者在公众参与活动中成功的十个因素

因素	评论
个人 沟通能力	活泼开朗的举止和有魅力的个性对面对面的活动以及在线和数字参与活动都很重要。大部分受众对某一主题的理解，往往与他们对演讲者性格的了解有关。
公众/媒体 声誉	活动组织者和媒体人员喜欢邀请知名演讲者或知名作者，这样有助于吸引受众。
专业履历	组织者和程序设计员总是很忙。他们更看重与经验丰富的学术专业人士打交道，这些专业人士只需要最少的说明和最简单的"照顾"（例如应对大型公共事件或与电视台工作人员或编辑一起工作）。
性格约束	参与活动花费的时间越长，抵消这些成本所需的个人努力（如去传播科学）就越多。积极的公众参与是一大帮助。
内部 精英人士 的声誉	记者和节目制作人通常需要获得高级媒体编辑或全能型高管们的许可，他们不一定是该领域的专家。挑选那些业界公认的"影响力人物"会有帮助。
学术 公信力	同样，要获得媒体经理的许可，学者通常需要有一个著名的大学附属机构和一些资历或公认的专业知识（如出版物）。但这只是一个门槛要求，很容易通过。

因素	评论
学科和个人领域的制约因素	像警匪片或医疗剧一样，一些"直观"易懂的学科和学术主题被电视广播、报纸书评和艺术报道过度使用，尤其是有关历史、考古学、文学和"自然史"的内容。无论哪个学科中，最偏僻的子领域很少在公共活动中被报道。这些既定的模式很难改变，很少有记者或媒体制作人会去尝试。然而，数字网络带来的外联拓展，如（在越来越多的毕业生中）发展迅猛的专业播客，扩大了外部公众感兴趣的知识范围。
建立人际网络的能力	参与举办大型公共活动，或专题报道大型媒体节目与系列文章的学者或科学家，需要帮助记者或媒体团队向持怀疑态度的资助者或高级决策者"推销"他们的想法。善于建立人际网络在这里很有帮助。
互动特长	大型的公众参与活动总是涉及与其他专业团队的合作，以澄清和表达重要信息，并最大限度地发挥影响力。习惯于大学院系内按行政等级工作的资深学者，需要与媒体人员展开更多的"合作"，将所有团队成员视为专业伙伴（而不是下属人员）。
研究经验	电视和视频制作人特别喜欢在实验室、历史档案馆或图书档案馆等地方拍摄科学家和学者，这样的现实环境可以带来研究氛围。

有人认为，研究员应该代表其研究成果的"公众形象"，这种观点让人难以接受。可是，个人外表和公众形象往往很大程度上影响受众对专家学术或科学可信度的评价，以及对其研究成果的接受程度。并不是每个人都确信自己具有这些"政治"素质。更多的学者可能会觉得他们应该"明哲保身"——让那些研究成果"自己说话"。然而，对研究员教学、在会议或研讨会上做专业交流、提出资金申请理由、以清晰的方式阐述复杂的问题并给予回答的要求实际上都是一样的。大多数读完博

士学位和经历入职磨炼后获得终身职位的学者，都是理性而自信的人。现在，攻读博士学位、新员工正式入职培训，都越来越多地涉及了演讲和应对媒体等方面的内容。所以，很多学者这方面的起点都相当高。

第二个重要因素是研究员的公众或媒体形象，当企业或政府机构需要一份"智囊团文章"或一份关于间接营销的高端研究报告时，这一点尤为重要。根据信息自由法的规定，大多数政府机构文件必须根据公众要求按时发布，这对学者或科学专家的技术或专业可信度可能会带来影响。客户还会调查研究员之前有没有公众或媒体的负面评价。正常情况下，客户组织筛选研究员"信誉状况"时都会考虑这些因素。然而，鲜为人知的某个研究员，在一所不知名大学工作，其研究领域非常小众，如果有一天他的研究主题突然占据报纸和广播的头条位置，可能是外部组织活动帮他吸引了公众兴趣，使他成了"热门人物"。

公众参与的益处

> 通常被认为是亏本的买卖，有时也可能会产生收益。要理解这一点并不那么容易。
>
> ——阿尔伯特·赫希曼（Albert Hirschman）

学者和科学家做了很多公众参与的工作，他们大多觉得这很值得。表 11.6 列出了七种主要的好处。前三种是个人收益，即增加研究成果的关注度或吸引潜在的新资助。特别是在人文社科中，研究课题往往适合媒体传播，但获得非学术资助的其他机会极少，公众参与是对外工作的主要形式。学术界经常与文化产业机构（博物馆、画廊、剧院、音乐厅和演出组织）、媒体组织和公民团体合作，推出具有强烈公共利益性质的艺术和文化项目。直观易懂的主题可以吸引广大受众参加精心组织的活动，阅读媒体文章，收听广播以及浏览博客和社交媒体。因此，他们在这些学科研究"重新立足"于大学范围之外方面发挥了重要作用。2014 年 REF 小组评审了提交的 6950 个影响案例，其中涉及公开活动的占 23%、会议占 21%、研讨会占 17%、博客文章占 10%、报纸占 8%、简报占 7%。

表 11.6 公众参与活动的潜在益处

潜在益处	评论
在公共活动或媒体报道中一次性的、高强度的曝光。	过去，公开演讲能产生影响，但仅限于会议室的受众。广播媒体采访往往一播出就消失在了人们的视线之外，只会产生很小的声誉效应。但现在，"数字余留"意味着你可以获得更多受众，并以更持久的方式，如对活动进行录像、对演讲者进行录音、在多作者博客上制作易于查找的播客、在社交媒体上重播广播媒体的采访剪辑，或获取重要文章或帖子的电子存储副本，帮助其在今后的网络搜索中发挥作用。
定期高强度曝光或媒体曝光。	重复的活动如果以令人难忘的方式触及广大受众，则会为学者或大学与院系带来更持久的声誉效应。媒体和活动请求通常会随之增加。积累多个数字余留对于今后提高搜索知名度特别有帮助。

潜在益处	评论
吸引新的或额外的资助。	外部资金增强了院系工作的弹性，这对STEMM学科产生的影响往往微乎其微（考虑到更高的成本和更多的拨款），但在人文科学和定性的社会科学领域，确保"传播"资金（无论多么有限）的充足可能很重要。
增加公众对学术界或科学的了解，提高公众对当前问题的讨论和辩论质量（或两者兼而有之）。	加强公开获取的证据基础、提高公开讨论的合理性和审议质量，是所有学术和科学专业化的重要组成部分。STEMM学科的研究员普遍认识到，良好的科学传播对影响公众态度、监管立场和获得政府资助方面发挥着越来越重要的作用（如根据科学证据采取行动，避免民粹主义的反弹）。在最近的民粹主义、反精英主义、气候变化怀疑论和否认人类进化论等情形中，这一点尤为重要。人文学科学者和社会科学家一般都摒弃了工具主义理论，接受了促进社会和文化发展的各种参与活动和外联拓展，认为它们具有内在价值。
鼓励以证据为基础改进公共政策、社会实践、技术监管或直接影响人类和社会福利的医疗或科学实践。	改进社会、经济、组织或公共政策的行为是极其困难的，而实现对它们的变革可能需要数年时间。学者和STEMM学科的科学家的影响力和可信度（仍然）在公众心目中占有特殊地位，他们有效的公众参与可以带来更大收益，这是非常有意义的。
提高非专业受众对学术和科学研究的理解力。	从事公众参与活动、外联或媒体工作的研究员要"边做边学"，了解公众不理解、出现争议的地方，并学会如何降低误解的风险。更好地了解公众和精英人士意见的形成方式，有助于研究经费的申请、教学和未来的传播工作。

潜在益处	评论
作为优秀的公共参与的大学院系或实验室，会赢得政府、基金会资助者和重要的商业资助者的信任。	参与公开研究的潜在资助者非常重视与广大受众的良好沟通。2021年REF评审小组为赢得公众参与的影响，划拨了大量资金予以资助，尤其是在人文科学和定性社会科学领域。

表11.6列举的最后两个好处并不那么重要。专业人士所在社区（大学）有强大的培训和社交能力，重视知识的公平发展和关注公共利益的均衡。作为其重要组成部分，学术人员往往很重视研究交流活动——特别是开放科学、知识转移和（现在）社会媒体的广泛使用。如果他们所在院系或实验室的组织文化是积极支持的，并且有具有奉献精神的高级职员为年轻研究员树立良好的榜样，那么这种情况就更加真实。

乍一看，公众参与似乎只会带来无形的或"丰硕的"收益——如果你喜欢做这样的事，它就成了一件有助于自我提升的事情。经济学家阿尔伯特·赫希曼在他的著作《转变参与》（*Shifting Involvements*）中提出了长周期（15年）转换的说法，即人们会从关注个人物质利益，转而关注具有集体性质的"公共事务议程"（如寻求创造一个更平等的社会，或致力于战争或民族主义项目）。这也说明了为什么研究员在一定时期或多或少地会从事一些公众参与工作。

过了一段时间后，追求终身职位和逐渐扩大学术辩论圈成为学术人士专注的活动，这可能会令人失望。在兼职教员岗或短期合同工岗上墨守成规的大学教师，一旦得到准永久的职业岗时，拓宽研究视野看起来会更有吸引力。新的学者群体可能会对学术出版产生某种集体幻灭感，尤其是在快速发展的、大批人同时追赶的领域。和其他所有人一样，研究员也有二级或"元"偏好（即关于拥有什么偏好的偏好）。学术专业和科学意识形态的普遍性和民主性，使得期待公众参与成为自然的、内在的有益举措。

赫希曼指出，"付出与收获的结合，是公众行为最初开展时的特点"。在某些条件下，公共事务参与的表面"成本"可以直接转化为丰厚的利益。如果公众参与活动给人带来愉悦，我们可以把它视为一种收益，而不是成本。这方面的动力似乎对科学博客快速推广起到重要作用，它在过去十年里改变了"科学传播"。2005 年左右，它似乎有可能沿着技术路线发展，并成为另一个独立的科学研究领域。但实际却相反，它变成了一场广泛传播的小型社会运动，其执行者利用社交媒体等工具，以多样化、创新性和可叙述方式，重新阐释了科学方法的基本内涵。

成本和潜在风险的降低

> 与公众有关的活动，（可能）会因其内在扩张的野心而招致不幸。
>
> ——阿尔伯特·赫希曼

公众参与可能会花很多时间。表 11.7 显示，所涉及的直接成本和机会成本是减少收益的主要不利因素。现场与小范围受众进行一次性交流非常耗费时间，但许多学者认为这是最值得去做的。为争取立法或变更条例与公共政策等组织的公共辩论或类似活动，通常需要增加公众的参与。重要的是，要对这种承诺可能积累的责任做出实际的估计。

表 11.7　公众参与活动的主要交易成本

潜在成本	缓解战略
提议、准备、出行和"等待"的时间。 谈判和设计大型/经常性项目所需的时间。	公共活动、现场电视播放、视频制作和项目沟通/完成系列论文或图书出版都需要大量时间。个人坚定承诺有助于抵消学术任务所涉及的机会成本。获得大学/院系的支持是很有用的，尤其可以帮助员工节省时间。相比之下，通过打电话进行的远程录播、推送新闻稿件或为多作者博客撰写文章等，设计和实施方便快捷，见效快，而且不需要投入大量时间。
大学或院系花在清算、人员支持和员工监管等方面的时间。	大型公众参与活动或项目可能需要项目负责人花费大量的审核和联络时间。拥有自己的管理人员有很大帮助，特别是在报销方面。然而，监管支持人员也需要时间，特别是学术演讲（可能需要复杂的安排）等重大公共活动。
结项展示和相关媒体工作所需的时间。	项目结题展示（如公开报告或广播）总是需要仔细准备。组织成果宣传展示活动，吸引媒体报道也需要。如果仅与一家媒体商谈"独家"深入报道该活动，其他媒体可能不会关注。
活动执行、媒体采访或公开展示实际花费的时间。	这段时间通常短暂，但令人愉快（因此这里"成本"是负的）。如果主持人（采访者）有意或无意地偏离预先商定的主题议程，转向具争议性的领域，或者超出你的专长之外的领域，那么电视和广播收视效果就不会很好（期待改变不明智的做法）。

有效的缓解策略能帮助节约公众参与活动的成本。首先不要采用散兵游勇的方式，特别是在现场活动中。对于就新主题组织的一次性研讨会或会议发言，或需要花一整天或半天才能完成的宣传之旅，要特别小

心。有时，这些机会可以有效刺激开发内部项目（如在学术会议上发表论文是一种迫使自己在规定期限内完成研究的好办法）。显然，一次性的、短暂的或纯学术性的活动也可以提供有益的学习经验，开辟外部工作机会；但有时它们可能耗费宝贵时间，却很少或根本没有带来收获。

在满足宣传活动的需求时，研究小组（和部门）应集体策划演示幻灯片、展示材料、照片、视频和"展品"，以便不同的团队成员能够更容易地处理一系列活动。影响力活动的所有成果也应被做成数字产品（如博客文章或在线幻灯片集），以吸引更多不在现场的受众（见第七章）。只要得到大学或院系的帮助，播客或视频就可以重现许多现场的真实体验。你也可利用大学媒体培训机会，为项目组所有成员建立一个媒体工具包（包括演讲者简历、照片等），而不仅仅是主要调查人员或资深学者。

除了这些活动成本（在某种程度上是不可避免的）之外，还有一些与公众参与活动相关的重要风险也可能发生（汇总于表 11.8）。大多数情况下，面向非专业受众的学术活动、媒体广播和宣传活动与公共辩论等一般不会招致这些风险，但仍有一小部分风险会发生，所以最好实事求是地认真思考，提前谋划，防止它们出其不意地出现。

表 11.8　公众参与可能涉及的主要风险

潜在风险	缓解策略
主要的公众参与活动无法吸引受众而带来的"市场风险"。	如果活动吸引不了受众、成果受到批评或某些承诺被取消，那么相关公共活动或系列节目规划可能就是无用功了。发出免费活动邀请函和宣传单后，假设回复参加或已在网上订票的人占2/3，他们就会真正到场。

潜在风险	缓解策略
研究员参与了一项长期的公共活动，可能出现"过度承诺"的风险。	公共政策调整并不是一件容易的事情，因此，学术人员大量参与其中，可能会比最初的预期投入更多的时间。
公众参与活动与大学利益相关者之间出现了意想不到的争议，或沟通困难，就会出现"违背初衷"的风险。	如果学术研究引起对抗、遭到公开批评或卷入政治上或社会上的争议中，研究团队可能会陷入激烈的公共冲突和争辩中——在这些冲突和辩论中，"参与规则"的约束比学术界要少。
与道德上可疑的、不受欢迎的或有争议的活动相联系。	公众参与的承诺需要与外部组织的研究或咨询一样，进行"履职"道德审查。活动之前，研究员应了解参与"倡导联盟"的所有其他组织及其参与者。明智的做法是，与大学院系经验丰富的资深员工认真"撇清""紧密"关系或停止一切活动。
来自外部合作伙伴的压力，他们要求以符合其利益的方式公开展示研究成果。	如果公众参与活动的资助者是成熟的企业、经验丰富的政府机构或重要的NGO，那么产生风险的机会应该很小。然而，"幼稚"的组织（不习惯与学术界合作）有时会要求对研究报告或文本进行不适当的修改——这一点必须始终加以抵制。
参与的"个人"风险。	在社交媒体上讨论话题时喜欢凸显自我，可能会引起一些学者，特别是女性学者的反感（如"恶意挑衅"和人格侮辱）。大学内部对这类问题的态度经常摇摆不定、不尽如人意。

　　表 11.8 中的第二行涵盖了活动中可能出现的挫折或失望，在这些活动中，研究员依赖他人或组织的决定来推进工作。一个学者支持某项公共事业多年，但他最终不一定会成功。然而，一个人一旦卷入公共活动后再想放弃，就不像消费者退出市场那么容易了。研究员如果没有看清影响政府或企业政策研究中的障碍或困难，一开始就可能过度投入，以为建立合作关系会很简单、政策调整会很容易，但实际情况并非如此。公众参与工作可能会让人上瘾，占用研究员更多的时间。

　　当公共政策或客户组织的活动只发生临时或渐进的改变时，研究员（像其他人一样）可能会认为没有根本性的改变就等于没有效果。如果是这样的话，那么在活动推进过程中遇到的困难就会引发幻灭感，使学者们退出公共舞台。而且（如第十章），还有一种"市场"风险，即公众参与活动或项目可能无法实现最初的希望，只吸引到了与所涉成本不相称的少量受众。

　　管理公众参与活动中的一些"政治"风险需要一定的应变能力，表 11.8 涵盖了这些风险。致力于公共辩论的科学家和学者通常都对公众非常感兴趣——所以他们对那些诋毁自己学术声誉或批评"公共美德"的行为特别敏感或反应过度。然而，反对"倡导联盟"的人会经常指责他们的研究成果质量不高或动机不纯。在混合的政治或学术争端中，封闭的（在实验条件下进行的）学术科学可能被复杂的、不受控制的"现实生活"推翻。在极端的情况下，研究员和他们的大学可能会发现自己被当作目标，并全方位地受到了政治上的攻击（包括使用"黑暗"战术），好像他们不过是一个敌对的压力集团。另外，如果他们的"本土"倡导联盟框架中的其他组织被指责为"目的不纯"或使用不道德手段，学者们可能很难避免受到"连坐"。

比较纯粹的研究员可能会避免参与在科学或学术中争论激烈的领域的相关活动或媒体报道。即使在公认的 STEMM 学科领域，其研究前沿也总存在争议和争论，涉及的方面有现有研究结果的可靠性、未来的研究方向和策略、为解决问题应采取的行动。

表 11.8 中涉及的风险非常值得事先思考。在参与公共生活之前，研究员需要对问题进行"尽职调查"，其方式和与外部组织合作的方式基本相同。同样重要的是，研究员要坚持以确凿证据为基础，以专业方式展开公共论证，同时担当起学者的特殊使命、推动知识公平发展、促进社会福利改善。

还有一点重要认识，大家必须明白：争议案例的发生只是偶然的。大多数学者公开参与讨论的话题，并不关注政治问题，会在更具体的话语层面上展开。如何增加公众（和精英人士）对研究成果的了解，如何提高媒体对研究成果的宣传报道、增强公众对研究成果的认可度，是学术界面临的重大难题。

小　结

　　学术界参与向广大受众传播科学研究的活动，是知识民主化的一个重要组成部分。每年，在每个先进的工业国家，公众舆论与学术进步之间的辩证关系都极大地影响着各国的政治变革、监管进程、研究经费优先次序以及媒体和公众辩论。在基础（"宏观审慎"）层面，保持公众对高校经费的支持，保持公平发展知识独立性和自由空间，都有赖于研究员的"回馈"。在一些国家（特别是英国和澳大利亚），对学术成果影响力进行的正式评审，为大学的公众参与活动增加了强大动力。

　　吸引更多的公众参与活动，是提升外部影响力的一个战略组成部分。正如我们在第八章中所论述的那样，大学研究团队、院系和实验室想要推动研究进展，最好的办法就是系统地监测其员工的公众参与度，并让他们认识到，个人研究影响力可以为他们在学术考核、职称晋升方面提供价值。创造集体资源（特别是最大限度地利用数字余留和聘用一些核心支持人员）也可以降低研究员的参与成本，并提高他们在这一领域的专业性和影响力。

后　记
影响力议程如何促进学术进步和知识民主化

> 科学和技术几乎完全不属于政治决策的范畴。从来没有选民投票选择分裂原子或拼接基因；从来没有立法机构给苹果公司的音乐播放器 iPod 或互联网授权。因此，我们的文明陷入了一个深刻的悖论：我们颂扬自由和选择，却屈从于技术科学对我们文化的改造，将其视为一种虚拟的命运。

——布莱恩·韦恩（Brian Wynne）

提高大学内外学术研究的影响力，应该是一个相对无争议的议程，尤其是出于布莱恩·韦恩在上面提到的原因。事实上，本书涉及的许多问题从来都是有争议的。左翼有多个批评家把影响力监测和专有技术改进带来的影响比作超级资本家的"新自由主义"元叙事。这项巨大变革运动（几乎是一个阴谋），执意要将社会生活的各个方面市场化。

这些描述，从字面上理解就是斯蒂德曼–琼斯（Steadman-Jones）对新自由主义知识分子的主要人物［如哈耶克（Friedrich Hayek）和弗里德曼］的讽刺。他们被视作"宇宙的主人"。显然，左翼批评家将新自由主义精英视为掌控人类的有毒力量。出于某种目的，他们这些局外人士强迫过去曾经如同兄弟姐妹般、为了科学或专业共同劳作的知识分子相互竞争。他们还迫使学者和同行对手相互计较引用分值。这些学者过去只专注于学术热点问题——从不考虑竞争、任期、薪酬、声望或其他衡量个人成功的指标。企业精英和新自由主义思想家甚至可以（用惩罚模式）创建一个新的福柯迪派"学科"。没有影响力的学者知道自己的不足，并努力改正他们的立场，但几乎得不到鼓励。过去，大学教师曾经问心无愧、毫无私心地投入到教学中，细雕慢琢了一些文章，但可能从未见诸报端；或者出于"内在价值"目的出版了一些没有什么读者的著作。现在，他们也不得不加入到广为流行的、资本主义的"老鼠赛跑"中。大学和各院系被迫与"客户"机构签订外部合同、争夺影响力。在这些机构中，他们曾经也无私无畏地追求过科学真理。如此等等。

上面这段描述存在两个主要问题。第一，对现在和过去所做的比较，有一系列虚假和夸大成分。第二，将所有"影响力"变化的原因外部化，而不是归到"真正的"学者或科学家本身。然而，正如本书许多章节所述，学者、科学家、大学及其院系之间的相互竞争，一直以标准的专业方式进行。几个世纪以来，这种充满活力但又以公众利益为诉求的竞争，一直是学术创新和知识增长的重要力量。随着数字化技术的发展，以及我们所能获得的有影响力的信息日益实用化、系统化，学者和科学家们现在可能比以前更关注影响力大小。但正如第一部分和第二部分所示，数字工具等影响力评价的创新技术，大大提高了学术准确性和生产力。因此，广泛地使用这些工具和技术并不能证明学者或科学家比以往在相互竞争上花费了更多时间。

同样，在 1914 ～ 1985 年期间，由于两次世界大战和冷战，大学及其院系努力阻止对学术和科学独立性的腐蚀。因此，认为学术独立已经遭到当前影响力议程的削弱，这种说法是荒谬的。事实恰恰相反。由于影响力评估全面进行数字化信息处理，科学和社会科学研究得以实现透明度和公开性的更大转变，这对于提高学术诚信、加强公共责任感而言来之不易。所谓受"新自由主义"广泛影响的左翼批评家和保守派诽谤者，似乎也常常反对崇拜像数字化信息技术这样的"新产品"，而更喜欢"缓慢"或不太直接有用的前数字化时代的老产品。

最重要的是，将影响力议程归因于社会规模的"新自由主义"，忽视了学者和科学家自己的主要动机，那就是他们希望自己的研究能够有所作为，并为人类做出更多贡献。要做到这一点，他们必须把注意力更多地集中到提高个人的学术影响力和外部影响力上，以及更多地集中到大学的学术研究影响力上。这些驱动因素根植于学者们内心，使他们努力工作，有效提高自身的学术能力和对外联络本领。正如我们前面详细阐述的那样，大多数学术影响力议程都有助于研究员更好地进行学术或科学工作，更快捷、更持续地掌握本领域的发展方向，更好地处理项目之间的优先次序，并以更有效和更高回报的方式做出他们自己的研究决定。至于外部影响，任何科学家或学者要尽可能予以关注和重视，并致力于参与公众活动。这一切将有助于他们提升个人学术实践能力，坚守职业使命、不忘初心。

当然，与社会的任何变化一样，潜在的不利因素也是存在的。并非所有的影响力议程都具有学术性或科学性，有些影响力议程带有腐蚀性的官僚作风盲点，如 REF、ERA 以及其他国家那些肤浅的官僚—学术监督变革。为什么学术人士和科学家大多"赞同"这些变革（尽管不愿意），"新自由主义"的论述对此没有给出解释。这很容易陷入"阴谋论"模式，即"资本"隐秘的恶毒影响，以某种方式迫使大学及其教职人员接受他们本来完全反对的"惩戒制度"。

要想更好地理解影响力议程中的"盲点"，就要弄清"新公共管理"理念在大学内部的影响。"新公共管理"是管理主义的一种"准范式"。从 1990 年到 2010 年左右，"新公共管理"在西方政府内部产生了越来越大的影响，但对大学的影响有所滞后并逐渐减弱。该理念来自顶层理念——将公共机构分解为若干小单位，各单位实行积分排名、委托承包并降低专业激励，以更有力的经济或金钱手段激励员工，让他们互相竞争，以便实现公司自而下的"成果产出"目标。"新公共管理"理念的核心思想后来又得到许多支持者的观点补充，如"取消"公务员的特权。对大学研究员来说，这意味着学术人员组成结构的变化，即少聘用全职人员并多聘用流动的"兼职"教员，扩大大学内部管理层规模并发挥其作用，以及明确学术人员工作期望值。REF、ERA，以及两国政府管理的"教学审核评估"，成为外部管理主义"方式"侵入高等学校的最惊人的例子，尽管他们声称精确评估研究还缺乏有效证据。

上述观点也说明了为什么有管理主义倾向的资深学者和大学管理方很容易（有时主动地）认同回归性干预，并以此作为加强大学内部控制集权化管理的一种方式。例如，在 REF 评审活动中，有数百名资深学者担任学科评审小组成员。他们每 5 年对已发表的 20 万份"学术成果"进行一次非常肤浅的"扫视"，以便给这些成果"打分"。这就是相关政府机构（现在的英国研究与创新署、以前的英国高等教育资助委员会）所指的"同行评议"——相关人员高高兴兴对所有评估材料打一个官僚主义定义的分值，让他们的所谓谨慎、细致和公平行为看起来可以接受。自然地，那些分值最高、科研经费最多的大学，也很乐意认可评审的正确性。因此，从某种程度来说，自我实现的管理主义逻辑找到了对影响力议程造成极大破坏的方法。

然而，在提高影响力的过程中，即使是最令人不齿的做法，也可能产生积极的（理性和解放）的影响。随着时间的推移，学术和科学批判带来的活力，通常有助于提高粗糙的管理主义监督机制的专业价值。例如，REF 评审小组（原本为自己服务）被问及用什么"方法"来评估学术成果时，他们总是为自己的判断方式做辩解，强调是依据学术影响力这一客观标准（如引用数量），实际上最后给的是一个主观分值。相关的政府机构不得不把自认为重要、"经济主义"、商业导向的原本狭隘的概念，夸大成外部影响力。"斯特恩报告"（the Stern report）呼吁 REF 小组将重点从学者个人学术成果的"目测"评估（不可信或不可靠）转移到整个大学院系和教师的学术外部影响力贡献的全方位评估上来（这更可行）。

在对抗管理主义者的越权操作方面，"斯特恩报告"让我们看到了渺小但十分重要的希望，但这并不是我们对影响力议程持乐观态度的主要理由。相反，正是新思想和新方法的自主性帮助学术人员和科学家提升了他们学术实践的反思能力，从而获得了影响力议程带来的益处。无数大学教授出于自身考虑，而非因企业或大学高层管理人员施加的外部压力，变得更加关注学术影响力。这一转变的根源既在于高校的扩张（以及相关学术知识的增长），也在于当代知识的数字化发展。本书前两部分讨论的影响力议程的各个方面都代表了一种改进方式或应对策略：全方位保持学术监督，更好地把握学科和跨学科发展，调整悬而未决的新问题的研究方式，促进学术研究成果推广，提高学者和科学家的自我生产力。

这些变化并没有妨碍真正追求长远学术研究的理念，以及基础学术创新和科学创新的逐步发展。这些都是大家宣称的"缓慢"消失的学术实践的好处。大学研究员认真对待学术影响，他们学会了又快又好地进行文献检索，阅读并吸收各类文献，从不同学科角度看待和处理问题。这有助于他们改进研究方式，而不是目光短浅地简单汇集知识。通过有效地消除学术交流的障碍，影响力议程帮助科学家和学者节省了很多的时间，因此可以说从时间上解放了广大学者——这是我们思考、研究和写作的宝贵资源。现代学术研究的规模和深度，以及因资源和数字通信改善而提高了的标准，要求大家必须严肃认真对待学术影响力议程。

　　关于学术研究的外部影响力，本书第二和第三部分详细介绍了影响力议程发挥的重要作用：帮助扭转 20 世纪 50 年代至 20 世纪 90 年代大学教育日益偏离大众、精英化和财政成本不断上升的趋势。对外部影响力研究的重视，成为实现知识获取的民主化，推动自然科学、社会科学和人文学科开放发展的重要动力。开放源码、开放科学和开放获取运动，成为大学院系反对新自由主义和粗鲁的、带有攻击性的管理主义的强大力量。直到最近，大公司（学术研究资助者）或政府部门（负责重点研究项目）还严格控制科学和学术研究议程（而且在许多领域是完全控制的）。研究结果几乎总是隐藏在付费门槛后面，用难以理解的专业术语在精英分子中间流传。影响力议程打破了这一怪圈，促进了大学研究员、公民社会组织（包括小型企业和 NGO）以及大量受过良好教育和知情的公众之间广泛的知识交流。没有"学科规约"（无论多么专业）干预，你的研究成果才能最大限度地吸引受众。相反，对于参与其中的学者和科学家来说，这是对社区、民主和多元社会"了解"塑造其自身和全球发展的复杂过程的积极肯定。在不限制科学严谨性和学术进步的基本原则的前提下，让知识获取更容易、更多样化，只会有助于更新和重振大学研究，带来有才华的参与者和以前被排斥的新观点。

附录 术语表和缩略语

AI	artificial intelligence, 人工智能
Altmetrics 替代计量学	基于社交网络开展的、体现科研文献社会影响力的计量评价方法的学科
APC	author publishing charge, 论文出版费, 由作者向期刊支付的一次性费用, 以便自己的论文可以公开发表
Bibliometric database 文献计量数据库	由计算机生成的研究论文、书籍等出版物的目录库
Bibliometrics 文献计量学	研究引文和已发表成果应用的学科
big data 大数据	见表 7.1
DOI	digital object identifier, 数字对象标识符, 网络出版物的唯一编号
ERA	Excellence in Research for Australia, 澳大利亚卓越科研, 澳大利亚研究理事会组织的高校科研"质量"评估, 与所谓的"同行评议"一样
"eyeballing" 目测（法）	对文本进行快速简短扫视, 缺乏正确阅读和理解, 如 REF 或 ERA 的所谓"同行评议"; 经常由仅具备一般学科知识、没有专业背景的评审员执行
FB	Facebook, 脸书

FOI	"freedom of information" provisions，信息自由获取（条例），要求公开公共机构的文件
GDP	Gross Domestic Product，国内生产总值，一个国家的国民收入（不包括贸易）
"gold" OA 金色开放获取	任何读者都可以立即免费获取（网络上）的出版物，如期刊论文、书籍等。
"green" OA 绿色开放获取	期刊订阅者或图书购买者付费获取的文献，但在作者所在大学库是开放获取的。
GS	Google Scholar，谷歌学术搜索（一种搜索引擎），世界领先的学术搜索引擎
GS Citations	谷歌学术引用
GSM	Google Scholar Metrics，谷歌学术指数，为期刊和学科排名提供 h5 分值
h score h 分值	一种分值，表示某一作者或杂志的 N 项成果被引用 N 次。例如，h 分值为 10，表示作者 10 项成果被 10 篇或更多的出版物引用。
h5 median h5 中位数	期刊对谷歌学术的 h5 分值中包含的所有出版物引用中位数
h5 score h5 分值	一种分值标准，表示在过去 5 年中作者或杂志的 N 篇文章被引用了 N 次。由谷歌学术引用和谷歌学术指数使用。
HEFC	Higher Education Funding Council for England，英国高等教育基金会（2018 年合并到英国研究创新署）
hype	夸大宣传和炒作
ICS	impact case study，影响力案例分析，英国 REF 和澳大利亚 ERA
IPR	intellectual property rights，知识产权（如专利、商标、著作权等）

Ivy League 常青藤联盟	美东地区八所历史悠久、世界知名大学结成的联盟，包括哈佛大学、耶鲁大学、普林斯顿大学、康奈尔大学、哥伦比亚大学、布朗大学、宾夕法尼亚大学及达特茅斯学院。
JIF	Journal Impact Factor，期刊影响因子，检验某期刊吸引引文成功率的（不太好的）标准（见第二章）
KE	knowledge exchange，知识交流
KEI	knowledge exchange and impact，知识交流与影响
KT	knowledge transfer，知识转移
Mendeley 在线文献管理软件	由爱思唯尔（Elsevier）运行引文数据库所有
metric 指标	衡量业绩方面的指标或统计数字
NDA	non-disclosure agreement，非公开协议
NFS	National Science Foundation，国家科学基金会（美国），美国政府机构，专门资助 STEM 学科研究和某些社会科学研究
NGO	non-governmental organization，非政府组织
OA	open access，公开获取，任何读者都可以立即免费获取
ORCID	Open Researcher and Contributor ID，开放研究员与作者身份识别码
Oxbridge	牛津大学和剑桥大学的组合（Oxford and Cambridge universities）
PhDer	博士生
PI	principal investigator，项目负责人，研究项目团队负责人和资助者
PLOS	Public Library of Science，《公共科学图书馆》，开放获取的学术期刊

续 表

PR	public relations，公共关系
"Publish or Perish"（PoP）"不出版就出局"	基于谷歌学术搜索的软件应用程序，名称难听但功能强大，可为作者提供大量参考指标。由安妮-威尔·哈金教授开发，可从 www.Harzing.com 网站免费获取
REF	Research Excellence Framework 科研卓越框架——英国政府组织的大学科研"质量"（影响力）评估，由英国高等教育基金会运行到 2018 年，之后由英国研究创新署管理
RSVP	répondez s'il vous plaît，回答是否参加某一活动
Scientometrics 科学计量学	重点关注研究文章，如科学、技术、工程和数学（STEM）学科。参见文献计量学
sci-comm	science communication，科技传播（致力于促进科学传播的学术会议）
Scopus 数据库	专有的文献计量数据库，由爱思唯尔运行引文数据库
STEM	科学（science）、技术（technology）、工程（engineering）和数学（mathematics）四门学科英文首字母缩写
STEMM	科学（science）、技术（technology）、工程（engineering）、数学（mathematics）和医学（medicine）五门学科英文首字母缩写
UKRI	UK Research Innovation，英国研究创新署
URL	universal resource locator，统一资源定位符，文献内容唯一的网络地址
VC	venture capitalist，风险投资人
WoK	Web of Knowledge，知识网，文献计量专用数据库（早于 WoS）
WorldCat	the world catalogue of publications，世界出版物目录
WoS	Web of Science，科学网，文献计量专用数据库